普通高等教育"十三五"规划教材

环境工程微生物学
实验教程

主　编　林　海　吕绿洲
副主编　董颖博　李　冰　马鸿志

U0342459

北　京
冶金工业出版社
2023

内 容 提 要

本书共分为6章，系统地介绍了用于环境污染治理与修复微生物的实验操作与方法，包括微生物观测、培养分离、鉴定与遗传变异、现代微生物学、环境微生物检测，并介绍了微生物应用于污水处理、土壤修复及固体废物资源化等方面的综合性实验。本书紧密结合污染治理与修复用微生物菌种开发的相关实验操作和研究方法，具有很强的实用性。

本书可作为高等院校环境工程、环境科学、环境生态工程、生物技术等专业本科生、研究生的教材或参考书，也可供从事相关专业的科技开发人员和工程技术人员学习和参考。

图书在版编目（CIP）数据

环境工程微生物学实验教程/林海，吕绿洲主编．—北京：冶金工业出版社，2020.10（2023.1 重印）

普通高等教育"十三五"规划教材

ISBN 978-7-5024-8632-7

Ⅰ．①环…　Ⅱ．①林…　②吕…　Ⅲ．①环境微生物学—实验—高等学校—教材　Ⅳ．①X172-33

中国版本图书馆 CIP 数据核字（2020）第 202480 号

环境工程微生物学实验教程

出版发行	冶金工业出版社	电　话	（010）64027926
地　　址	北京市东城区嵩祝院北巷 39 号	邮　编	100009
网　　址	www.mip1953.com	电子信箱	service@ mip1953.com

责任编辑　于昕蕾　美术编辑　吕欣童　版式设计　禹　蕊
责任校对　葛新霞　责任印制　窦　唯

北京虎彩文化传播有限公司印刷

2020 年 10 月第 1 版，2023 年 1 月第 2 次印刷

710mm×1000mm　1/16；14 印张；270 千字；214 页

定价 39.00 元

投稿电话　（010）64027932　投稿信箱　tougao@cnmip.com.cn
营销中心电话　（010）64044283
冶金工业出版社天猫旗舰店　yjgycbs.tmall.com
（本书如有印装质量问题，本社营销中心负责退换）

前　言

微生物由于其自身很强的适应性、繁殖能力和降解转化污染物能力，在污水处理、土壤（场地）修复、固体废物资源化、大气污染治理等环境污染治理与修复领域应用越来越广泛。科研工作者一直采用各种手段研发高性能和特异微生物菌种，菌种研发过程中的相关实验操作对于发现和选育出优良微生物菌种尤为重要。

基于上述背景，编者在查阅国内外大量科技文献资料的基础上，结合我校近 20 年开设"环境工程微生物学实验"课程的教学实践经验，编写了本教材。本教材以微生物的实验操作和方法为问题导向，重点突出微生物在环境污染治理与修复研究过程中常用的研究方法，主要包括环境微生物的观测、微生物的培养和分离技术、微生物菌种鉴定和群落结构分析方法、微生物遗传变异实验、环境微生物检测方法以及污水处理、土壤修复、固废资源化综合实验等，另外，在内容上除传统的微生物实验手段外，新增加了部分新的实验手段，如荧光显微镜、Biolog、宏基因组等。

在本书编写过程中，引用了国内外许多专家、学者和现场工程技术人员的研究成果，在此深表感谢。本书的编写得到了北京科技大学教材建设基金的资助。

由于水平有限，书中不妥之处，恳请同行和广大读者批评指正。

编　者

2020 年 7 月于北京

目　　录

第一章 环境微生物观察

第一节 显微镜的使用

17世纪荷兰人列文·虎克制造了第一台显微镜，首次把微生物世界展现在人类面前，至今已经历300余年。显微镜的问世对微生物学的奠基和发展起到了不可估量的作用。在长期的实践中，显微镜不断推陈出新，已成为微生物学研究的重要工具。

显微镜可分为光学显微镜和非光学显微镜两大类。光学显微镜有普通光学显微镜、相差显微镜、微分干涉差显微镜、暗视野显微镜、紫外光显微镜、偏光显微镜和荧光显微镜等不同类型。非光学显微镜是指电子显微镜。

在微生物实验中，常用的显微镜主要有普通光学显微镜、相差显微镜、荧光显微镜和电子显微镜等。

一、普通光学显微镜

（一）实验目的

（1）了解普通光学显微镜的基本构造和工作原理。

（2）学习并掌握普通光学显微镜，重点是油镜的使用技术和维护知识。

（3）在油镜下观察细菌的几种基本形态。

（4）采用悬滴法在高倍镜下观察细菌运动。

（二）光学显微镜的基本结构及功能

1. 普通光学显微镜的构造

普通光学显微镜由机械系统和光学装置两部分组成（图1-1）。

2. 机械装置

机械装置是显微镜的主体框架，包括镜座、镜臂、镜筒、物镜转换器、载物台、调节器等。

（1）镜座。它是显微镜的基座，可使显微镜平稳地放置在平台上。

（2）镜臂。用以支持镜筒，也是移动显微镜时手握的部位。

（3）镜筒。它是连接接目镜（简称目镜）和接物镜（简称物镜）的金属圆筒。镜筒上端插入目镜，下端与物镜转换器相接。镜筒长度一般固定，通常是

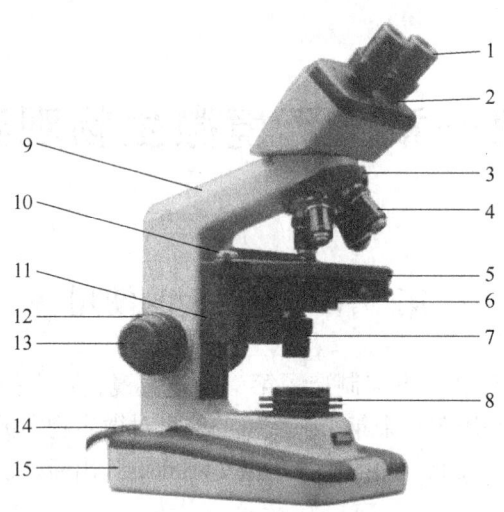

图 1-1　普通光学显微镜

1—目镜；2—镜筒；3—物镜转换器；4—物镜；5—载物台（镜台）；6—聚光器；
7—标本移动器手轮；8—集光镜；9—镜臂；10—标本夹；11—聚光器移动手轮；
12—粗调节器；13—细调节器；14—电源线；15—镜座

160mm，有些显微镜的镜筒长度可以调节。

（4）物镜转换器。它是一个用于安装物镜的圆盘，位于镜筒下端，其上装有 3~5 个不同放大倍数的物镜。为了使用方便，物镜一般按由低倍到高倍的顺序安装。转动物镜转换器可以选用合适的物镜。转换物镜时，必须用手旋转圆盘，切勿用手推动物镜，以免松脱物镜而招致损坏。

（5）载物台。载物台又称镜台，是放置标本的地方，呈方形或圆形。载物台上装有压片夹，可以固定被检标本，装有标本移动器（推进器），转动螺旋可以使标本前后或左右移动。有些标本移动器上刻有标尺，可指示标本的位置，便于重复观察。

（6）调节器。调节器又称调焦装置，由粗调螺旋和细调螺旋组成，用于调节物镜与标本间的距离，使物像更清晰。

3. 光学系统

光学系统是显微镜的核心，物镜的光学参数直接影响显微镜的性能，包括目镜、物镜、聚光器、光源等。

（1）目镜。安装在显微镜镜筒上，供实验者用双眼进行标本观察。它的功能是把物镜放大的物像再次放大。一般使用的显微镜有 2~3 个目镜，其上刻有"5×""10×""15×"等数字符号，意即放大 5 倍、10 倍、15 倍。不同放大倍数的目镜，其口径统一，与镜筒的口径也一致，可互换使用。

（2）物镜。在显微镜的光学系统中，物镜是最重要的部件，其性能直接影响显微镜的分辨率，它的功能是把标本放大，产生物像。可分低倍镜、高倍镜和油镜三种，相应的放大倍数是10×（或5×）（低倍）、40×（或50×）（高倍）、100×（或90×）（油镜）。

显微镜的总放大倍数等于物镜与目镜放大倍数的乘积。观察微生物时，常用放大10倍或15倍的目镜。目镜装在镜筒上端，在使用过程中并不经常变动，通常所谓的低倍镜、高倍镜或油镜的观察，主要是指使用不同物镜而言。例如用10×目镜和40×物镜（高倍镜）所得物像的放大倍数是400倍。

油镜的放大倍数最大（90或100），放大倍数这样大的镜头，焦距就很短，直径就很小。从标本玻片透过来的光线，因介质密度不同（从玻片进入空气，再进入油镜），有些光线因折射或全反射，不能进入镜头，致使射入的光线较少，物像显现不清。所以为了不使通过的光线有所损失，须在油镜和镜片中间加入与玻璃折射率（$n = 1.52$）相仿的镜油（香柏油，$n = 1.55$）。因为这种物镜使用时须加镜油，所以称它为油镜（图1-2）。一般的低倍镜或高倍镜使用时不加油，所以也称干镜。

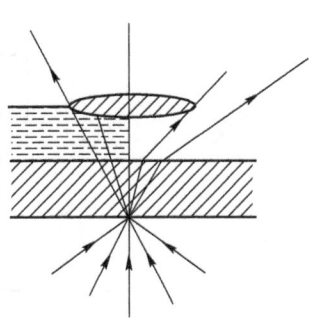

图1-2　油镜光路图

使用低倍和高倍镜时，一般作活体的观察，不进行染色。在观察原生动物时，低倍镜主要用来区别原生动物的种类和观察它的活动状态，而高倍镜则可以看清微生物的结构特征。油镜在大多数情况下用来观察染色的涂片。

（3）集光器。集光器在载物台的下面，用来集合反光镜反射来的光线。集光器可以上下调整，中央装有光圈，用以调节光圈的强弱。当光线过强时，应缩小光圈或把集光器向下移动。

（4）反光镜。反光镜装在显微镜的最下方，有平凹两面可自由选择及转动方向，以反射光线至集光器。一般在低放大倍数时用平面反光镜，在高放大倍数时用凹面反光镜。

光学显微镜的光路见图1-3。

（三）实验设备与材料

（1）菌种：培养12~18h的枯草杆菌（*Bacillus subtilis*）斜面培养物3~4支。

（2）标本片：细菌三种基本形态的染色片、特殊形态细菌染色标本（示范镜）。

（3）仪器及相关用品：显微镜、香柏油、二甲苯（或1∶1的乙醚酒精溶液）、擦镜纸。

（4）其他用品：盖玻片、凹玻片、吸水纸、酒精灯、接种环、牙签、凡

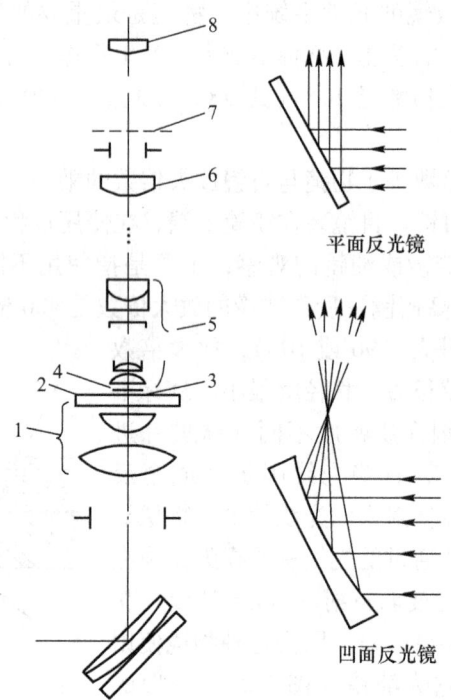

图 1-3　光学显微镜光路图

1—聚光镜；2—载玻片；3—标本；4—盖玻片；5—物镜；6—场镜；7—像平面；8—目镜

士林。

（四）实验内容与方案

1. 显微镜操作

领取并检查显微镜，按学号向实验指导老师领取显微镜，所有实验课均对号使用。从显微镜箱中取出显微镜时，用右手紧握镜臂，左手托住镜座，直立平移，轻轻放置在实验台上。检查各部件是否齐全，镜头是否清洁。若发现有问题应及时报告老师。

调节光源，良好的照明是保证显微镜使用效果的重要条件。将低倍镜旋转到工作位置，用粗调螺旋提升镜筒，使镜头距离载物台 10mm 左右，降低聚光镜的位置，完全打开虹彩光阑，一边看目镜，一边调节反光镜镜面的角度（在正常情况下，一般用平面反光镜；若自然光线较弱，则可用凹面反光镜）。然后，调节聚光器的位置（酌予升降），直至视野内得到均匀适宜的亮度。

低倍镜观察：使用低倍镜观察，视野较广，焦深较大，便于搜寻目标，因此宜从低倍镜开始观察。低倍镜的使用方法如下：

（1）置显微镜于固定的桌上，窗外不宜有障碍视线之物。

（2）拨动回转板，把低倍镜移到镜筒正下方和镜筒连接而对直。

（3）拨动反光镜向着光线的来源处（对光时应避免太阳直射，可向着自然光、日光灯或显微镜照明灯）。同时用肉眼对准目镜（选用适当放大倍数的目镜）仔细观察，调节反光镜（光线较强的天然光源宜用平面镜，光线较弱的天然光源或人工光源宜用凹面镜），使视野完全成为白色，表示光线已反射到镜里。

（4）把载玻片放在载物台上，要观察的标本放在圆孔的正中央。

（5）将粗调节器向下旋转，同时眼睛注视物镜，以防物镜和载玻片相碰。当物镜的下端距离载玻片约 0.5cm 时即停止旋转。

（6）把粗调节器向上旋转，同时左眼向目镜里观察，如标本显示不清楚，可用细调节器调至标本完全清晰为止。

（7）假如因粗调节旋转太快，超过聚焦点，以致标本不出现时，不应在眼睛注视目镜的情况下向下旋转粗调节器，必须从第（5）步做起，以防物镜与载玻片接触，损坏物镜。

（8）在观察时最好练习两眼同时睁开，用左眼看显微镜，右眼看桌上的纸，便于一面看，一面画出所观察的物像。

高倍镜的使用方法如下：

（1）使用高倍镜前，先用低倍镜观察，要把观察的标本放到视野正中。

（2）拨动回转板使高倍镜和低倍镜两镜头互相对换，当高倍镜移向载玻片上方时必须注意是否因高倍镜靠近的缘故而使载玻片也随着移动，如有移动现象，应立即停止推动回转板，把高倍镜退回原处，再按照使用低倍镜的方法，校正标本的位置，然后旋转调节器，使镜筒稍微向上，再把高倍镜推至镜筒下。

（3）当高倍镜已被推到镜筒下面时，向镜内观察所显现的物像往往不清晰，这时可旋转细调节器至清楚为止。

油镜的使用方法如下：

（1）一般油镜头上有一白圈或红圈，有时标有"OI"（Oil Immersion）或"HI"字样。先用粗调节器将镜筒提起约 2cm，在载玻片上加 1 滴香柏油，拨动回转板使油镜在镜筒下方，然后小心地降下镜筒，使镜头尖端和油接触，注意镜头不能压在载玻片上，更不能用力过猛，否则会压碎玻片或损坏镜头。

（2）向目镜内观察，如图像不清晰，可稍微调节细调节器；若光线过暗，可调节反光镜。

（3）油镜使用完毕，必须用指定的长纤维脱脂棉或擦镜纸将油镜及载玻片所粘着的油拭净。必要时可沾少许乙醇乙醚混合液擦拭镜头，最后用擦镜纸或软绸擦干。

2. 细菌形态观察

（1）结合显微镜（油镜）的使用，观察 3 个细菌染色片（球菌、杆菌和螺旋菌，如图 1-4 所示），并绘图。

（2）看示范镜，观察双球菌和四联球菌（如图 1-5 所示），并绘图。

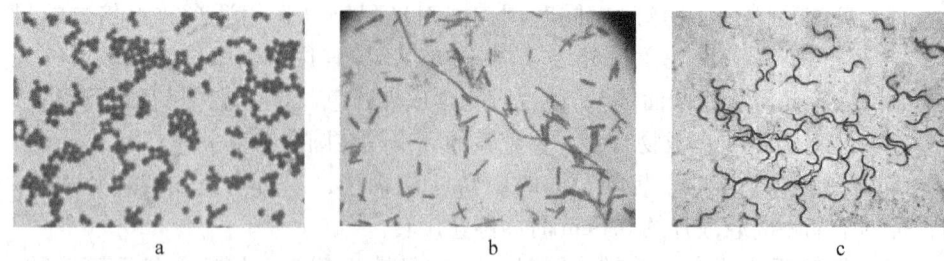

图 1-4　球菌（a）、杆菌（b）和螺旋菌（c）

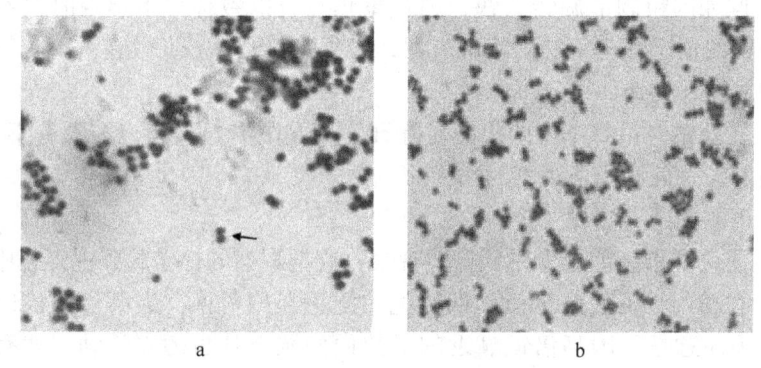

图 1-5　双球菌（a）和四联球菌（b）

3. 细菌运动性观察

有些细菌具有鞭毛，能在水中自由运动。细菌运动常用水浸片法和悬滴法观察。

（1）水浸片法。用接种环取培养 12~18h 的枯草杆菌菌液 1 环，置于干净的载玻片中央，盖上盖玻片（图 1-6，注意不使产生气泡），用低倍镜找出目标后，再换用中倍至高倍镜观察。

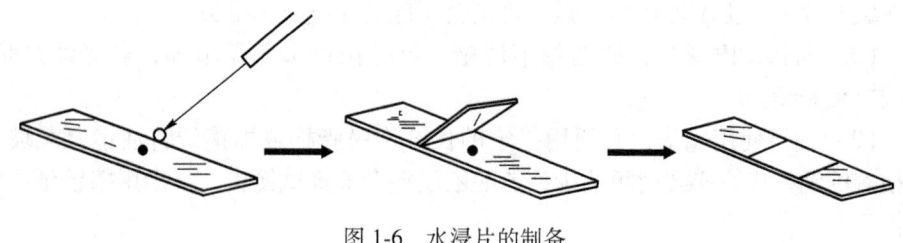

图 1-6　水浸片的制备

（2）悬滴法。取一洁净的盖玻片，用牙签挑取少量凡士林，涂于盖玻片四角；再按无菌操作要求，用接种环从斜面底部取培养 12~18h 的枯草杆菌菌液一环，置盖玻片中央（菌液呈水珠状）；接着取凹玻片 1 块，将凹窝向下覆盖在带有菌液的盖玻片上；翻转凹玻片，使液滴悬于盖玻片表面（图 1-7）。悬滴片制成后，先用低倍镜找到水滴，再换高倍镜观察，可以看到活跃的细菌运动。

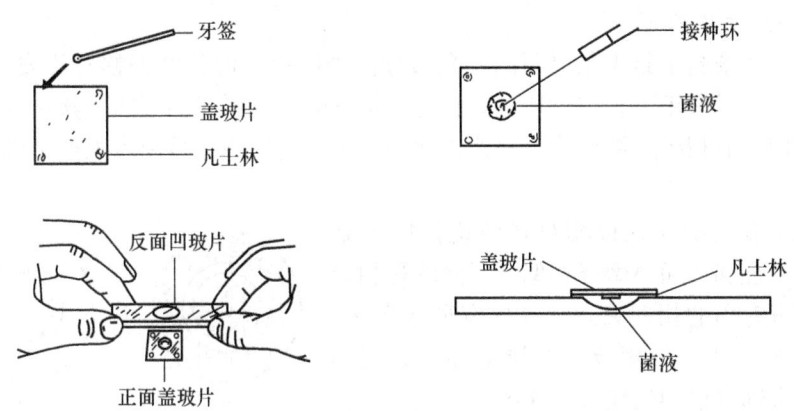

图 1-7　菌液悬滴的制备

（五）实验基本要求

（1）不要擅自拆卸显微镜的任何部件，以免损坏设备。

（2）拭擦镜面请用擦镜纸，不要用手指或粗布，以保持镜面的光洁度。

（3）观察标本时，请依次用低倍、中倍、高倍镜，最后再用油镜。在使用高倍镜和油镜时，请不要转动粗调螺旋降低镜筒，以免物镜与载玻片碰撞而压碎玻片或损伤镜头。

（4）观察标本时，请两眼睁开，一方面养成两眼轮换观察的习惯，以减轻眼睛疲劳，另一方面养成左眼观察、右眼注视绘图的习惯，以提高效率。

（5）取显微镜时，请用右手紧握镜臂，左手托住镜座，切不可单手拎镜臂，更不可倾斜拎镜臂。

（6）沾有有机物的镜片会滋生霉菌，请在每次使用后，用擦镜纸擦净所有的目镜和物镜，并将显微镜存放在阴凉干燥处。

（六）思考题

（1）使用显微镜的油镜时，为什么必须使用镜头油？

（2）比较低倍镜及高倍镜和油镜在数值孔径、分辨率、放大率和焦深方面的差别。

（3）镜检标本时，为什么先用低倍镜观察，而不直接用高倍镜或油镜观察？

二、相差显微镜

（一）实验目的

（1）了解相差显微镜的构造和原理。

（2）掌握相差显微镜的使用方法。

（二）基本原理

由于活细胞多是无色透明的，光通过活细胞时，波长和振幅都不发生变化，在普通光学显微镜下，整个视野的亮度是均匀的，所以我们不能分辨活细胞内的细微结构，而相差显微镜能克服这方面的缺点。利用相差显微术观察活细胞是较好的方法。

相差显微镜（或称相衬显微镜）的形状和成像原理和普通显微镜相似。不同的是相差显微镜有专用的相差聚光镜（内有环状光阑）和相差物镜（内装相板）及调节环状光阑和相板的合轴调整望远镜（图1-8）。

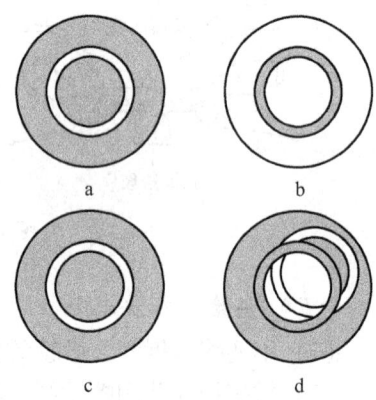

图1-8　环状光阑和相板的合轴调整
a—相差聚光镜中的环状光阑；
b—相差物镜中的相板；
c—环状光阑和相板调节合轴；
d—环状光阑和相板不合轴

相差显微镜和普通聚光镜不同的是装有一个转盘，内有大小不同的环状光阑，在边上刻有 0、10、20、40、100 等字样，"0"表示没有环状光阑，相当于普通聚光镜，其他数字表示环状光阑的不同大小，要和 10×、20×、40×、100×相应的相差物镜配合使用。环状光阑是一透明的亮环，光线通过环状光阑形成一个圆筒状的光柱。

相差物镜上刻有"ph"（phase 的缩写）或一个红圈，或两者兼有作为标志。相差物镜和普通物镜相似，不同的是在物镜的内焦平面上装有一个相板，相板上有一层金属物质及一个暗环，不同放大倍数的相差物镜其暗环的大小不同。

相差显微镜利用环状光阑的相板，使通过反差很小的活细胞的光形成直射光和衍射光，直射光波相对地提前或延后 π/2（即 1/4 波长），并发生干涉，使通过活细胞的光波由相位差变为振幅（亮度）差，活细胞的不同构造就表现出明暗差异，使人们能观察到活细胞的细微结构。

相差显微镜可分为正反差（标本比背景暗）和负反差（标本比背景明亮）两类。正反差特别适用于活细胞内部细微结构的观察。

（三）实验材料

（1）微生物材料：酿酒酵母的斜面或液体培养物。

（2）仪器和其他物品：相差显微镜、载玻片、盖玻片、擦镜纸、镜油等。

（四）实验步骤

1. 安装相差装置

取下普通光学显微镜的物镜和聚光镜，分别装上相差物镜和相差聚光镜。

2. 制片

取洁净的载玻片，在载玻片中央处加1滴蒸馏水，从斜面上取一环酿酒酵母置水滴中并轻轻涂抹，盖上盖玻片，勿产生气泡。若是液体培养物时，则把此菌液摇匀，用滴管加1滴菌液于载玻片中央，小心盖上盖玻片，勿使有气泡产生。把制片置于载物台上。

3. 放置滤色镜

在光源前放置蓝色或黄绿色滤色镜。

4. 视场光阑的中心调整

（1）将相差聚光镜转盘转至"0"位。

（2）用10×物镜进行观察。

（3）将视场光阑关至最小孔径。

（4）转动旋钮上下移动聚光镜，使观察到清晰的视场光阑的多边影像。

（5）转动调中旋钮使视场光阑影像调中。

（6）将视场光阑开大并进一步调中使视场光阑多角形恰好与视场圆内接。

（7）再稍开大视场光阑至各边与视场圆外切。

5. 环状光阑与相板合轴调整（图1-8）

（1）取下一只目镜，换入合轴调整望远镜。

（2）将相差聚光镜转盘转至"10"（与10×物镜适配）。

（3）调整合轴，调整望远镜的焦距至能清晰地观察到聚光镜的环状光阑（亮环）和相差物镜的相板（暗环）的像。

（4）由于相板（暗环）是固定在物镜内的，而聚光镜的环状光阑（亮环）是可以水平移动的，在进行合轴调整时，调节环状光阑的合轴调整旋钮，使光环完全进入暗环并与暗环同轴。

（5）取下合轴调整望远镜，装入目镜即可进行观察。

（6）若更换别的相差物镜（如20×、40×）时应重新进行合轴调整。若用100×相差物镜时，标本和物镜间加入镜油，并进行合轴调整。

（7）用40×或100×相差物镜对酿酒酵母细胞结构进行观察。

（五）实验报告内容

绘制酿酒酵母细胞结构图。

（六）思考题

使用相差显微镜应注意哪些事项？适用于观察何种标本？

三、荧光显微镜

（一）实验目的

（1）了解荧光显微镜的基本结构。

（2）掌握荧光显微镜基本原理和注意事项。

（3）观察霉菌的自发荧光和继发荧光。

（二）实验原理

荧光显微术是利用一定波长的光（通常是波长较短的紫外光或蓝紫光）作光源，照射被检样品，激发样本产生荧光，通过物镜和目镜的成像/放大，从而用于细胞特殊成分和结构的观察。荧光染料或荧光基团吸收不可见的紫外光，释放出部分波长较长的可见光，该现象称为发荧光。

荧光现象可分为两种：第一，固有荧光和自发荧光，当经紫外线照射后，样本本身能发出荧光；第二，次生荧光或继发荧光，需用荧光素处理，再经紫外线照射样本才能发生荧光。细胞内大部分物质经短光波照射后，可发出较弱的自发性荧光。有些细胞成分与能发出荧光的荧光染料结合，激发后呈现一定颜色的荧光，借以对组织进行细胞化学的观察和研究。

1. 荧光显微镜滤色镜的组成

滤色镜是荧光显微镜的重要组成部分，其核心部件由激发滤色片/阻断滤色片和分色镜组成。

（1）激发滤色片：根据光源和荧光色素的特点，提供一定波长范围的激发光，并使样品激发出的荧光透过，到达目镜成像。激发滤色片在光路上的位置处于激发光进入物镜之前，位于光源和分色镜之间，通常选用以下3类配套：紫外光激发、蓝光激发、绿光激发滤色片。

（2）阻断滤色片：允许所需要的荧光透过，阻断其他光线。

（3）分色镜：又称二向色镜，分色镜的特殊镀膜能有效阻挡激发光通过并将其反射，而荧光则能有效通过。分色镜在光路上的位置处于激发光与荧光通路的交叉处，方向与这两个光路均呈45°。

2. 光路原理

激发滤色片只允许光源中特定波长的光源通过，这部分激发光到达分色镜时被反射后通过物镜照射到样品上，样品中的荧光基团被激发光激发，发射出长波长的荧光；发射光通过物镜，透过分色镜，到达阻断滤色片，此时又只有特定波长的光线透过，最后通过目镜被人们肉眼看到的就是样品中的荧光了（图1-9）。

利用荧光显微镜对可发荧光的物质进行检测时，将受到许多因素的影响，如温度、光、淬灭剂等。因此在荧光观察时应抓紧时间，有必要时立即拍照。另外，在制作荧光显微标本时最好使用无荧光载玻片、盖玻片和无荧光油。

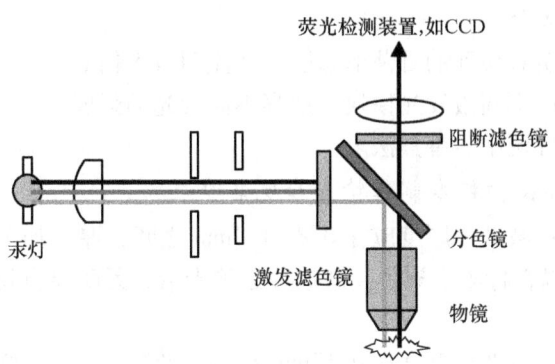

图 1-9　正置落射式荧光显微镜光路示意图

（三）实验材料

（1）实验材料。

菌种：黑曲霉菌和木霉。

培养基：马铃薯葡萄糖琼脂培养基（PDA）（见附录一），各菌在各培养基上分别划线，28℃培养基，采取倾斜插片培养。待 1d 后实验时备用。

（2）实验试剂：酒精、0.01%吖啶橙、香柏油或液体石蜡（石蜡油）、二甲苯、擦镜纸等。

（3）实验器材：载玻片（厚度 1mm 左右）、盖玻片、奥林巴斯（OLYMPUS BX-5 型）荧光显微镜等。

（四）实验步骤

（1）拔出培养菌丝的盖玻片 1 片，用酒精棉球将一面擦拭干净，另一面倒扣在载玻片上。

（2）将载玻片放到载物台上，用低倍镜找到合适的视野，观察。

（3）打开高压汞灯的电源控制箱开关，旋转透镜调焦钮使汞灯电弧像聚焦。

（4）安装紫外防护罩，转换荧光装置，插入挡光板，中断光路，让激发光通过。

（5）样品放在载物台上，用 10×物镜聚焦。

（6）通过目镜观察霉菌的自发荧光。

（7）在载玻片上滴 1 滴 0.01%吖啶橙，盖上盖玻片，观察菌丝继发荧光。

（8）转换激发光模块，用不同激发光照射样本，观察不同荧光。

（9）开启自拍装置，选择手动挡，通常拍摄速度 0.5～10s 内；或打开与显微镜连接的计算机，点击数码成像系统软件，采集数码图像。

（10）使用结束，关闭所有电源并做好使用记录。

（五）实验报告

（1）绘出你所观察到的霉菌形态图，并注明放大倍数。

（2）比较转换不同激发光模块，观察不同荧光的强弱。

（3）简述汞灯调中、聚焦法。

（六）荧光显微镜标本制作特点和观察要求

（1）载玻片：载玻片厚度应在 0.8~1.2mm 之间，厚度均匀，玻片太厚吸收光多，激发光难以在标本上聚焦。载玻片必须光洁，无明显自发荧光。有时需用石英玻璃载玻片。

（2）盖玻片：盖玻片厚度在 0.17mm 左右，光洁。为了加强激发光，也可用干涉盖玻片，这是一种特制的表面镀有若干层对不同波长的光起不同干涉作用的物质（如氟化镁）的盖玻片，它可以使荧光顺利通过，而反射激发光，这种反射的激发光可激发标本。

（3）标本：标本不能太厚，一般以 5~20pm 为宜，太厚可使激发光大部分消耗在标本下部，标本上部不能被激发，影响荧光的观察。

（4）封裱剂：封裱剂常用甘油，必须无自发荧光，无色透明，荧光的亮度在 pH 值为 8.5~9.5 时较亮，不易很快褪去。所以常用含 30% 甘油的 PBS，或用甘油与 0.5mol/L pH 值为 9.0~9.5 的碳酸盐缓冲液等量混合液作封裱剂。

（5）镜油：一般用暗视野荧光显微镜和油镜观察标本时，必须使用镜油。最好使用特制的无荧光镜油，也可用上述甘油代替，液体石蜡也可用，只是折光率较低，对图像质量略有影响。

（七）注意事项

（1）因观察荧光使用的光源为高压汞灯，其中发出的光含紫外光，对人眼有损害作用，故必须安装紫外防护罩。

（2）为延长汞灯寿命，打开汞灯后不可立即关闭，以免水银蒸发不完全而损坏电极，一般需要等 15min 后才能关闭。

（3）观察时间每次以 1~2h 为宜，超过 90min，超高压汞灯发光强度逐渐下降，荧光减弱；标本受紫外线照射 3~5min 后，荧光也明显减弱；所以，最多不得超过 2h。

（4）汞灯熄灭后待完全冷却才能重新启动，否则灯内汞蒸气尚未恢复到液态，内阻极小，再次施加电压，会引起短路，导致汞灯爆炸。故关闭汞灯之后，不能马上再次打开，必须等至少 30min。

（5）汞灯的使用寿命为 200~300h，在电源控制箱上有时间累计计数器，达到使用累计小时数，需更换新灯泡，新换灯泡应从开始就记录使用时间。

（6）标本染色后应及时观察，因时间过长荧光会逐渐减弱。若标本放在聚乙烯塑料袋中 4℃ 保存，可延缓荧光减弱时间，防止封裱剂蒸发。

（7）荧光亮度的判断标准：一般分为 4 级，即"－"指无或可见微弱荧光，"＋"指仅能见明确可见的荧光，"＋＋"指可见有明亮的荧光，"＋＋＋"指可见耀眼的荧光。

（八）思考题

（1）转换不同激发光模块，为什么样本所发荧光会不同？

（2）为什么载玻片厚度不宜太厚？

（3）什么是荧光？它是怎样发生的？

四、电子显微镜

（一）实验目的

（1）了解扫描电子显微镜的构造和工作原理。

（2）掌握扫描电子显微镜的使用方法。

（二）实验原理

扫描电子显微镜与普通光学显微镜相比有如下特点：扫描电子显微镜可以直接观察标本表面结构；制备标本简便；标本可以在立体空间内进行平移旋转；图像有立体感，分辨率高；对样品的损伤小，便于分析等。

1. 基本构造

（1）镜筒。镜筒包含电子枪、物镜、聚光镜和扫描系统等，可以产生强电子束；利用该电子束扫描标本表面，并激发出信号。物镜和聚光镜是磁透镜，可以缩窄电子束。

（2）电子信号收集与处理系统。扫描电子束与标本发生作用后产生信号，主要有二次电子、吸收电子、背散射电子、X 射线等。其中最主要的是二次电子，其产生主要取决于标本表面形状及其组成成分。用于检测二次电子等部件是闪烁体，电子打到闪烁体上时，产生的光被光导管传到光电倍增管，光信号变为电流信号，经放大后，电流信号变为电压信号，然后传至显像管。

（3）电子信号显示与记录系统。扫描电子显微镜等图像在显像管中呈现，并被拍照记录。显像管分为长余辉和短余辉两种。长余辉用于观察，其分辨率较低；短余辉用来拍照记录，其分辨率较高。

（4）电源及真空系统。电源系统为扫描电子显微镜各部件提供所需电源，真空系统由机械泵和油扩散泵组成，可以使镜筒内达到 $1.33 \times 10^{-2} \sim 1.33 \times 10^{-3} \mathrm{Pa}$（即 $10^{-4} \sim 10^{-5} \mathrm{Torr}$）的真空度。

2. 成像原理

阴极发出的电子束，在加速电压作用下，穿过镜筒，经聚光镜和物镜的作用，成为直径缩小至几纳米的电子探针。该探针在扫描线圈作用下，于标本表面进行扫描且激发出电子信号。电子信号被放大、转变为电压信号，最后到达显像管的栅极上。显像管中电子束扫描与标本表面扫描同步，获得相应的扫描电子图像。

（三）实验材料

（1）菌种：大肠埃希氏菌斜面。

（2）试剂和溶液：丙酮、乙醇、0.1mol/L pH7.2 磷酸缓冲液、1% 锇酸、2% 戊二醛溶液、醋酸异戊酯、液体二氧化碳。

（3）仪器和其他物品：扫描电子显微镜、真空喷镀仪、临界点干燥仪、盖玻片等。

（四）实验步骤

（1）固定及脱水。进行扫描电子显微镜观察时要求样品必须干燥，且表面可导电。生物样品已受损，在处理前要先进行固定。利用水溶性、表面张力低的乙醇进行梯度脱水，减少样品在干燥时因表面张力而发生变化。将大肠杆菌菌苔涂在面积为 $4\sim6mm^2$ 盖玻片上，并标记有样品的一面。自然干燥后在普通光学显微镜下观察，菌体较密，但又不堆叠为适宜样品量。将上述玻片样品放于0.1mol/L、pH7.2 磷酸缓冲液中，在冰箱中固定过夜。固定结束后，用 0.15%、pH7.2 磷酸缓冲液进行冲洗，依次用 40%、70%、90% 和 100% 的乙醇进行脱水，每次脱水 15min。结束后，用醋酸异戊酯置换乙醇。或者采用离心洗涤法进行固定和脱水，再将样品涂在载玻片上。

（2）干燥。将上述制备样品放在临界点干燥仪中，并浸泡在液体二氧化碳中，加热到临界点温度以上，使样品汽化干燥。这一方法的原理是利用盛有液体的密闭容器，升高温度，加快蒸发速率，增大气相密度，降低液相密度；当气相和液相的密度相等时，界面消失，表面张力消失，此时的温度和压力即为临界点。用临界点较低的二氧化碳置换出生物样品内部的脱水剂，可以避免表面张力对样品的破坏。

（3）喷镀后观察。将样品玻片置于真空喷镀仪中，在样品表面进行镀金。样品取出后即可放在扫描电子显微镜中进行观察。

（五）实验结果

绘制或拍摄扫描电子显微镜中观察到的生物样品的形态。

（六）思考题

（1）简述扫描电子显微镜的成像原理。

（2）用扫描电子显微镜观察样品时，为什么要进行固定？

五、微生物观测样品的制备

（一）实验目的

学习并掌握制备微生物样品的基本方法。

（二）实验内容

在显微镜下观察微生物时，必须首先以适当的方法将微生物制成装片（即制片）。制片技术是显微观察技术的一个重要环节，直接影响着显微镜观察效果的好坏。在制片时，除了考虑所用显微镜的特点以外，还要考虑生物样品的生理结构保持稳定，并通过各手段提高其反差。常用的方法有以下几种。

1. 压滴标本制作无菌操作制片

（1）取一清洁载玻片，放在酒精灯的右侧桌面上，用记号笔在玻片右侧注明观察菌体名称。

（2）点燃酒精灯，取 1 小滴清洁的无菌水放于玻片中央。

（3）用无菌操作取出少许菌苔，于玻片水中涂匀（图 1-10）。

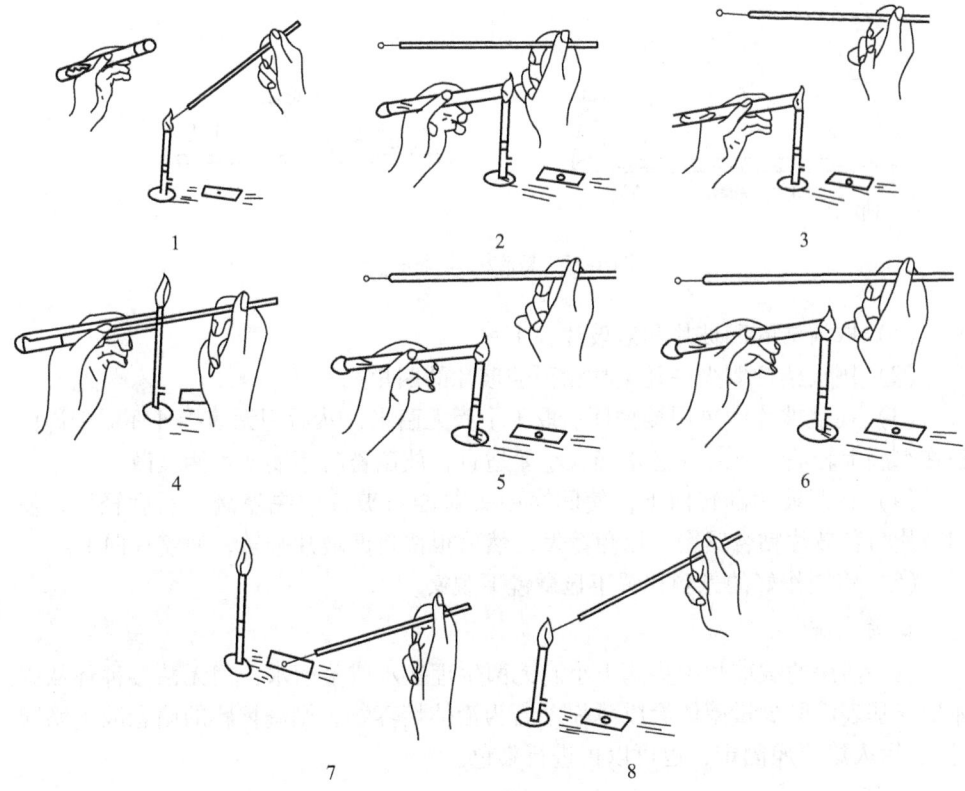

图 1-10　无菌操作制片示意图

1—接种环火焰灼烧菌；2—在火焰 3cm 处拔出硅胶泡沫塞（或棉塞）；3—斜面管口火焰灼烧灭菌；

4—挑取菌苔；5—从斜面试管中取出接种环，管口火焰灼烧再次灭菌；

6—在火焰 3cm 处塞上硅胶泡沫塞（或棉塞）；7—涂片；8—再次火焰灼烧接种环灭菌

（4）用镊子取清洁的盖玻片。由一端与玻片的菌液接触，徐徐放下盖玻片，注意避免产生气泡（图 1-11）。

（5）将压滴标本放于显微
镜下观察。

2. 悬滴标本制作

悬滴标本制作过程见图
1-12。

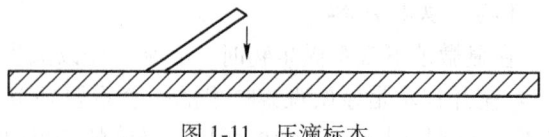

图 1-11　压滴标本

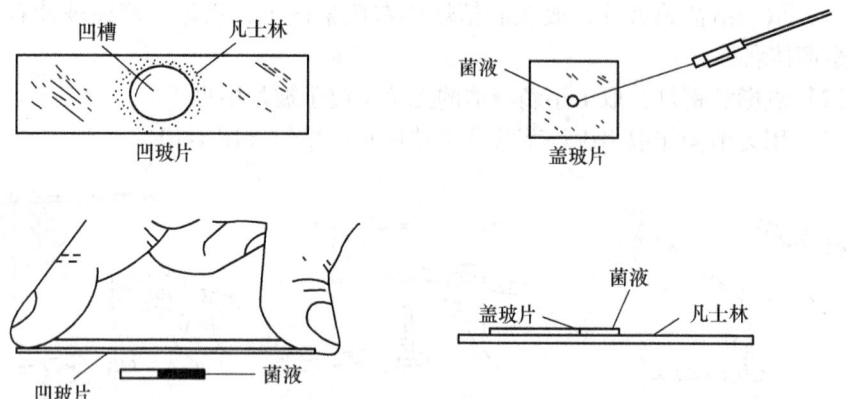

图 1-12　悬滴标本制作过程

（1）取清洁的凹玻片和盖玻片各 1 片。

（2）用火柴杆取少许凡士林涂于盖玻片的四角。

（3）在盖玻片中央用接种环沾取 1 小滴无菌水，然后用无菌接种环取少许菌苔在水滴上轻沾一下，注意水滴大小要适宜，放菌苔时不要使水滴破散。

（4）将凹玻片翻转向下，使凹窝中央对准盖玻片中央液滴，然后轻压，使凹玻片与盖玻片粘合紧密，以免蒸发，然后很快将凹玻片翻转，使盖片向上。

（5）将制作好的悬滴片置于显微镜下观察。

3. 涂片法

在一洁净的载玻片中央滴 1 小滴无菌生理盐水或蒸馏水，用无菌接种环从固体培养基表面取少量菌体涂成薄片（若为液体培养物，则滴稀释的菌悬液 1 滴即可），用火焰干燥固定，也可以再进行染色。

4. 插片法

插片法是将灭菌盖玻片插入接种有放线菌的琼脂平板上，培养后，菌丝会沿着插片处生长而附着在盖玻片上（图 1-13）。取出盖玻片，置于载玻片上，可直接观察到放线菌自然生长状态和不同生长期的形态。

5. 搭片法

搭片法如图 1-14 所示。

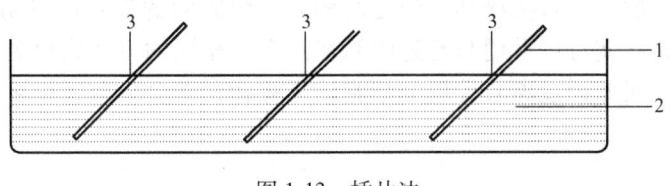

图1-13　插片法

1—盖玻片；2—培养基；3—接种处

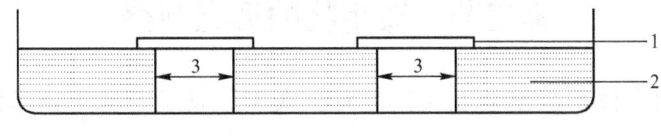

图1-14　搭片法

1—盖玻片；2—培养基；3—接种处

（1）开槽及接种。用无菌打孔器在凝固后的平板培养基上打洞数个，并将单胞菌孢子划线接种至洞内边缘。

（2）搭片及培养。在接种后的洞面上放一无菌盖玻片，平板倒置于28℃，培养3~7d。

6. 玻璃纸法

透明的玻璃纸是一种半透膜。该法是将灭菌的玻璃纸覆盖在琼脂平板表面，将放线菌接种于玻璃纸上，经培养后放线菌在玻璃纸上长成菌苔。取出此玻璃纸，固定于载玻片上，可直接观察放线菌的自然生长状态和不同生长期的形态。

7. 压片法（也称印片法）

用接种铲挖去连有培养基的小块培养物，对准培养物轻轻一压（不要移动），再染色，就可以镜检了。也可以用洁净的盖玻片在培养物表面轻轻一压，置于有染色液的载玻片上镜检。

8. 透明薄膜培养法

将小块无菌玻璃纸平铺于平板内固体培养基表面，在玻璃纸上点种放线菌或霉菌孢子或涂布放线菌或霉菌孢子悬液，经培养后，取下玻璃纸置于载玻片上，用显微镜对菌丝的形态进行观察。

9. 单细胞菌块

对于细菌、酵母菌和霉菌孢子，可收集所要观察的培养物直接加入戊二醛或锇酸固定液（10mL培养物加0.5~1.0mL固定液），立即离心，收集菌体。然后再悬浮在新鲜的固定液中备用。为了便于固定后继续进行脱水、包埋等操作，可将固定后的细胞包埋在琼脂块里。其方法是将固定后的细胞用缓冲液充分洗涤，然后弃去最后离心的上清液，滴进在45℃左右保温的2%~4%的琼脂溶液中并加以搅拌，直接冷却，使之凝固好。将凝固的琼脂取出切成 $0.5m^3$ 大小的小块，这样就可以采用与普通组织切片完全相同的方法染色处理，最后用显微镜观察。假如通过离心处理的细胞结成粒状且不会分散，也可以不必包埋到琼脂块中。

10. 其他方法

如载片培养法、埋片法等。

第二节　微生物的形态观察

微生物的个体形态结构及菌落特征的观察，是学习微生物学的重要基本内容。

细菌和放线菌均属原核微生物，细菌种类数量多，个体小，结构较为简单，以二等分裂繁殖。细菌可作为研究原核微生物具有代表性的对象。放线菌是一类呈丝状、主要以孢子繁殖的原核微生物。

一、实验室环境和人体体表微生物的检测

（一）实验目的

（1）证实实验室环境与人体表面存在微生物。

（2）体会无菌操作的重要性。

（3）观察不同类群微生物的菌落形态特征。

（二）实验原理

微生物多种多样，无处不在。它们很小，肉眼看不见。将它们接种到适当的固体培养基上，在适宜温度培养，少量分散的菌体或孢了就可以在培养基上形成肉眼可见的细胞群体——菌落。不同种的微生物可形成大小、形态、颜色等特征各异的菌落。因此，可以通过平板培养检查环境中微生物的类型和数量。

（三）实验器材

（1）培养基：牛肉膏蛋白胨琼脂平板，马铃薯葡萄糖琼脂平板培养基（见附录一）。

（2）溶液和试剂：无菌水。

（3）仪器和其他用品：灭菌棉签（装在试管内）、试管架、酒精灯、记号笔和培养箱等。

（四）实验内容及步骤

1. 标记

在 1 套牛肉膏蛋白胨琼脂平板培养基的底部划出 8 个等分的小区，并分别标

注姓名、日期及代表不同样品的字母。在另外两套马铃薯葡萄糖琼脂平板培养基的底部分别标注空气1、空气2及姓名、日期。

2. 检测

环境及人体表面的微生物多种多样，检测方法各不相同。

（1）空气。将标有空气1的平板培养基打开皿盖，放于实验台上，使培养基表面完全暴露在空气中；将标有空气2的平板培养基打开皿盖，放于已灭菌的超净工作台上或接种箱（室）内，1h后盖上皿盖。

（2）人体表面及其他物体微生物。

手指。在乙醇灯火焰旁，半开皿盖，用未洗的手指在平板培养基的A区轻轻按一下，迅速盖上皿盖。然后用肥皂洗净双手，自然干燥后在平板培养基的B区轻轻按一下，迅速盖上皿盖。

头发。将你的1~2根头发轻轻放在平板培养基的C区，迅速盖上皿盖。

鼻腔。按无菌操作，从试管中取无菌湿棉签在自己鼻腔内滚动数次，立即在平板培养基的D区轻轻划线接种，迅速盖上皿盖。将用过的棉签放入另一试管。

桌面。按无菌操作，从试管中取无菌湿棉签擦抹实验台面约2cm²，将棉签从皿盖开启处伸至培养基表面，在E区划线接种，立即盖上皿盖。放回棉签。

水体。按无菌操作，从试管中取无菌干棉签，分别沾取少量无菌水、自来水，将棉签从皿盖开启处伸至培养基表面，分别在F区和G区轻轻划线接种。

地面。按无菌操作，从试管中取无菌湿棉签，擦抹实验室地面约2cm²，将棉签从皿盖开启处伸至培养基表面，在H区轻轻划线接种。

（3）培养。将牛肉膏蛋白胨琼脂培养基倒置于37℃培养箱中，将马铃薯葡萄糖琼脂平板培养基倒置于28℃培养箱中，培养3d。

（4）观察。若有时间，可从24h起连续观察数次，仔细观察各培养基上不同类型菌落出现的顺序及菌落的形状、高度、大小、颜色，是否湿润、光泽、透明度、边缘状况等（图1-15）。

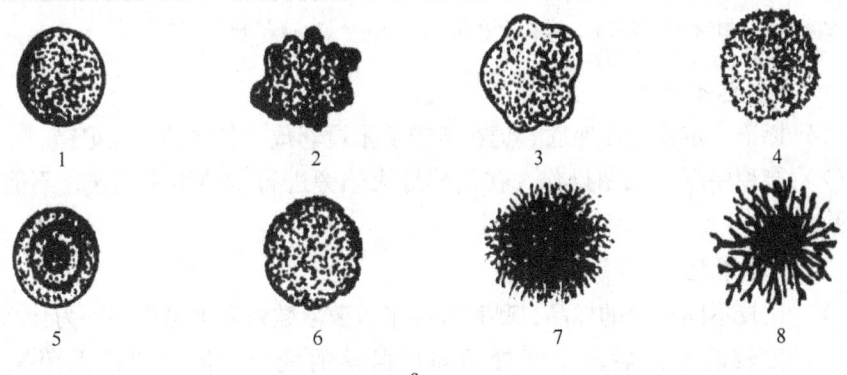

1　　　　　2　　　　　3　　　　　4

5　　　　　6　　　　　7　　　　　8

a

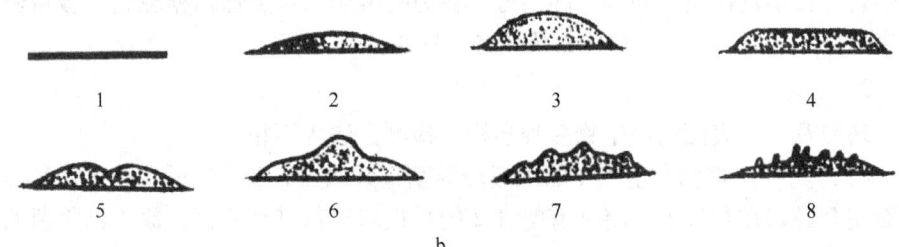

图 1-15 细菌菌落特征

a—菌落的形态及边缘：

1—圆形，边缘整齐；2—不规则状；3—边缘波状；4—边缘锯齿状；5—同心圆状；

6—边缘缺刻状；7—丝状；8—假根状

b—菌落的表面形态：

1—扁平、扩展；2—低凸面；3—高凸面；4—台状；5—脐状；6—突脐状；7—乳头状；8—褶皱凸面

（五）实验报告

将观察结果记录在表 1-1。

表 1-1 菌落观察记录表

样品	A	B	C	D	E	F	G	H	空气 1	空气 2
菌落数量										
菌落类型										
特征（大小、颜色、边缘、表面、形态、干湿）										

注：菌落数量可用+和-符号表示，从多到少依次为："++++""+++""++""+""-"。

（六）注意事项

（1）标记一定要记在皿底，记在皿盖易张冠李戴。各样品不能记错。

（2）接种要严格无菌操作，在乙醇灯火焰旁进行，动作要迅速，不能划破培养基。

（七）思考题

（1）比较不同来源的样品，哪种样品平板菌落数量和类型最多？为什么？

（2）比较洗手前后及空气处理前后菌落的变化，体会严格无菌操作的意义。

二、细菌的简单染色和革兰氏染色

（一）实验目的

（1）熟知细菌的染色原理。

（2）掌握细菌的制片和染色方法。

（3）观察细菌的形态特征。

（二）基本原理

细菌个体微小，且较透明，必须借助染色法使菌体着色，显示出细菌的一般形态结构及特殊结构，在显微镜下用油镜进行观察。根据细菌个体形态观察的不同要求，可将染色分为3种类型，即简单染色、鉴别染色和特殊染色。本次实验学习前两种染色方法。

1. 简单染色原理

这是最基本的染色方法，由于细菌在中性环境中一般带负电荷，所以通常采用一种碱性染料如美篮、碱性复红、结晶紫、孔雀绿、蕃红等进行染色。这类染料解离后，染料离子带正电荷，故使细菌着色。

2. 革兰氏染色原理

革兰氏染色法是细菌学中广泛使用的重要鉴别染色法，通过此法染色，可将细菌鉴别为革兰氏阳性菌（G^+）和革兰氏阴性菌（G^-）两大类。

革兰氏染色过程所用4种不同溶液的作用如下。

（1）碱性染料：草酸铵结晶紫液。

（2）媒染剂：碘液，其作用是增强染料与菌体的亲和力，加强染料与细胞的结合。

（3）脱色剂：乙醇将染料溶解，使被染色的细胞脱色。利用不同细菌对染料脱色的难易程度不同，而加以区分。

（4）复染液：蕃红溶液，目的是使经脱色的细菌重新染上另一种颜色，以便与未脱色菌进行比较。

革兰氏染色有着重要的理论与实践意义，其染色原理是利用细菌的细胞壁组成成分和结构的不同。革兰氏阳性菌的细胞壁肽聚糖层厚，交联而成的肽聚糖网状结构致密，经乙醇处理发生脱水作用，使孔径缩小，通透性降低，结晶紫与碘形成的大分子复合物保留在细胞内而不被脱色，结果使细胞呈现紫色。而革兰氏阴性菌肽聚糖层薄，网状结构交联少，而且类脂含量较高，经乙醇处理后，类脂被溶解，细胞壁孔径变大，通透性增加，结晶紫与碘的复合物被溶出细胞壁，因而细胞被脱色，再经蕃红复染后细胞呈红色。

（三）实验材料

（1）菌种：大肠杆菌、枯草芽孢杆菌、金黄色葡萄球菌和草分枝杆菌（培养 18~24h 的斜面菌种各 1 支，前三种菌培养好的菌落平板各 1 个）。

（2）染液。

1）简单染色：草酸铵结晶紫染液。

2）革兰氏染色：草酸铵结晶紫染液、革氏碘液、95% 乙醇、蕃红染液。

（3）其他物品：无菌水、显微镜、载玻片、滤纸、香柏油（或液体石蜡）、二甲苯、擦镜纸、吸水纸、接种环、酒精灯。

（四）实验步骤

1. 简单染色

（1）涂片。每人必做大肠杆菌染色实验，并选做枯草芽孢杆菌或金黄色葡萄球菌中的任何一种进行涂片。

取洁净的载片 1 张，将其在火焰上微微加热，除去上面的油脂，冷却，在中央部位滴加 1 小滴无菌水，用接种环在火焰旁从斜面上挑取少量菌体与水混合。烧去环上多余的菌体后，再用接种环将菌体涂成直径约 1cm 的均匀薄层。制片是染色的关键，载片要洁净，不得沾污油脂，菌体才能涂布均匀。注意初次涂片，取菌量不应过大，以免造成菌体重叠。

（2）干燥。涂布后，待其自然干燥。

（3）固定。将已干燥的涂片标本向上，在微火上通过 3~4 次进行固定。固定的作用为：1）杀死细菌；2）使菌体蛋白质凝固，菌体牢固黏附于载片上，染色时不被染液或水冲掉；3）增加菌体对燃料的结合力，使涂片易着色。

（4）染色。在涂片处滴加草酸铵结晶紫溶液 1~2 滴，使其布满涂菌部分，染色 1min。

（5）冲洗。斜置载片，倾去染液。用水轻轻冲去染液，至流水变清。注意水流不得直接冲在涂菌处，以免将菌体冲掉。

（6）吸干。将载玻片倾斜，用吸水纸轻轻吸去载片边缘的水珠（注意勿将细菌抹掉）。

（7）镜检。将染色的标本，先用低倍镜找到目的物，将低倍接物镜转开，滴加 1 小滴液体石蜡于涂片处，用油镜进行观察。注意各种细菌的形状和细菌排列方式。观察完毕，用擦镜纸将镜头上的液体石蜡擦净。

染色步骤见图 1-16。

2. 革兰氏染色

（1）涂片。取大肠杆菌、枯草芽孢杆菌和金黄色葡萄球菌制成涂片，干燥、固定。

（2）染色。用草酸铵结晶紫染液染色 1min，用水冲洗。

（3）媒染。滴加革氏碘液冲去残水，并用碘液覆盖 1min，用水冲去碘液。

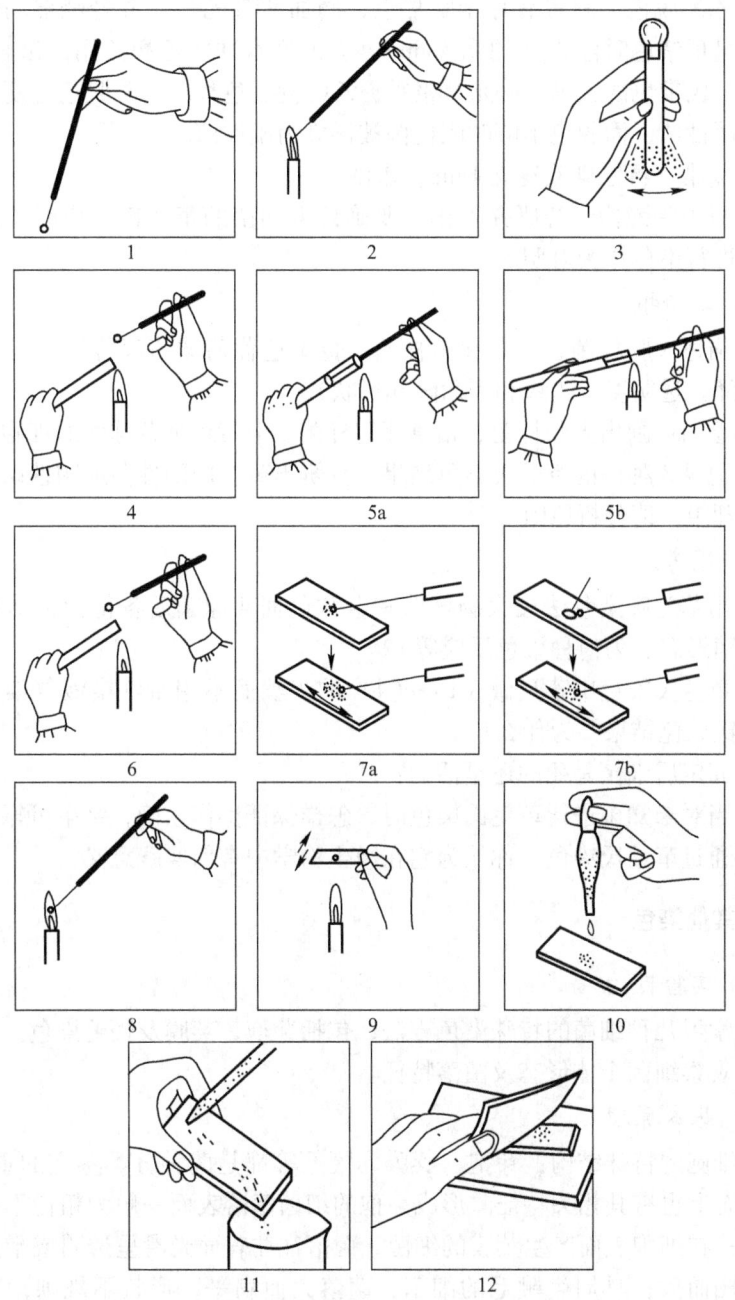

图 1-16　细菌染色标本制作及染色过程

1—取接种环；2—灼烧接种环；3—摇匀菌液；4—灼烧管口；5a—从菌液中取菌（或 5b—从斜
面菌种中取菌）；6—取菌毕，再灼烧管口，加上塞；7a—将菌液直接涂片（或 7b—从斜面菌种中取菌与
玻片上水滴混匀涂片）；8—烧去接种环上的残菌；9—固定；10—染色；11—水洗；12—吸干

（4）乙醇脱色。斜置载片于烧杯上，滴加 95% 乙醇，并轻轻摇动载片，至乙醇液不呈现紫色时停止（约 0.5min）。立即用水冲净乙醇并用滤纸轻轻吸干。脱色是革兰氏染色的关键，必须严格掌握乙醇的脱色程度。若脱色过度则阳性菌被误染为阴性菌，而脱色不够时阴性菌被误染为阳性菌。

（5）复染。蕃红染液复染 1min，水洗。

（6）吸干并镜检。若研究工作中要确证未知菌的革兰氏反应时，则需同时用已知菌进行染色作为对照。

（五）实验报告

（1）描述大肠杆菌、枯草芽孢杆菌、金黄色葡萄球菌菌落特征（包括形状大小、色泽、透明度、边缘和表面隆起形状）。

（2）绘图：画出大肠杆菌、枯草芽孢杆菌、金黄色葡萄球菌的细胞形态图。

（3）记录 3 种菌的革兰氏染色结果，分辨出革兰氏阳性菌或阴性菌。如果染色结果不理想，请分析原因。

（六）思考题

（1）用革兰氏染色法染大肠杆菌和金黄色葡萄球菌后各得什么结果（包括颜色、细菌形态、为何种染色反应等）？

（2）革兰氏染色中若只做（1）~（4）的步骤而不用蕃红染液复染，能否分辨出革兰氏染色结果？为什么？

（3）固定后细菌是死的还是活的？

（4）当对未知菌进行革兰氏染色时，怎样保证操作正确，结果可靠？

（5）通过革兰氏染色，你认为它在微生物学中有何实践意义？

三、其他染色

（一）实验目的

（1）学习几种细菌的特殊染色方法，包括芽孢、荚膜及鞭毛染色。

（2）观察细菌个体形态及菌落特征。

（二）基本原理

细菌细胞的特殊结构：芽孢、荚膜、鞭毛等都是菌种分类鉴定的重要指标，在菌落形态上也有其相关特征。形成芽孢的细菌菌落表面一般为粗糙不透明，常呈现褶皱；在细胞表面产生荚膜的细菌，菌落往往表面光滑呈透明或半透明黏液状，形状圆而大；具周生鞭毛的细菌，菌落大而扁平，形状不规则，边缘不整齐。运动能力强的细菌，菌落常呈树枝状。

（1）芽孢染色原理。细菌的芽孢壁比营养细胞的细胞壁结构复杂而且致密，透性低，着色和脱色都比营养细胞困难。因此，一般采用碱性染料并在微火上加热，或延长染色时间，使菌体和芽孢都同时染上色后，再用蒸馏水冲洗，脱去菌体的颜色，但仍保留芽孢的颜色。并用另一种对比鲜明的染料使菌体着色，如此可以在显微镜下明显区分芽孢和营养体的形态。

（2）荚膜染色原理。荚膜是某些细菌细胞壁外存在的一层胶状黏液性物质，与燃料亲和力低，一般采用负染色的方法，使背景与菌体之间形成一透明区，将菌体衬托出来便于观察分辨，故又称衬托法染色。因荚膜薄且易变形，所以不能用加热法固定。

（3）鞭毛染色原理。细菌鞭毛非常纤细，超过了一般光学显微镜的分辨力。因此，观察时需通过特殊的鞭毛染色法。鞭毛的染色法较多，主要的原理是需经媒染剂处理。实验中介绍的两种方法，均以单宁酸（鞣酸）作媒染剂。媒染剂的作用是促使染料分子吸附于鞭毛上，并形成沉淀，使鞭毛直径加粗，才能在显微镜下观察到鞭毛。

（三）实验材料

（1）菌种：巨大芽孢杆菌、胶质芽孢杆菌（钾细菌）、枯草芽孢杆菌。

（2）染液。

1）芽孢染色：用7.6%饱和孔雀绿液和0.5%蕃红染液。

2）荚膜染色：用黑墨汁染色法。

3）鞭毛染色液：

①利夫森氏（Leifson）染色液；

②银染法染液　A液，B液。

（以上染液配制方法见附录二）

（四）实验内容

1. 芽孢染色（孔雀绿染色法）

取一干净载片，在载片中央加1小滴水，按无菌操作取巨大芽孢杆菌菌体少许混合均匀，制成涂片，风干固定后，在涂菌处滴加7.6%的孔雀绿饱和水溶液，间断加热染色10min后（注意添加染液勿使涂片干燥），用水冲洗。再用0.5%蕃红液染色1min，水洗，自然干燥后镜检。芽孢被染上绿色，营养体呈现红色。

2. 荚膜染色

（1）制片。加1滴6%葡萄糖水溶液于载片一端，挑取少量胶质芽孢杆菌与其混合，再加一点墨汁充分混匀。用推片法制片，将菌液铺成薄层，自然干燥。

（2）固定。滴加1~2滴无水乙醇覆盖涂片，固定1min，自然干燥。

（3）染色、冲洗。滴加结晶紫，染色2min，用水轻轻冲洗，干燥后镜检。

有荚膜的菌、菌体呈紫色，背景灰黑色，荚膜不着色呈无色透明圈。无荚膜的菌，由于干燥菌体收缩，菌体四周也可能出现一圈狭窄的不着色环，但这不是荚膜，荚膜不着色的部分宽。

3. 鞭毛染色

（1）载片的清洗。将载片置于洗涤灵水溶液中，煮沸 10min，自来水冲洗，再用蒸馏水洗净，用纱布擦干备用。

（2）实验菌种的准备。将枯草芽孢杆菌在新制备的肉膏蛋白胨斜面培养基上（斜面下部要有少量冷凝水），连续移种 3~4 次，每次培养 12~18h，最后一次培养 12~16h。

（3）制片。在载片一端加 1 滴蒸馏水，用接种环挑取少许菌苔底部有水部分的菌体（注意不要挑出培养基），将接种环悬放在水滴中片刻，将载片稍倾斜，使菌液随水滴缓缓流到另一端，可再返转一次使菌液流经面积扩大，然后放平，自然干燥。

（4）染色。

1）利夫森氏染色法。用蜡笔将涂菌区圈起，滴加染液，过数分钟后，当染液的 1/2 以上区域表面出现金属光泽膜时，用水轻轻将金属膜及染液冲洗干净，自然干燥。

镜检。镜检时应在涂片上按顺序进行观察，经常是在部分涂片区的菌体染出鞭毛，菌体及鞭毛均为红色。

2）鞭毛银染法。涂片方法同上。

滴加硝酸银染色液 A 于涂片上，染色 7min。滴加蒸馏水冲洗 5min。用 B 液冲去残水，再滴加 B 液于涂片上，用微火加热至出现水汽。再用蒸馏水洗去染液，自然干燥。

镜检。菌体为深褐色，鞭毛为褐色。

4. 示范

在示范镜下观察细菌的各种特殊细胞结构。

（1）观察苏云金芽孢杆菌芽孢和伴孢晶体。

（2）观察肺炎双球菌荚膜。

（3）观察假单胞菌鞭毛数目和着生部位。

（五）实验报告内容

将所观察到的各种细菌的特殊结构，按比例大小绘图。

（1）巨大芽孢杆菌的芽孢位置和形状。

（2）胶质芽孢杆菌及肺炎双球菌的荚膜。

（3）枯草芽孢杆菌及假单胞菌的鞭毛着生部位和数目。

（4）苏云金芽孢杆菌的芽孢及伴孢晶体形态。

（六）思考题

（1）芽孢染色为什么要加热或延长染色时间？

（2）荚膜染色为什么要用负染色法？

（3）鞭毛染色时为什么须用培养 12～16h 的菌体？染色成功的操作关键是什么？

四、污水处理中水质指示性微生物观测

（一）实验目的

（1）进一步熟悉和掌握显微镜的操作方法。

（2）学习用压滴法制作溶液标本片。

（3）通过活性污泥中生物相的观察，了解好氧生物法处理污水的本质。

（4）区分污水中原生动物和后生动物。

（5）掌握各种微生物对水质的指示性作用。

（二）实验内容与方案

将提前培养好的活性污泥，用滴管取少量污泥滴在干净的载玻片中央，用干燥的盖玻片盖在液滴上（注意不要有气泡）即成标本片。然后严格按照显微镜的操作方法，用低倍镜和高倍镜观察。记录污泥中微生物的形态，并与附录四中的微生物类型进行比较和分析。

（三）实验设备与材料

（1）菌源：污水处理厂好氧曝气池活性污泥（提前曝气）。

（2）仪器：光学显微镜。

（3）其他：菌种、载玻片、盖玻片、取菌液滴管、烧杯（废液杯）、记号笔、擦镜纸、香柏油。

（四）实验报告

（1）描绘观测到的各种微生物的形状。

（2）根据污泥中各种微生物的种类，分析污水处理的效果。

（五）思考题

（1）用压滴法制片时，为什么要尽可能地减少气泡的产生？如何操作才能避免气泡的产生？

（2）通过观察活性污泥中原生动物及微型后生动物，可以评判处理后水质的好坏，请对所观察的污泥进行评价。

第二章　环境微生物的培养与分离

第一节　培养基的配制及灭菌

　　培养基是指利用人工方法将适合微生物生长繁殖或积累代谢产物的各种营养物质混合配制而成的营养基质，主要用于微生物的分离、培养、鉴定以及菌种保藏等方面。培养基一般应含有微生物生长繁殖所需要的碳源、氮源、能源、无机盐、生长因子和水等营养成分。此外，为了满足微生物生长繁殖或积累代谢产物的要求，还必须控制培养基的 pH 值。一般细菌、放线菌适于生长在中性或微碱性的环境中，而酵母菌和霉菌则适于生长在偏酸性的环境中。因此，在配制培养基时，须将培养基调节在一定 pH 值的范围内。迄今为止，培养基的种类极其繁多。

　　按培养基的成分，可将培养基分为天然培养基、合成培养基和半合成培养基。天然培养基是指利用动物、植物、微生物或其他天然有机成分配制而成的培养基。其优点是营养丰富、价格便宜。缺点是成分不能准确确定且不稳定。实验室常用的牛肉汁或麦芽汁培养基即为天然培养基。合成培养基是指完全利用已知种类和成分的化学试剂配制而成的培养基。优点是各成分均为已知且含量稳定，缺点是价格较贵。实验室常用的高氏 I 号培养基即为合成培养基。半合成培养基是指由天然有机成分和已知化学试剂混合组成的培养基。实验室常用的马铃薯葡萄糖培养基即为半合成培养基。

　　按培养基的物理状态，可将培养基分为固体培养基、半固体培养基和液体培养基。固体培养基是指在液体培养基中加入一定量的凝固剂（常加 1.5%~2%的琼脂），经融化冷凝而成。半固体培养基是指在液体培养基中加入 0.8%~1%的琼脂，经融化冷凝而成。液体培养基是指培养基中不加凝固剂琼脂，培养基呈液体状态。

　　按培养基的用途，可将培养基分为加富培养基、选择培养基和鉴别培养基。加富培养基是指在培养基中加入某些特殊营养物质，促使某种特殊性能的微生物迅速生长，有利从混合菌群中分离出所需种类微生物。例如为了分离能够利用石蜡的微生物，常在培养基中加入石蜡作为碳源。选择培养基是指在培养基中加入某些微生物生长抑制剂，抑制那些不需要的微生物的生长，以达到从混杂微生物菌群的环境中分离到所需的微生物。例如用于分离真菌的马丁培养基。鉴别培养基是指在培养基中加入特定指示剂，它能与某一微生物的代谢产物发生显色反应，便于微生物的快速鉴定。例如用于鉴定大肠杆菌的伊红美蓝培养基。

本章着重介绍培养基的常规配置程序，培养细菌、放线菌、酵母菌和霉菌常用培养基的配制方法，以及几种常用选择培养基和鉴别培养基的配制方法。此外还介绍高压蒸汽灭菌法，它是微生物学实验中最常用也是最重要的灭菌方法。

一、培养基的常规配制程序

（一）实验目的

（1）了解培养基配制的原理和培养基的种类。

（2）掌握常规培养基配制程序。

（3）了解培养基配制过程各环节的要求和注意事项。

（二）实验内容与方案

1. 基本原理

正确掌握培养基的配制方法是从事微生物学实验工作的重要基础。由于微生物种类及代谢类型的多样性，因而用于培养微生物培养基的种类也很多，它们的配方及配制方法虽各有差异，但一般培养基的配制程序却大致相同，例如器皿的准备，培养基的配制与分装，棉塞的制作，培养基的灭菌，斜面与平板的制作及培养基的无菌检查等基本环节大致相同。

高压蒸汽灭菌是微生物学实验、发酵工业生产及外科手术器械等方面最常用的一种灭菌方法。一般培养基、玻璃器皿、无菌水、无菌缓冲液、金属用具、接种室的实验服及传染性标本等都可采用此法灭菌。

高压蒸汽灭菌是把待灭菌物品放在一个密封的高压蒸汽灭菌锅中，当锅内压力为 0.1MPa 时，温度可达到 121.3℃，一般维持 20min，即可杀死一切微生物的营养体及其孢子。

高压蒸汽灭菌是依据水的沸点随蒸汽压的增加而上升，加压是为了提高蒸汽的温度。蒸汽压力与蒸汽温度关系及常用灭菌时间见表 2-1。

表 2-1　高压蒸汽灭菌时常用的灭菌压力、温度与时间

蒸 汽 压 力			蒸汽灭菌温度 /℃	灭菌时间 /min
MPa	kgf/cm^2	lbf/in^2		
0.056	0.56	8.00	112.6	30
0.070	0.70	10.00	115.2	20
0.103	1.00	15.00	121.0	20

注：$1kgf/cm^2 = 9.80665 \times 10^4 Pa$，$1lbf/in^2 = 6.89475 \times 10^3 Pa$。

高压蒸汽灭菌技术关键是在压力上升之前需将锅内空气排尽。若锅内未排除

的冷空气滞留在锅内，压力表虽指0.1MPa，但锅内温度实际只有100℃（空气排除程度与温度关系见表2-2），结果造成灭菌不彻底。

表2-2　空气排除程度与温度关系

压力表读数 /MPa	灭菌器内温度/℃				
	未排除空气	排除1/3空气	排除1/2空气	排除2/3空气	完全排除空气
0.034	72	90	94	100	109
0.069	90	100	105	109	115
0.103	100	109	112	115	121
0.138	109	115	118	121	126
0.172	115	121	124	126	130
0.206	121	126	128	130	135

待灭菌物品中的微生物种类、数量与灭菌效果直接相关。一般在小试管、锥形瓶中小容量的培养基，用0.1MPa灭菌20min，大容量的固体培养基传热量慢，灭菌时间适当延长（灭菌时间是指达到所要求的温度开始计算）。天然培养基含菌和芽孢较多，较合成培养基灭菌时间略长。

灭菌时的过高温度常对培养基造成不良影响，如：

（1）出现混浊、沉淀（天然培养基成分加热沉淀出大分子多肽聚合物，培养基中Ca、Mg、Fe、Zn、Cu、Sb等阳离子与培养基中的可溶性磷酸盐共热沉淀）。

（2）营养成分破坏或改变（酸度较高时淀粉、蔗糖、乳糖或琼脂灭菌过程易水解；pH 7.5、0.1MPa灭菌20min，葡萄糖破坏20%，麦芽糖破坏50%，若培养基中有磷酸盐共存，葡萄糖转变成酮糖类物质，培养液由淡黄变为红褐色，破坏更为严重）。

（3）pH 7.2时培养基中的葡萄糖、蛋白胨、磷酸盐在0.1MPa灭菌15min以上可产生对微生物生长的某种抑制物。

（4）高压蒸汽灭菌后培养基pH值下降0.2~0.3。

（5）高压蒸汽灭菌过程会增加冷凝水，降低培养基成分浓度。对于前三种不良影响，可采用低压灭菌（如在0.056MPa、30min灭菌葡萄糖溶液），或将培养基中成分分别灭菌，临用前无菌混合（如磷酸盐与Ca、Mg、Zn、Cu等阳离子溶液）的方法，特殊情况时可采用间歇灭菌、过滤除菌（如维生素溶液）。工业发酵生产中常采用连续加压灭菌法（135~140℃，5~15s）和连续蒸煮法。

2. 玻璃器皿的洗涤和包装

（1）玻璃器皿的洗涤。玻璃器皿在使用前必须洗刷干净。将锥形瓶、试管、培养皿、量筒等浸入含有洗涤剂的水中，用毛刷刷洗，然后用自来水及蒸馏水冲净。移液管先用含有洗涤剂的水浸泡，再用自来水及蒸馏水冲洗。洗刷干净的玻璃器皿置于烘箱中烘干后备用。详见附录一。

（2）灭菌前玻璃器皿的包装。培养皿的包装。培养皿有一盖一底组成一套。可用报纸将几套培养皿包成一包，或者将几套培养皿直接置于特制的铁皮圆筒内，加盖灭菌。包装后的培养皿须经灭菌之后才能使用。

移液管的包装。在移液管的上端塞入一小段棉花（勿用脱脂棉），它的作用是避免外界及口中杂菌吹入管内，并防止菌液等吸入口中。塞入此小段棉花应距管口约0.5cm，棉花段自身长度为1~1.5cm。塞棉花时，可用一外圈拉直的曲别针，将少许棉花塞入口内。棉花要塞得松紧适宜，吹时以能通气而又不使棉花滑下为准。

先将报纸裁成宽约5cm的长纸条，然后将已塞好棉花的移液管尖端放在长条报纸的一端，约呈45°角，折叠纸条包住尖端，用左手握住移液管身，右手将移液管压紧，在桌面上向前搓转，以螺旋式包扎起来。上端剩余纸条，折叠打结，准备灭菌（见图2-1）。

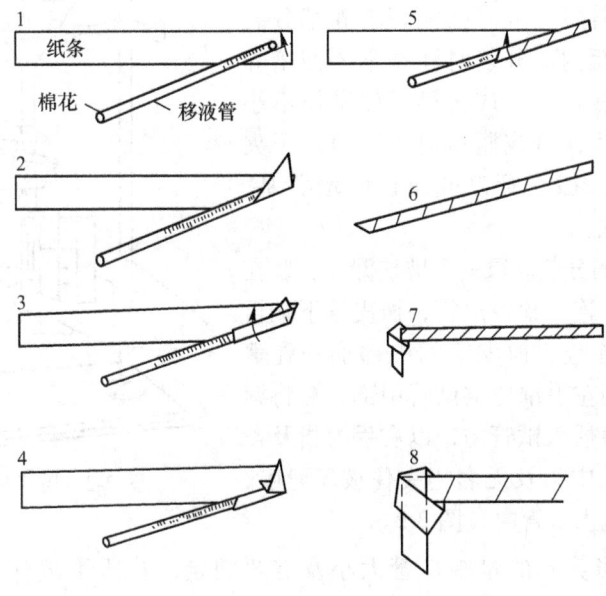

图2-1　单支移液管包装

3. 液体及固体培养基的配制过程

（1）液体培养基配制。

1）称量。一般可用1/100粗天平称量配制培养基所需的各种药品。先按培养基配方计算各成分的用量，然后进行准确称量。

2）溶化。将称好的药品置于一烧杯中，先加入少量水（根据实验需要可用自来水或蒸馏水），用玻棒搅动，加热溶解。

3）定容。待全部药品溶解后，倒入一量筒中，加水至所需体积。如某种药品用量太少时，可预先配成较浓溶液，然后按比例吸取一定体积溶液，加入至培养皿中。

4）调 pH 值。一般用 pH 试纸测定培养基的 pH 值。用剪刀剪出一小段 pH 试纸，然后用镊子夹取此段 pH 试纸，在培养基中沾一下，观看其 pH 值范围，如培养基偏酸或偏碱时，可用 1mol/L NaOH 或 1mol/L HCl 溶液进行调节。调节 pH 值时，应逐滴加入 NaOH 或 HCl 溶液，防止局部过酸或过碱，破坏培养基中成分。边加边搅拌，并不时用 pH 试纸测试，直至达到所需 pH 值为止。

5）过滤。用滤纸或多层纱布过滤培养基。一般无特殊要求时，此步可省去。

（2）固体培养基的配制。配制固体培养基时，应将已配好的液体培养基加热煮沸，再将称好的琼脂（1.5%~3%）加入，并用玻棒不断搅拌，以免糊底烧焦。继续加热至琼脂全部溶化，最后补足因蒸发而失去的水分。

4. 培养基的分装

根据不同需要，可将已配好培养基分装入试管或锥形瓶内，分装时注意不要使培养基沾污管口或瓶口，造成污染。如操作不小心，培养基沾污管口或瓶口时，可用镊子夹一小块脱脂棉，擦去管口或瓶口的培养基，并将脱脂棉弃去。

（1）试管的分装。取一个玻璃漏斗，装在铁架上，漏斗下连一根橡皮管，橡皮管下端再与另一玻璃管相连，橡皮管的中部加一弹簧夹。分装时，用左手拿住空试管中部，并将漏斗下的玻璃管嘴插入试管内，以右手拇指及食指开放弹簧夹，中指及无名指夹住玻璃管嘴，使培养基直接流入试管内（图 2-2）。

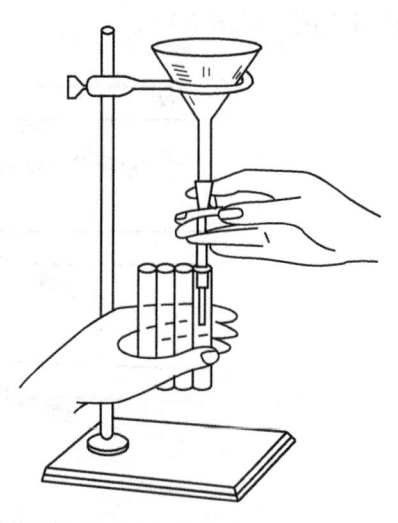

图 2-2　培养基的分装

装入试管培养基的量视试管大小及需要而定，若所用试管大小为 15mm×150mm 时，液体培养基可分装至试管高度 1/4 左右为宜；如分装固体或半固体培养基时，在琼脂完全溶化后，应趁热分装于试管中。用于制作斜面的固体培养基的分装量为管高的 1/3 为宜。

（2）锥形瓶的分装。用于震荡培养微生物用时，可在 250mL 锥形瓶中加入 50mL 的液体培养基；若用于制作平板培养基用时，可在 250mL 锥形瓶中加入 150mL 培养基，然后再加入 3g 琼脂粉（按 2% 计算），灭菌时瓶中琼脂粉同时被融化。

5. 棉塞的制作及试管、锥形瓶的包扎

为了培养好气性微生物，需提供优良通气条件，同时为防止杂菌污染，则必须对通入试管或锥形瓶内空气预先进行过滤除菌。通常方法是在试管及锥形瓶口加上棉花塞等。

（1）试管棉塞的制作。制棉塞时，应选用大小、厚薄适中的普通棉花一块，铺展于左手拇指和食指扣成的圆孔上，用右手食指将棉花从中央压入圆孔中制成棉塞，然后直接压入试管或锥形瓶口。也可借用玻璃棒塞入，也可用折叠卷塞法制作棉塞（图 2-3）。

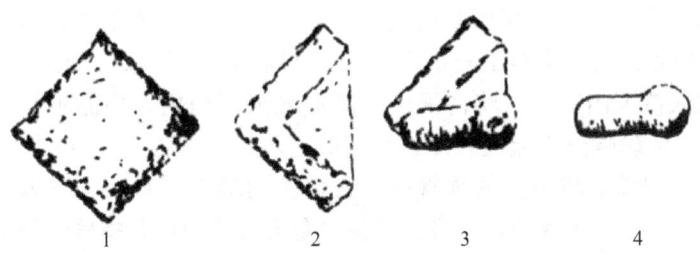

图 2-3　棉塞制作过程

1—方形棉花；2——角向内折起；3—将下边一角折叠卷成圆柱状；
4—左边一角向内折叠后继续卷折成型

制作的棉塞应紧贴管壁，不留缝隙，以防外界微生物沿缝隙侵入，棉塞不宜过紧或过松，塞好后以手提棉塞，试管不下落为准。棉塞的 2/3 在试管内，1/3 在试管外（图 2-4）。

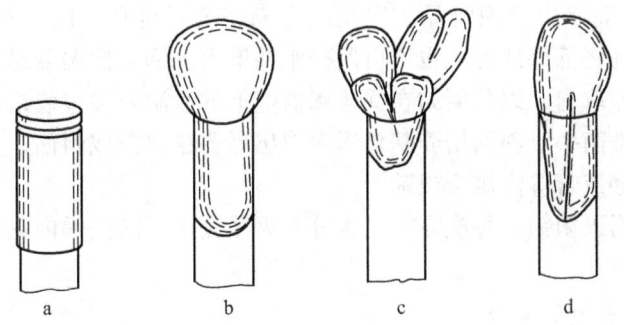

图 2-4　试管帽和棉塞

a—试管帽；b—正确的棉塞；c，d—不正确的棉塞

将装好培养基并塞好棉塞或盖好管帽的试管捆成一捆，外面包上一层牛皮纸。用铅笔注明培养基的名称及配制日期。灭菌待用。

（2）锥形瓶棉塞制作。通常在棉塞外包上 1 层纱布，再塞在瓶口上。有时为了进行液体振荡培养加大通气量，则可用 8 层纱布代替棉塞包在瓶口上。目前也有采用无菌培养容器封口膜直接盖在瓶口上，既保证良好通气，过滤除菌又操作简便，故极受欢迎。

在装好培养基并塞好棉塞或包上 8 层纱布或盖好培养容器封口膜的锥形瓶口上，再包上一层牛皮纸并用线绳捆好，灭菌待用。

6. 培养基的灭菌

培养基经分装包扎之后，应立即进行高压蒸汽灭菌，0.1MPa（与相关单位间的换算见表 2-1）灭菌 20min。如因特殊情况不能灭菌，则应暂存于冰箱中。

（1）向锅内加水。打开灭菌锅盖，向锅内加适量水（立式高压蒸汽灭菌锅从进水杯处加煮开过的水至量高水位的标示高度）。水量不足，灭菌锅易干。

（2）放入待灭菌物品。将待灭菌物品放入灭菌桶内，物品不要放得太紧和紧靠锅壁，以免影响蒸汽流通和冷凝水顺壁流入灭菌物品。

（3）盖好锅盖。将盖上的软管插入灭菌桶的槽内，有利于罐内冷空气自下而上排出，加盖，上下螺栓口对齐，采用对角方式均匀旋紧螺栓，使锅密闭。

（4）排放锅内冷空气及升温灭菌。打开放气阀，加热（电加热或煤气加热或直接通入蒸汽），自锅内开始产生蒸汽后 3min 再关紧放气阀（或喷出气体不形成水雾），此时蒸汽已将锅内的冷空气由排气孔排尽，温度随蒸汽压力增高而上升，待压力逐渐上升至所需温度时，控制热源，维持所需压力和温度，并开始计时，一般培养基控制在 0.1MPa 灭菌 20min；含糖等成分培养基控制在 0.056MPa 灭菌 30min 或 0.07MPa 灭菌 20min，关闭热源，停止加热，压力随之逐渐降低。

（5）灭菌完毕降温及后处理。待压力降至 0 时，慢慢打开放气阀（排气口），开盖，立即取出灭菌物品。但在压力未完全降至 0 处前，不能打开锅盖，以免培养基沸腾将棉塞冲出；也不可用冷水冲淋灭菌锅迫使温度迅速下降。所灭物品开盖后立即取出，以免凝结在锅盖和器壁上的水滴弄湿包装纸或落到被灭菌物品上，增加染菌率。斜面培养基自锅内取出后要趁热摆成斜面，灭菌后的空培养皿、试管、移液管等需烘干或晾干。

若连续使用灭菌锅，每次需补足水分；灭菌完毕，除去锅内剩余水分，保持灭菌锅干燥。

7. 斜面和平板的制作

（1）斜面的制作。将已灭菌装有琼脂培养基的试管，趁热置于木棒上，使呈适当斜度，凝固后即成斜面（图 2-5）。斜面长度不超过试管长度 1/2 为宜。如制作半固体或固体深层培养基时，灭菌后则应垂直放置至冷凝。

（2）平板的制作。将装在锥形瓶或试管中已灭菌的琼脂培养基融化后，待冷至 50℃ 左右倾入无菌培养皿中。温度过高时，皿盖上的冷凝水太多；温度低于 50℃，培养基易于凝固而无法制作平板。

平板的制作应在火旁进行，左手拿培养皿，右手拿锥形瓶的底部或试管，左手同时用小指和手掌将棉塞打开，灼烧瓶口，用左手大拇指将培养皿盖打开一缝，至瓶口正好伸入，倾入 10～12mL 的培养基，迅速盖好皿盖，置于桌上，轻轻旋转平皿，使培养基均匀分布于整个平皿中，冷凝后即成平板（图 2-6）。

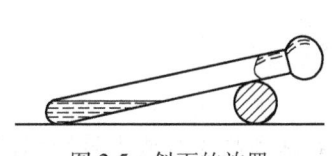

图 2-5 斜面的放置

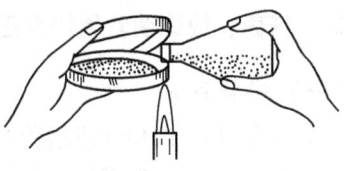

图 2-6 将培养基倒入培养皿内

8. 培养基的无菌检查

灭菌后的培养基，一般需进行无菌检查。最好从中取出 1～2 管（瓶），置于 37℃温箱中培养 1～2d，确定无菌后方可使用。

9. 无菌水的制备`

在每个 250mL 的锥形瓶内装 99mL 的蒸馏水并塞上棉塞。在每支试管内装 4.5mL 蒸馏水，塞上棉塞或盖上塑料试管盖，再在棉塞上包上一张牛皮纸。高压蒸汽灭菌，0.1MPa 灭菌 20min。

（三）实验设备与材料

（1）药品：牛肉膏、蛋白胨、NaCl、琼脂、水、1mol/L NaOH 溶液、1mol/L HCl 溶液。

（2）仪器：天平或台秤、高压蒸汽灭菌锅、电炉、洁净操作台。

（3）玻璃器皿：移液管、试管、烧杯、量筒、锥形瓶、培养皿、玻璃漏斗等。

（4）其他物品：药匙、称量纸、记号笔、棉花、纱布、线绳、塑料试管盖、牛皮纸、报纸等。

（四）实验报告

（1）结合本教材及实验课所学内容，写出实验报告。

（2）实验报告内容包括实验原理、实验目的、实验器材、实验步骤、结果讨论等。

（五）思考题

（1）请分析肉膏蛋白胨琼脂培养基中各成分的作用。这种培养基的营养及 pH 值适于哪种微生物生长？

（2）为什么配培养基加蒸馏水？自来水中盐类多，营养成分比蒸馏水丰富，是否可用自来水配培养基？

（3）棉塞太松、太紧有什么影响？吸管为什么要堵棉花？不堵行不行？为什么？要这么复杂包装？少包点行不行？

（4）简述高压蒸汽灭菌注意事项及操作。

（5）0.1MPa 高压蒸汽灭菌的温度是多少？玻璃器皿应灭菌多长时间？

二、细菌、放线菌常用培养基的配制

（一）实验目的

（1）了解半合成和合成培养基的配制原理。

（2）学习和掌握肉膏蛋白胨培养基、LB 培养基和高氏合成Ⅰ号培养基的配制方法。

（二）基本原理

肉膏蛋白胨培养基是一种广泛用于培养细菌的培养基。而 LB 培养基则是一种近年来用于培养基因工程受体菌（大肠杆菌）的常用培养基。两者都属于半合成培养基。肉膏蛋白胨培养基的主要成分是牛肉膏、蛋白胨和 NaCl。而 LB 培养基的主要成分是胰化蛋白胨、酵母提取物和 NaCl。它们分别提供微生物生长繁殖所需要的碳源、氮源、能源、生长因子和无机盐等。培养基都是水溶液，这是因为一切生物细胞都必须要水，蒸馏水不含杂质，比自来水好，特别是制合成培养基都必须用蒸馏水，配天然培养基时可用自来水，但自来水中常含 Ca^{2+}、Mg^{2+}离子，易与其他成分形成沉淀。

高氏合成Ⅰ号培养基是一种用于培养放线菌的合成培养基。培养基中的可溶性淀粉作为碳源和能源，KNO_3 作为氮源，K_2HPO_4、$MgSO_4$ 和 $FeSO_4$ 作为无机盐等。

（三）实验材料

（1）药品：牛肉膏、蛋白胨、NaCl、胰蛋白胨（bacto-tryptone）、酵母提取物（bacto-yeast extract）、可溶性淀粉、KNO_3、K_2HPO_4、$MgSO_4 \cdot 7H_2O$、$FeSO_4 \cdot 7H_2O$、琼脂等。

（2）溶液：1mol/L NaOH、1mol/L HCl、0.1%$FeSO_4 \cdot 7H_2O$。

（3）仪器：天平、高压蒸汽灭菌锅。

（4）玻璃器皿：移液管、试管、烧杯、量筒、锥形瓶、培养皿、玻璃漏斗等。

（5）其他物品：钥匙、pH 试纸、称量纸、记号笔、棉花、纱布、线绳、塑料试管盖、牛皮纸、报纸等。

（四）实验内容

1. 肉膏蛋白胨培养基的配制

（1）培养基成分：

牛肉膏	0.5g
蛋白胨	1.0g
NaCl	0.5g
水	100mL
pH 值	7.2

如配制固体培养基，需加琼脂 1.5%~2%；如配制半固体培养基，则加琼脂 0.7%~0.8%。

（2）配制方法：

1）称量及溶化。分别称取蛋白胨和 NaCl 的所需量，置于烧杯中，加入所需水量的 2/3 左右的蒸馏水；用玻棒挑取牛肉膏置于另一小烧杯中，进行称量。然后加入少量蒸馏水于小烧杯中，加热融化，倒入上述烧杯中。将烧杯置于石棉网上加热，用玻棒搅拌，使药品全部溶化。

2）调 pH 值。用 1mol/L NaOH 溶液调 pH 值至 7.2。

3）定容。将溶液倒入量筒中，补足水量至所需体积。

4）加琼脂。加入所需量的琼脂，加热融化，补足失水。

5）分装、加塞、包扎。

6）高压蒸汽灭菌。0.1MPa 灭菌 20min。

2. LB 培养基（Luria-Bertani 培养基）的配制

（1）培养基成分：

胰化蛋白胨（bacto-tryptone）	1g
酵母提取物（bacto-yeast extract）	0.5g
NaCl	1g
琼脂	1.5~2g
蒸馏水	100mL
pH 值	7.0

（2）配制方法：

1）称量。分别称取所需量的胰化蛋白胨、酵母提取物和 NaCl，置于烧杯中。

2）溶化。加入所需水量 2/3 的蒸馏水于烧杯中，用玻棒搅拌，使药品完全溶化。

3）调 pH 值。用 1mol/L NaOH 溶液调 pH 值至 7.0。

4）定容。将溶液倒入量筒中，加水至所需体积。

5）加琼脂。加入所需量琼脂，加热融化，补足失水。

6）分装、加塞、包扎。

7）高压蒸汽灭菌。0.1MPa 灭菌 20min。

3. 高氏合成Ⅰ号培养基的配制

（1）培养基成分：

可溶性淀粉	2.0g
KNO_3	0.1g
$K_2HPO_4 \cdot 3H_2O$	0.05g
NaCl	0.05g
$MgSO_4 \cdot 7H_2O$	0.05g
$FeSO_4 \cdot 7H_2O$	0.001g
琼脂	1.5~2g
水	100mL
pH 值	7.2~7.4

（2）配制方法：

1）称量及溶化。量取所需水量的2/3左右加入烧杯中，置于石棉网上加热至沸腾。称量可溶性淀粉，置于另一小烧杯中，加入少量冷水，将淀粉调成糊状，然后倒入上述装沸水的烧杯中，继续加热，使淀粉完全融化。分别称量 KNO_3、NaCl、K_2HPO_4 和 $MgSO_4$，依次逐一加入水中溶解。按每100mL培养基加入 1mL 0.1% $FeSO_4$ 溶液。

2）调 pH 值。用 1mol/L NaOH 溶液调 pH 值至7.4。

3）定容。将溶液倒入量筒中，加水至所需体积。

4）加琼脂。加入所需量琼脂，加热融化，补足失水。

5）分装、加塞、包扎。

6）高压蒸汽灭菌。0.1MPa 灭菌 20min。

（五）思考题

（1）培养细菌一般常用什么培养基？培养基因工程受菌体（大肠杆菌）常用什么培养基？培养放线菌常用什么培养基？

（2）何谓半合成培养基？何谓合成培养基？

（3）牛肉膏应置于何种容器中称量为宜？

（4）配制高氏合成Ⅰ号培养基时，可溶性淀粉需经什么处理后才能倒入到沸水中？

三、酵母菌、霉菌培养基的配制

（一）实验目的

（1）了解合成培养基、半合成培养基和天然培养基的配制原理。

（2）学习和掌握麦芽汁培养基、马铃薯葡萄糖培养基、豆芽汁葡萄糖培养基和察氏培养基的配制方法。

（二）基本原理

麦芽汁培养基和马铃薯葡萄糖培养基被广泛用于培养酵母菌和霉菌。马铃薯葡萄糖培养基有时也可用于培养放线菌。豆芽汁葡萄糖培养基也是培养酵母及霉菌的一种优良培养基。察氏培养基主要用于培养霉菌观察形态。麦芽汁培养基为天然培养基，马铃薯葡萄糖培养基和豆芽汁葡萄糖培养基两者均为半合成培养基，而察氏培养基则为合成培养基。培养基配方中出现的自然 pH 值指培养基不经酸、碱调节而自然呈现的 pH 值。

（三）实验材料

（1）药品：葡萄糖、蔗糖、$NaNO_3$、K_2HPO_4、KCl、$MgSO_4 \cdot 7H_2O$、$FeSO_4$、琼脂。

（2）仪器：天平、高压蒸汽灭菌锅。

（3）玻璃器皿：移液管、试管、烧杯、量筒、锥形瓶、培养皿、玻璃漏斗等。

（4）其他物品：钥匙、pH 试纸、称量纸、记号笔、棉花、纱布、线绳、塑料试管盖、牛皮纸、报纸、新鲜麦芽汁、黄豆芽、马铃薯等。

（四）实验内容

1. 麦芽汁培养基的配制

（1）培养基成分：新鲜麦芽汁一般为 10~15 波美度。

（2）配制方法：

1）用水将大麦或小麦洗净，用水浸泡 6~12h，置于 15℃ 阴凉处发芽，上盖纱布，每日早、中、晚淋水一次，待麦芽伸长至麦粒的两倍时，让其停止发芽，晒干或烘干，研磨成麦芽粉，储存备用。

2）取 1 份麦芽粉加 4 份水，在 65℃ 水浴锅中保温 3~4h，使其自行糖化，直至糖化完全（检查方法是取 0.5mL 的糖化液，加 2 滴碘液，如无蓝色出现，即表示糖化完全）。

3）糖化液用 4~6 层纱布过滤，滤液如仍混浊，可用鸡蛋清澄清（用 1 个鸡蛋清，加水 20mL，调匀至生泡沫，倒入糖化液中，搅拌煮沸，再过滤）。

4）用波美比重计检测糖化液中糖浓度，将滤液用水稀释到 10~15 波美度，调 pH 值至 6.4。如当地有啤酒厂，可用未经发酵、未加酒花的新鲜麦芽汁，加水稀释到 10~15 波美度后使用。

5）如配固体麦芽汁培养基时，加入 2% 琼脂，加热融化，补足失水。

6）分装、加塞、包扎。

7）高压蒸汽灭菌。0.1MPa 灭菌 20min。

2. 马铃薯葡萄糖培养基

（1）培养基成分：

马铃薯浸汁（20%）	100mL
葡萄糖	2g
琼脂	1.5~2g

自然 pH 值

0.1MPa 灭菌 20min。

（2）配制方法：

1）配制 20%马铃薯浸汁。取去皮马铃薯 200g，切成小块，加水 1000mL。80℃浸泡 1h，用纱布过滤，然后补足失水至所需体积。0.1MPa 灭菌 20min，即成 20%马铃薯浸汁，储存备用。

2）配制时，按每 100mL 马铃薯浸汁加 2g 葡萄糖，加热煮沸后加入 2g 琼脂，继续加热融化并补足失水。

3）分装、加塞、包扎。

4）高压蒸汽灭菌。0.1MPa 灭菌 20min。

3. 豆芽汁葡萄糖培养基

（1）培养基成分：

豆芽浸汁（10%）	100mL
葡萄糖	5g
琼脂	1.5~2g

自然 pH 值

0.1MPa 灭菌 20min。

（2）配制方法：

1）称新鲜黄豆芽 100g，加水 1000mL 煮沸约半小时，用纱布过滤，补足失水，即制成 10%豆芽汁。

2）配制时，按每 100mL 10%豆芽汁加入 5g 葡萄糖，煮沸后加入 2g 琼脂，继续加热融化，补足失水。

3）分装、加塞、包扎。

4）高压蒸汽灭菌。0.1MPa 灭菌 20min。

4. 察氏（Czapck）培养基的配制

（1）培养基成分：

蔗糖	3g
$NaNO_3$	0.3g
K_2HPO_4	0.1g
KCl	0.05g
$MgSO_4 \cdot 7H_2O$	0.05g
$FeSO_4$	0.001g

琼脂	1.5~2g
水	100mL

自然 pH 值

0.1MPa 灭菌 20min。

（2）配制方法：

1）称量及溶化。量取所需水量的 2/3 左右加入烧杯中，分别称取蔗糖、NaNO$_3$、K$_2$HPO$_4$、KCl、MgSO$_4$。依次逐一加入水中溶解。按每 100mL 培养基加入 1mL 0.1% 的 FeSO$_4$ 溶液。

2）定容。待全部药品溶解后，将溶液倒入量筒中，加水至所需体积。

3）加琼脂。加入所需量琼脂，加热融化，补足失水。

4）分装、加塞、包扎。

5）高压蒸汽灭菌。0.1MPa 灭菌 20min。

（五）思考题

（1）麦芽汁培养基、马铃薯葡萄糖培养基、豆芽汁葡萄糖培养基、察氏培养基各常用于培养哪类微生物？

（2）在配制麦芽汁培养基时，如何检查麦芽粉水溶液糖化是否完全？

（3）何谓培养基的自然 pH 值？

四、几种常用鉴别和选择性培养基的配制

（一）实验目的

（1）了解选择培养基和鉴别培养基的配置原理。

（2）学习和掌握马丁培养基、含氨苄青霉素的 LB 培养基及伊红美蓝琼脂培养基的配制方法。

（二）基本原理

马丁培养基及含氨苄青霉素的 LB 培养基两者均属选择培养基，伊红美蓝琼脂培养基是一种鉴别培养基。

马丁培养基常用于从自然环境中分离真菌，培养基中的去氧胆酸钠和链霉素（30U/mL）不是微生物的营养成分。由于去氧胆酸钠为表面活性剂，不仅防止霉菌菌丝蔓延，还可抑制 G$^+$ 细菌生长，而链霉素对多数 G$^-$ 细菌具抑制生长作用。孟加拉红则能抑制细菌和放线菌的生长，而对于真菌的生长则没有影响，从而达到分离真菌的目的。

含氨苄青霉素的 LB 培养基在基因工程研究中常用于筛选具有氨苄青霉素抗性的菌株。培养基中含有一定浓度（100μg/mL 培养基）的氨苄青霉素，它能杀死培养基中一切不抗氨苄青霉素的细菌，而只有对氨苄青霉素具有抗性的细菌才能正常生长繁殖，从而达到快速筛选氨苄青霉素抗性菌株的目的。

伊红美蓝琼脂培养基常用于检查乳制品和饮用水中是否含有致病性的肠道细菌。培养基中的伊红为酸性染料，美蓝则为碱性染料。当大肠杆菌发酵乳糖产生混合酸时，细菌带正电荷，与伊红染色，再与美蓝结合生成紫黑色化合物。在此培养基上生长的大肠杆菌呈紫黑色、带金属光泽的小菌落，而产气杆菌则形成呈棕色的大菌落。不能发酵乳糖的细菌产碱性物较多，带负电荷，与美蓝结合，被染成蓝色菌落。

（三）实验材料

（1）药品：葡萄糖、蛋白胨、$KH_2PO_4 \cdot 3H_2O$、$MgSO_4 \cdot 7H_2O$、胰蛋白胨、酵母提取物、NaCl、乳糖、K_2HPO_4、伊红、美蓝、琼脂等。

（2）溶液：0.1%孟加拉红溶液、链霉素溶液（10000U/mL）、2%去氧胆酸钠溶液、氨苄青霉素溶液（25mg/mL）、2%伊红溶液、0.5%美蓝溶液、1mol/L NaOH溶液、1mol/L HCl溶液等。

（3）仪器：天平、高压蒸汽灭菌锅。

（4）玻璃器皿：移液管、试管、烧杯、量筒、锥形瓶、培养皿、玻璃漏斗等。

（5）其他物品：钥匙、pH试纸、称量纸、记号笔、棉花、纱布、线绳、塑料试管盖、牛皮纸、报纸等。

（四）实验内容

1. 马丁培养基的配制

（1）培养基成分：

葡萄糖	1g
蛋白胨	0.5g
$KH_2PO_4 \cdot 3H_2O$	0.1g
$MgSO_4 \cdot 7H_2O$	0.05g
孟加拉红（1mg/mL）	0.33mL
琼脂	1.5~2g
水	100mL

自然pH值

0.056MPa灭菌30min。再加入下列试剂：

2%去氧胆酸钠溶液2mL（预先灭菌，临用前加入）；

链霉素溶液（10000U/mL）0.33mL（临用前加入）。

（2）配制方法：

1）称量。称取培养基各成分的所需量。

2）溶化。在烧杯中加入约2/3所需水量，然后依次逐一溶化培养基各成分。按每100mL培养基加入0.33mL的0.1%孟加拉红溶液。

3）定容。待各成分完全溶化后，补足水量至所需体积。

4）加琼脂。加入所需琼脂量，加热融化，补足失水。

5）分装、加塞、包扎。

6）高压蒸汽灭菌。0.1MPa 灭菌 20min。

7）临用前，加热融化培养基，待冷至 60℃ 左右，按每 100mL 培养基无菌操作加入 2mL 的 2% 去氧胆酸钠溶液及 0.33mL 的链霉素溶液（10000U/mL），迅速混匀。

2. 含氨苄青霉素的 LB 培养基

（1）培养基成分：

胰化蛋白胨	1g
酵母提取物	0.5g
NaCl	1g
琼脂	1.5~2g
蒸馏水	100mL
pH 值	7.0
苄氨青霉素溶液（25mg/mL）	0.4mL（临用前加入）

（2）配制方法：

1）称量。称取培养基各成分的所需量，置于烧杯中。

2）溶化。加入所需水量 2/3 的蒸馏水于烧杯中，搅拌使药品全部溶化。

3）调 pH 值。

4）定容。

5）加琼脂。加入所需琼脂量，加热融化，补足失水。

6）分装、加塞、包扎。

7）高压蒸汽灭菌。0.1MPa 灭菌 20min。

8）临用前，加热融化培养基，待冷至 60℃ 左右，按每 100mL 培养基无菌操作加入 0.4mL 氨苄青霉素溶液（25mg/mL），迅速混匀。

3. 伊红美蓝（EMB）培养基的配制

（1）培养基成分：

乳糖	1g
胰蛋白胨	0.5g
NaCl	0.5g
K_2HPO_4	0.2g
2%伊红 Y 溶液	2mL
0.65%美蓝溶液	1mL
琼脂	1.5~2g

蒸馏水　　　　　　　　　　　　　　　　　　100mL

pH 值（先调 pH 值，再加伊红、美蓝溶液）　　7.1

乳糖在高温灭菌时易受破坏，故一般在 0.07MPa 灭菌 20min。

（2）配制方法：

1）称量。称取培养基各成分所需量。

2）溶化。在烧杯中加入约 2/3 所需水量，依次逐一溶化培养基各成分。

3）定容。

4）调 pH 值。

5）按每 100mL 培养基加 2mL 2%伊红溶液和 1mL 0.5%美蓝溶液。

6）加琼脂，加热融化并补足失水。

7）分装、加塞、包扎。

8）高压蒸汽灭菌。0.07MPa 灭菌 20min。

（五）思考题

（1）何谓选择培养基？何谓鉴别培养基？

（2）马丁培养基中的链霉素及孟加拉红各起什么作用？

（3）在 LB 培养基中加入氨苄青霉素，氨苄青霉素起什么作用？

（4）在伊红美蓝琼脂培养基中的伊红、美蓝起什么作用？

（5）在配制马丁培养基时，为什么临用前才能加入链霉素溶液？

（6）在配制含氨苄青霉素的 LB 培养基时，为什么临用前才能加入氨苄青霉素溶液？

五、灭菌与消毒

灭菌是指用物理或化学方法杀灭全部微生物的营养体、芽孢以及孢子，以达到无菌状态的过程。消毒是指用物理化学方法杀死或除去特定环境中致病微生物的过程。物体经过消毒后，仍有少数微生物未被杀灭，消毒其实是部分灭菌。在微生物实验过程中，不能有杂菌污染。因此在实验前，需要进行消毒和灭菌工作。

消毒和灭菌的方法主要分为加热灭菌、过滤除菌、紫外灭菌、化学试剂消毒和灭菌。其中加热灭菌最为常用，加热灭菌分为干热灭菌和湿热灭菌。干热灭菌分为火焰灼烧和电热干燥灭菌；湿热灭菌又分为高压蒸汽灭菌、常压蒸汽灭菌、煮沸消毒法和超高温杀菌，其中应用最广泛的是高压蒸汽灭菌。

（一）实验目的

（1）了解常用的灭菌和消毒的原理。

（2）掌握常用的灭菌和消毒的方法。

（3）掌握灭菌和消毒仪器设备的使用方法及注意事项。

（二）实验原理

1. 干热灭菌

干热灭菌是利用高温使微生物细胞膜破坏和细胞内蛋白质变性达到灭菌目的，相对湿度通常在2%以下。长时间干热可导致微生物细胞膜破坏、细胞内蛋白质变性和原生质干燥，使微生物永久失活。微生物细胞内蛋白质凝固性与其本身含水量有关。微生物受热时，环境与体内的含水量越高，蛋白质凝固越快，含水量越低，凝固越慢。因此，干热灭菌所需的温度很高，一般在160~170℃，时间也很长，一般是1~2h。

干热灭菌分为火焰直接灼烧和干热空气灭菌。火焰直接灼烧是将待灭菌物体（常用于接种针、接种环和涂布棒等）直接在火焰上灼烧以达到灭菌的目的。干热空气灭菌是将待灭菌物体放入电热恒温干燥箱内，在160~170℃维持1~2h。实际灭菌过程中，可根据待灭菌物体的性质做适当调整。玻璃器皿和金属用具等可以用此法灭菌，但塑料制品、橡胶制品和培养基不适合用此法灭菌。

2. 湿热灭菌

湿热灭菌是利用高温蒸汽穿透的能力杀灭微生物。相同温度下湿热灭菌的效果比干热灭菌好，原因是蛋白质含水量多、凝固点低，湿热灭菌过程中，微生物吸收水分，蛋白质易凝固，此外，湿热穿透力比干热强，且湿热存在潜热，蒸汽液化也会放热，进而增强灭菌效果。

高压蒸汽灭菌法是利用加热密封的灭菌锅内的水和水蒸气的压力增加锅内蒸汽温度进而达到灭菌目的。具体过程是，加热灭菌料桶外的锅体夹层中的水，使其沸腾，不断产生蒸汽，借蒸汽将锅内的空气经排气阀排尽，关闭排气阀，使锅体处于封闭状态。继续加热，锅内充满饱和蒸汽，由于蒸汽不能逸出，进而灭菌锅的压力增加，蒸汽沸点增大。当蒸汽压力达到0.1MPa，锅内温度就可以达到121℃，于此温度下保持20~30min即可将待灭菌物体内外带有的所有微生物的营养体、芽孢和孢子杀灭。若灭菌锅内的空气未排尽或只排出一半，由于空气的膨胀压大于蒸汽的膨胀压，相同压力下，其温度低于饱和蒸汽的温度，即如果灭菌锅内含有空气，虽然压力表指示压力值为0.1MPa，但锅内的温度并未达到121℃。由此可见，灭菌锅内空气是否排尽将直接影响灭菌效果。培养基、生理盐水、缓冲液以及玻璃器皿等均可采用高压蒸汽灭菌法进行灭菌。

3. 紫外灭菌

紫外灭菌是利用紫外灯进行灭菌。波长在260~280nm范围内的紫外线有很强的杀菌作用，260nm的紫外线杀菌能力最强。人工生产的紫外灯可以产生波长253.7nm的紫外线，杀菌能力强。紫外线灭菌的原理是利用紫外线被蛋白质与核酸吸收这一特性，从而使这些物质失活。另外，空气在紫外线的照射下产生的臭氧可以辅助杀菌。由于紫外线的穿透能力较弱，所以紫外线可用于空气的灭菌以及物体表面的灭菌。

为增强紫外线灭菌效果，在打开紫外灯前，可以用石炭酸等消毒剂进行杀菌，无菌室内的桌椅可以用2%～3%的来苏尔擦拭消毒，再打开紫外灯，增强灭菌效果。

4. 过滤除菌

过滤除菌利用微孔材料的静电吸附和机械阻力等将带菌液体或气体进行抽气过滤。在微生物实验中，一些对热不稳定的物质如血清、维生素和抗生素等，采用过滤除菌法进行除菌。过滤除菌可除去细菌，但不能除去支原体和病毒等粒子。其最大的特点是不破坏培养基的成分。过滤器的种类很多，主要分为以下几种。

（1）蔡氏滤器。蔡氏滤器由一个金属漏斗和石棉制成的滤板组成。细菌通过石棉由于过滤和吸附作用被截留，每次过滤必须用新的滤板。过滤时，将石棉滤板紧紧夹在上下两节滤器之间，待滤菌的溶液在滤器中被抽滤。滤板根据其孔径大小分为3种型号：EK-S型、EK型、K型，孔径依次增大，孔径小的可用于过滤病毒，孔径大的可用于澄清溶液，孔径介于两者之间的可用于过滤除去细菌。蔡氏滤器是实验室中常用的滤器。

（2）滤膜滤器。滤膜滤器与蔡氏滤器结构相似，其滤膜采用醋酸纤维和硝酸纤维等制成。每张滤膜只能用一次。此法过滤的优点是滤速快，吸附性小，不足之处是滤液量小，一般适用于实验室溶液过滤除菌，滤膜孔径一般是 $0.45\mu m$。如果要除去病毒，则需要使用孔径更小的微孔滤膜。

（3）玻璃滤器。玻璃滤器由玻璃制作而成，滤板由玻璃细沙粉烧结而成，呈板状结构。根据孔径大小不同，玻璃滤器分为很多类型，其中 G5、G6 用于截留细菌。玻璃滤器吸附量少，每次使用过后需要用水反复清洗，并在含 1% KNO_3 的浓硫酸溶液中浸泡 24h，再用蒸馏水冲洗。为检查是否冲洗干净，可以在冲洗液中滴加少许 $BaCl_2$，若不出现沉淀表示玻璃滤器被冲洗干净。

（4）姜伯朗氏滤器。姜伯朗氏滤器由素瓷制作而成，一端开口，待过滤的液体因负压作用由漏斗进入柱心，满满过滤，细菌被截留。其不足之处是滤速过慢。

（三）实验材料

（1）实验设备和仪器：高压蒸汽灭菌锅、烘箱、紫外灯、过滤器。

（2）待灭菌物品：包装好的玻璃器皿、待灭菌的培养基、生理盐水和试管等。

（四）实验步骤

1. 干热灭菌

干热灭菌分为火焰直接灼烧和干热空气灭菌。

火焰直接灼烧：将接种环、接种针和涂布棒等直接在火焰上灼烧。在无菌操作过程中，试管口和锥形瓶口也需要在火焰上进行灼烧灭菌。

干热空气灭菌：

（1）将待灭菌物质放入烘箱内，物品不得贴近烘箱内壁，摆放均匀，不可过挤，利于热空气流通和灭菌温度的维持。

（2）关闭烘箱门，接通电源，打开烘箱开关，设定温度在 160~170℃ 范围内。

（3）待温度升至设定温度后，维持 1~2h 即可。

（4）切断电源，待其自然降温。

（5）烘箱内温度降至 60℃ 以下，再打开烘箱门，取出灭菌物品，注意防护，小心烫伤。

2. 湿热灭菌

将待灭菌物品放入高压蒸汽灭菌锅内，在 121℃ 下维持 20min，具体操作见第二章第一节培养基的配制与灭菌中高压蒸汽灭菌锅的使用。

3. 紫外灭菌

（1）在无菌室内或超净工作台内打开紫外灯，30min 后将其关闭。

（2）牛肉膏蛋白胨培养基倒 3 个平板，待其凝固后打开皿盖 15min，然后盖上皿盖于 37℃ 培养 24h。

（3）检查平板上菌落数，如果不超过 4 个，则表明灭菌效果好，否则需要延长紫外灯照射时间。

4. 过滤除菌

这里介绍蔡氏滤器的使用步骤。

（1）清洗和灭菌：将滤器拆开用水清洗干净，待晾干后组装，放入滤板拧上螺旋，再插入抽滤瓶口的软木塞上，并在滤器口包扎，然后进行灭菌（121℃下维持 20min）。

（2）过滤装置检测：先将滤器和收集滤液的试管连接，防止渗漏进而影响抽滤效果或使滤液染菌。在负压泵和抽滤瓶之间装好安全瓶，用于抽滤的缓冲。在自来水龙头上安装抽气负压装置，以便加快抽滤速度，检查是否存在漏气现象。

（3）安装滤器：移除滤器口的包装纸，拧上螺旋，防止漏气。

（4）连接实验装置：除去抽滤瓶口包装纸，与安全瓶连接，再将安全瓶与负压泵连接。

（5）加入待过滤样品：向滤器内倒入待过滤除菌的液体，打开负压进行抽滤。

（6）抽滤：抽滤完成后，先断开安全瓶与抽滤瓶的连接，再关闭水龙头。

（7）收集滤液：在火焰附近打开抽滤瓶的塞子，取出滤液，并迅速塞上无菌塞。

（8）后处理：弃去用过的滤板，将滤器冲洗晾干，更换滤板，组装后备用。

（五）注意事项

（1）干热灭菌的温度不能超过180℃，否则，易烧焦包住瓶塞的报纸或棉线，引起火灾。

（2）干热灭菌结束后，待温度降至60℃以下再打开烘箱，否则温度骤降会导致玻璃器皿炸裂造成危险事故。

（3）高压蒸汽灭菌时，实验人员不得擅自离开，要注意压力表和温度的示数，防止出现意外事故。

（4）紫外线对人的皮肤、眼结膜及视神经有一定的损害，实验时要注意防护。

（5）抽滤过程中一定要防止连接部位漏气，否则将影响实验效果甚至出现杂菌污染。

（六）思考题

（1）湿热灭菌和干热灭菌的原理是什么？

（2）常用的灭菌方法主要适用于哪些物品的灭菌？

（3）高压蒸汽灭菌锅的使用方法是什么？

（4）过滤除菌的装置有哪些？

第二节　微生物的分离、纯化和接种技术

在适宜条件下，菌体或孢子散落在平板上形成的肉眼可见的细胞群体称为菌落。若菌落由单个孢子或细胞繁殖而成，则为纯菌落。纯培养物是由单个细胞或单个孢子长成的纯菌落接种培养所得菌种。自然界中的微生物常以群落状态存在，即不同种类的微生物在一起混杂生长。如果研究某一种微生物的特性或大量培养某一种微生物，就必须对混杂生长的微生物进行分离纯化，以获得纯培养物。获得纯培养物的过程即为微生物的分离和纯化技术。

分离纯化方法可以分为两类，一种是在细胞水平上的纯化，另一种是在菌落水平上的纯化。细胞水平上的纯化可以分为显微镜操纵单细胞分离法、毛细管分离以及菌丝尖端切割单细胞分离法；菌落水平上的分离纯化可以分为平板划线法、涂布平板法和浇注平板法。由于细胞水平上的纯化技术不易掌握，而菌落水平上的平板划线法、涂布平板法和浇注平板法操作简单，且分离效果好，因此，菌落水平的分离纯化方法常被实验室采用。

一、土壤中细菌的分离与纯化

（一）目的要求

（1）学习从土壤中分离细菌的方法。

（2）掌握倾注平板稀释分离法、划线分离法的无菌操作技术。

（二）实验原理

土壤是微生物生活的大本营，一般土壤中细菌数量最多。为了分离和确保获得的细菌，首先要考虑制备不同稀释度的菌悬液。同时也要注意分离培养基、培养温度、培养时间的要求。

（三）实验材料

（1）土样。选定采土地点后，用无菌的采样小铲取表层下 3～10cm 土壤 10g，装入灭菌的牛皮纸袋内。封好袋口，记录取样地点、环境及日期。土样采集后应及时分离，凡不能立即分离的样品，应保存在低温、干燥条件下，以减少其中菌相的变化。

（2）培养基：已灭菌的牛肉膏蛋白胨培养基（或 LB 培养基）。

（3）试剂。配制生理盐水，分装于 250mL 锥形瓶，每瓶装 99mL，并装 10 粒玻璃珠。分装试管，每管装 4.5mL。

（4）仪器和其他物品：恒温培养箱，接种环、无菌培养皿、无菌移液管、无菌玻璃涂棒、称量纸、药勺、橡皮头、采样小铲等。

（四）实验步骤

1. 稀释分离法

稀释分离法又称稀释平板分离法。稀释平板分离微生物有倾注法和涂布法两种。本次实验分离细菌采用倾注法。

（1）制备土壤菌悬液。称取 1g 土样，在火焰旁加到一个盛有 99mL 无菌水或无菌生理盐水并装有玻璃珠的 250mL 锥形瓶中，震荡 10～20min，使样品中菌体、芽孢或孢子均匀分散。静置 20～30s，制成 10^{-2} 稀释液。

（2）稀释。按十倍稀释法稀释分离：

1）取 4.5mL 无菌水试管 6 支，按 10^{-3}～10^{-7} 顺序编号，放在试管架上。

2）取 1mL 无菌移液管 1 支，从移液管包装纸套中间撕口，去除上段包装纸套，在移液管上端管口装橡皮头，取出下段移液管纸套放置桌面，以右手拇指、食指、中指捏住移液管上端橡皮头，将吸液端口及移液管外部表面迅速通过火焰 2～3 次，杀灭撕纸套时可能污染的杂菌。切忌用手指去触摸移液管吸液端口及外部。

3）左手持锥形瓶底，以右手掌及小指、无名指夹住锥形瓶上棉塞或塑料封口膜，在火焰旁拔出棉塞或塑料封口膜，将移液管的吸液端伸进混匀的锥形瓶稀释液底部，用手指轻捏橡皮头，在锥形瓶内反复吸吹 3 次（每一次吸上的液面要高于前次的液面），然后准确吸取 0.5mL 10^{-2} 稀释液，右手将棉塞或塑料封口膜插回锥形瓶，左手放下锥形瓶。

4）用左手另取一支盛有 4.5mL 无菌水试管，依前法在火焰旁拔除试管帽

（或棉塞），将 0.5mL 10^{-2} 稀释液注入 4.5mL 无菌水试管内，制成 10^{-3} 的稀释液。

5）将此移液管在试管内反复吸吹 3 次，然后取出移液管，通过火焰后再插入包装移液管的下段纸套内，以备再用。再盖上试管帽（或塞好棉塞）。

6）手持 10^{-3} 稀释液试管在左手上敲打 20～30 次。依法再制成 $10^{-4}\sim10^{-7}$ 的稀释液（为避免稀释过程误差，微生物计数时，最好每一个稀释度更换一支移液管）。用毕的移液管重新放入纸套，待灭菌后再洗刷。或将用过的移液管放在废弃物缸中，用 3%～5% 来苏尔浸泡 1h，之后再灭菌洗涤（图 2-7）。

（3）倾注法分离。

1）取无菌培养皿 6～9 个，皿底按稀释度编号。用无菌移液管吸取土壤样品的 10^{-7}、10^{-6}、10^{-5} 稀释液各 1mL（注意，若用同一支移液管，应当从浓度最小的稀释液开始），按无菌操作技术加到相应编号的无菌培养皿内。

2）取融化并冷却至 45～50℃ 的肉膏蛋白胨固体培养（或 LB 培养基），每皿分别倾注约 12mL 培养基到培养皿内。注意，温度过高易将菌烫死，皿盖上冷凝水太多，也会影响分离效果；低于 45℃ 培养基易凝固，平板高低不平。倾注培养基时，左手拿培养皿，右手拿锥形瓶底部，左手同时用小指和手掌将棉塞或塑料封口膜拨开，灼烧瓶口，用左手大拇指将培养皿盖打开一缝，使瓶口正好伸入皿内后倾注培养基。将培养皿放在桌面上轻轻前后左右转动，使菌悬液与培养基混合均匀，但勿沾湿皿边。混匀后静置于桌上，同一稀释度重复 2～3 皿。操作过程见图 2-7 及图 2-8。

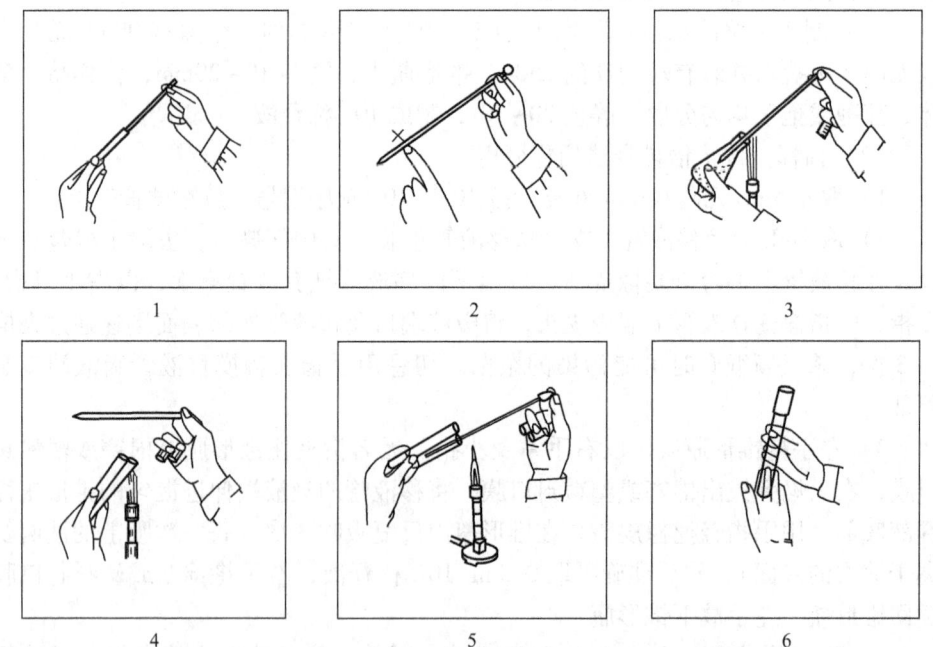

1　　　　　2　　　　　3

4　　　　　5　　　　　6

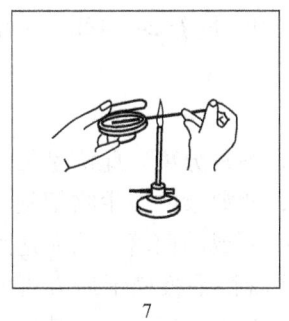 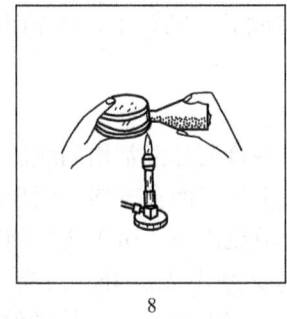 

7　　　　　　　　　　8　　　　　　　　　　9

图 2-7　稀释分离无菌操作示意图

1—从包装纸套中取出无菌移液管；2—安装橡皮头，勿用手指触摸移液管；3—从火焰旁取出样品稀释液；
4—灼烧试管口及移液管吸液口；5—在火焰旁对试管中样品悬液进行稀释；6—用手掌敲打试管，
混匀稀释液；7—从最小稀释度开始，将稀释液加入无菌培养皿中；8—将融化冷却至45~50℃
培养基倒入培养皿内；9—用毕的移液管装入废弃物缸中，浸泡消毒后灭菌洗涤

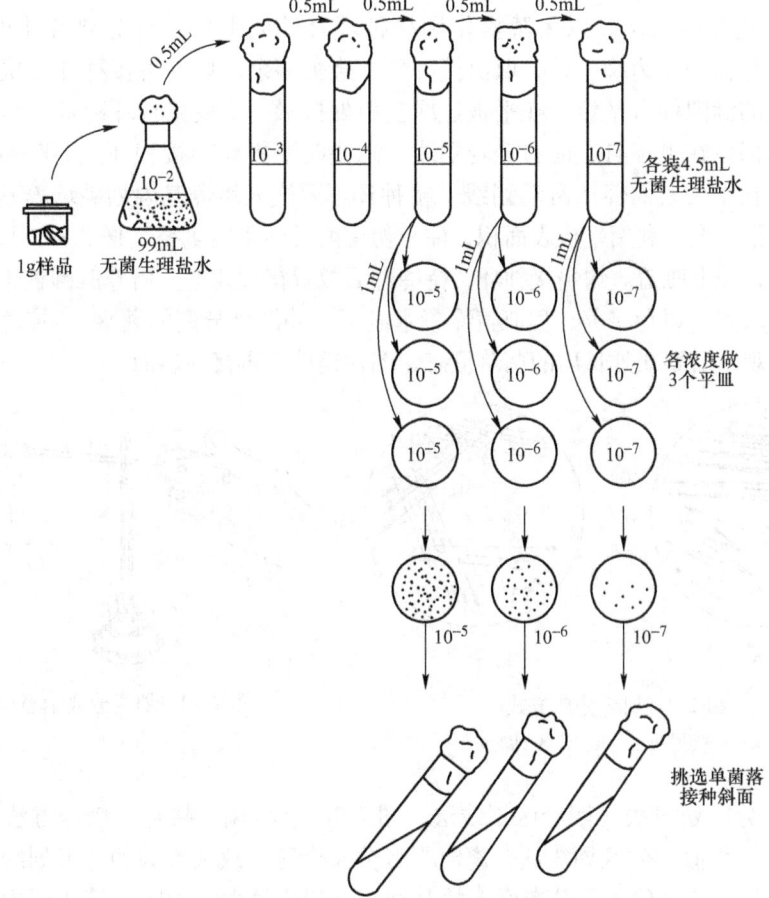

图 2-8　稀释分离过程示意图

（4）培养。待平板完全冷凝后，倒置于30℃恒温箱中，培养24～48h，观察结果。

2. 划线分离法

菌种被其他杂菌污染时或混合菌悬液常用划线法进行纯种分离。此法是借助将沾有混合菌悬液的接种环在平板表面多方向连续划线，使混杂的微生物细胞在平板表面分散，经培养得到分散成由单个微生物细胞繁殖而成的菌落，从而达到纯化目的。划线分离的培养基必须事先倒好，需充分冷凝待平板稍干后方可使用；为方便划线，一般培养基不宜太薄，每皿约倾倒20mL培养基，培养基应厚薄均匀，平板表面光滑。划线分离主要有连续划线法和分区划线法两种：连续划线法是从平板边缘一点开始，连续做波浪式划线直到平板的另一端为止，当中不需要灼烧接种环上的菌（图2-9a）；另一种是将平板分为4个区，故又称四分区划线法。划线时每次将平板转动60°～70°划线（图2-9b），每换一次角度，应将接种环上的菌烧死后，再通过上次划线处划线。

（1）连续划线法。以无菌操作用接种环直接取平板上待分离纯化的菌落，将菌种点种在平板边缘一处，取出接种环，烧去多余菌体。将接种环再次通过稍打开皿盖的缝隙伸入平板，在平板边缘空白处接触一下使接种环冷却，然后从接种有菌的部位在平板自左向右轻轻划线，划线时平板面与接种环成30°～40°，以手腕力量在平板表面轻巧滑动划线，接种环不要嵌入培养基内划破培养基，线条要平行密集，充分利用平板表面积，注意勿使前后两条线重叠（图2-9a、图2-10），划线完毕，关上皿盖。灼烧接种环，待冷却后放置接种架上。培养皿倒置于适温的恒温箱内培养（以免培养过程皿盖冷凝水滴下，冲散已分离的菌落）。培养后在划线平板上观察沿划线处长出的菌落形态，图片镜检后再接种斜面。

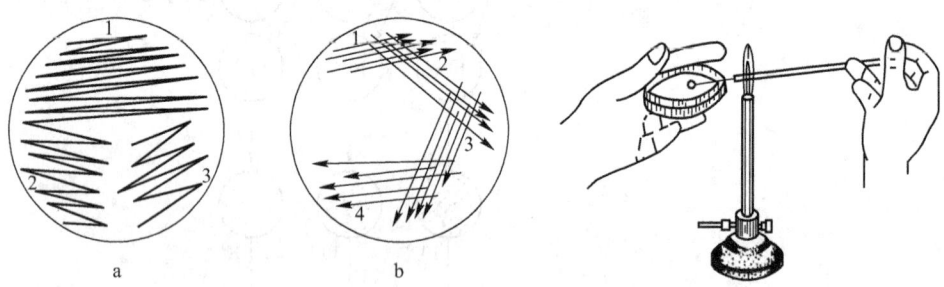

图2-9　划线分离方式　　　　　　　　图2-10　划线分离示意图
a—连续划线法；b—分区划线法

（2）分区划线法（四分区划线法，图2-9b）。取菌、接种、培养方法与"连续划线法"相似。分区划线法分离时平板分4个区，故又称为四分区划线法。其中第4区是单菌落的主要分布区，故其划线面积应最大。为防止第4区内划线与

1、2、3 区线条相接触，应使 4 区线条与 1 区线条相平行，这样区与区间线条夹角最好保持 120°左右。先将接种环沾取少量菌在平板 1 区划 3~5 条平行线，取出接种环，左手关上皿盖，将平板转动 60°~70°，右手把接种环上多余菌体烧死，将烧红的接种环在平板边缘冷却，再按以上方法以 1 区划线的菌体为菌源，由 1 区向 2 区做第 2 次平行划线。第 2 次划线完毕，同时再把平皿转动 60°~70°，同样依次在 3、4 区划线。划线完毕，灼烧接种环，关上皿盖，同上法培养，在划线区观察单菌落。

本次实验在分离细菌的平板上选取单菌落，于肉膏蛋白胨平板上再次划线分离，使菌进一步纯化。划线接种后的平板，倒置于 30℃恒温箱中培养 24h 后观察结果。

（五）实验报告

（1）记录本实验结束后有无微生物生长，微生物主要种类及菌落形态特征。

（2）请设计分离筛选下列微生物菌种的试验方案（任选一种）。

1）酸奶中乳酸菌的分离、纯化。

2）土壤中链霉素产生菌的分离、纯化。

3）啤酒泥或酒曲发酵窖泥中酵母菌的分离、纯化。

4）甜酒药曲或酿酒种曲中霉菌的分离、纯化。

提示：方案中应包括采样、稀释液制备、培养基名称、培养温度、培养时间、分离纯化方法等。

（六）注意事项

分离纯化操作全过程要在无菌室或超净工作台内进行。

（七）思考题

（1）稀释分离时，为什么要将已融化的琼脂培养基冷却到 45~50℃才能倾倒到装有菌液的培养皿内？

（2）划线分离时，为什么每次都要将接种环上多余菌体烧掉？划线时，为何前后两条线不能重叠？

（3）请比较稀释分离与划线分离的应用范围。

（4）试比较直接用平板上的菌落或斜面上的菌落进行划线分离、将菌落或菌苔制成菌悬液后再划线分离。比较结果表明哪种方法分离效果好？为什么？

二、酵母菌的分离与纯化

（一）实验目的

（1）学习、掌握酵母菌稀释分离技术。

（2）学习从样品中分离、纯化所需菌株。

（3）学习并掌握平板涂布分离法，了解酵母菌的培养条件和培养时间。

（4）学习平板菌落计数法。

（二）实验材料

（1）菌源。

面肥：从中分离酵母菌。该材料也可用酒曲等替代。

土样：选定采土果园后，铲去表土层 2~3cm，取 3~10cm 深层土壤 10g，装入已灭过菌的牛皮纸袋内，封好袋口，并记录取样地点、环境及日期。土样采集后应及时分离，凡不能立即分离的样品，应保存在低温、干燥条件下，尽量减少其中菌相的变化。

（2）培养基：豆芽汁葡萄糖培养基（见附录一，制平板和斜面）。

（3）无菌水或无菌生理盐水。配置生理盐水，分装于 250mL 锥形瓶，每瓶装 99mL，每瓶内装 10 粒玻璃珠。分装试管、每管装 4.5mL（每人 5~7 支）。

（4）其他物品：无菌培养基、无菌移液管、无菌玻璃涂棒（刮刀）、称量纸、药勺、橡皮筋。

（三）实验内容与方案

稀释平板分离微生物有倾注法和涂布法两种。本次实验分离酵母菌采用涂布法。

1. 酵母菌的分离

（1）制备菌悬液。称取面肥 1g，加入一个盛有 99mL 无菌水或无菌生理盐水并装有玻璃珠的锥形瓶中，面肥发黏，用接种铲在锥形瓶内壁磨碎后移入无菌水或无菌生理盐水内，振荡 20min，即成 10^{-2} 的面肥稀释液。再依次稀释成 10^{-4}、10^{-5}、10^{-6} 三个稀释度。

若选用果园土样，称取 1g 土样，制成 10^{-2} 的土壤稀释液。

（2）涂布法分离。向无菌培养皿中倾倒已融化并冷却至 45~50℃ 的豆芽汁葡萄糖培养基制成平板，待平板冷凝后，用无菌移液管分别吸取上述 10^{-6}、10^{-5}、10^{-4} 三个稀释度菌悬液 0.1mL，依次滴加于相应编号的豆芽汁葡萄糖培养基平板上。每个稀释度做 2~3 个平行皿。右手持无菌玻璃涂棒，左手拿培养皿，并用拇指将皿盖打开一缝，在火焰旁右手持玻璃涂棒与培养皿平板表面将菌液自平板中央均匀向四周涂布扩散。注意，切忌用力过猛，这样会将菌液直接推向平板边缘或将培养基划破（图 2-11）。

（3）培养。接种后，将平板倒置于 30℃ 恒温箱中，培养 2~3d 观察结果。

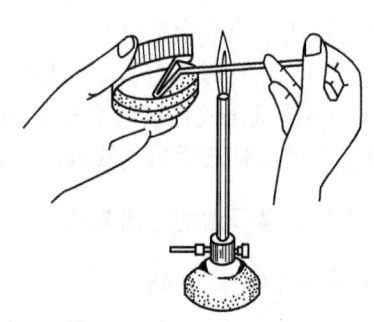

图 2-11　涂布操作过程示意

2. 微生物菌落计数

微生物菌落计数也叫活菌计数或平板菌落计数法。含菌样品的微生物经稀释分离培养后，每一个活菌细胞可以在平板上繁殖形成一个肉眼可见的菌落。故可根据平板上菌落的数目，推算出每克含菌样品中所含的活菌总数。

$$每克含菌样品中微生物的活细胞数 = \frac{同一稀释度 3 个平板上菌落平均数}{含菌样品质量} \times$$

稀释倍数

菌落计数时首先选择平均菌落在 30～300 之间的平板，计算同一稀释度的平均菌落数。菌落数目过多或过少均与操作过程中稀释液的制备及稀释度的选择有关。同一稀释度 3 个重复平皿上的数目不应有太大差别，3 个稀释度计算出的菌落数也不应当差别过大，否则说明操作技术不够精确。

3. 分离纯化菌株转接斜面（斜面接种）

在分离酵母菌的不同平板上选择分离效果较好、认为已经纯化的菌落挑选一个用接种环接种于豆芽汁葡萄糖斜面上（见第二章第二节三、微生物的接种技术）。培养后检查是否为纯种。置冰箱保藏。

（四）实验报告

（1）记录所分离样品中菌落的培养条件及菌苔特征。

（2）记录所分离的微生物平板菌落计数结果，并计算样品中的活菌数。

（3）简述纯种分离的原则及列出分离操作过程的关键无菌操作技术。

（五）思考题

（1）在恒温培养箱中培养微生物时，为何培养皿均需倒置？

（2）分离某类微生物时培养皿中出现其他类微生物，请说明原因？应该如何进一步分离和纯化？经过一次分离的菌种是否皆为纯种？若不纯，应采用哪种分离方法最合适？

三、微生物的接种技术

（一）实验目的

（1）了解学习无菌操作技术。

（2）掌握微生物接种技术。

（二）基本原理

接种技术是微生物学实验及研究中一项最基本的操作技术。接种是将纯种微生物在无菌操作条件下移植到已灭菌并适宜该菌生长繁殖所需要的培养基中。为了获得微生物的纯种培养，要求接种过程中必须严格进行无菌操作。一般是在无菌室内，超净工作台火焰旁或实验室火焰旁进行。

根据不同的实验目的及培养方式可以采用不同的接种工具和接种方法。常用的接种工具有接种针、接种环、接种铲、玻璃涂棒、移液管及滴管等（图2-12）；常用的方法有斜面接种、液体接种、穿刺接种和平板接种等。

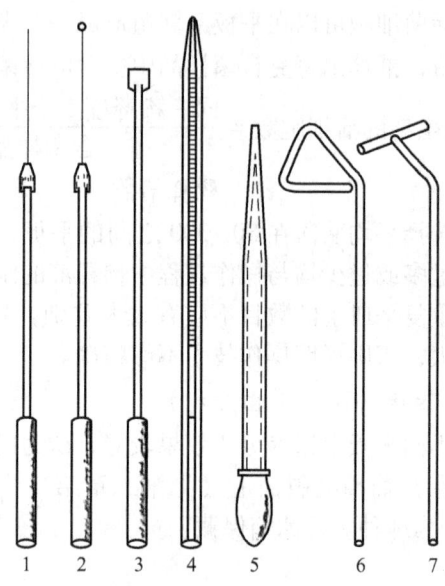

图 2-12　接种工具

1—接种针；2—接种环；3—接种铲；4—移液管；5—滴管；6, 7—玻璃涂棒

（三）实验用品

（1）实验材料：苏云金杆菌斜面菌种、牛肉膏蛋白胨斜面培养基等。

（2）实验试剂：75％酒精或 1∶50 的新法尔天水溶液。

（3）实验设备仪器：超净工作台、接种针（环）、接种工具、酒精灯等。

（四）实验步骤

1. 准备工作

（1）接种或接种室使用前半天擦洗干净，然后每立方米体积使用 5~10mL 福尔马林盛在容器中加热熏蒸或者是使用 1/10 的福尔马林质量的高锰酸钾加到盛有福尔马林的容器中，不用加热，亦可进行熏蒸；也可用 5％的石炭酸喷雾灭菌；用紫外灯照射 20~30min，也可达到灭菌目的。应注意，要把接种时所需的用具（如接种针（环）、酒精灯等）及培养基放入接种箱（室）一起灭菌消毒，但是菌种不能放入，以免死掉。超净工作台要预先通风，紫外照射 30min 方可使用。

（2）进入接种室前先把手洗净，再用 75％酒精或新洁尔灭擦两手，菌种试管表面同样要用酒精或新洁尔灭抹擦后才放入接种室（箱）内。

2. 斜面接种

从已长好微生物的菌种管中挑取少许菌苔接种至空白斜面培养基上。

　　接种前将空白斜面贴上标签，注明菌名、接种日期、接种者姓名。标签应贴在试管前 1/3 斜面向上的部位。

　　（1）接种环（或针）每次使用前后均应在火焰上彻底灼烧灭菌，如图 2-13 所示。挑菌前，必须待接种环（或针）冷却后挑取，也可把接种环（或针）先碰一下旁边的琼脂，使之冷却，然后挑取菌种。带菌的接种环（或针）必须充分灼烧灭菌后才可放在桌上。

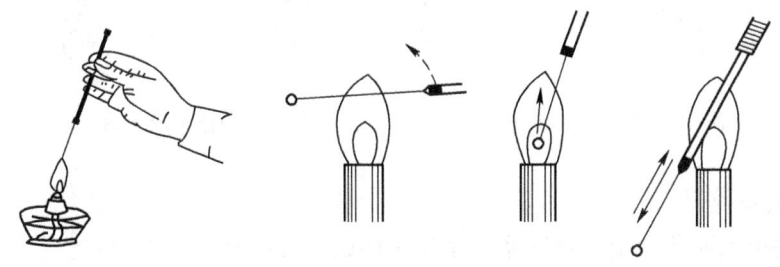

图 2-13　接种技术示意图（一）

　　（2）左手拿两支试管，一支为经灭菌的斜面，另一支为已长好的菌种。右手拿接种环（已在火焰上灼烧，又冷却），并同时用右手轻轻拔下两支试管的棉塞（或试管帽），如图 2-14 所示。

　　（3）将试管口通过火焰数次，并稍转动，开塞后试管不可直立，只可斜或平行在火焰旁如图 2-15 所示的位置，以防止外界的污染。

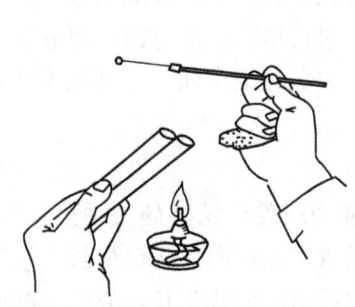

图 2-14　接种技术示意图（二）

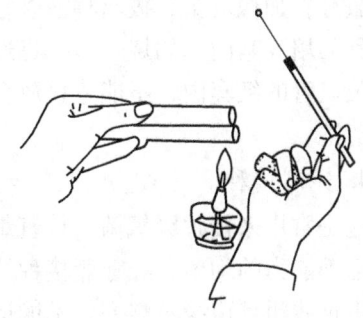

图 2-15　接种技术示意图（三）

　　（4）首先将接种环伸入有菌试管，使接种环接触菌苔取少量菌，取出接种环，迅速伸入另一只灭菌斜面上并在斜面上轻轻涂过，如图 2-16 所示。此步先需注意接种环不可碰试管壁和接种时不要划破培养基。

　　（5）烧试管口，塞好棉塞或盖好试管帽，将接种环放到火焰上灼烧，烧去多余的菌种，如图 2-17 所示。

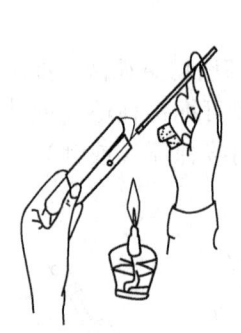
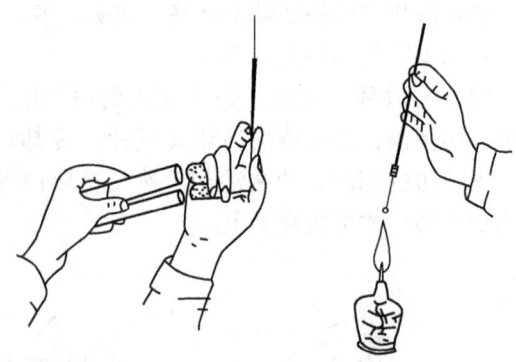

图 2-16　接种技术示意图（四）　　　　　图 2-17　接种技术示意图（五）

3. 液体接种

这是由斜面菌种接种到液体培养基（如试管或锥形瓶）中的方法。

（1）烧环、烧管口、拔塞等与斜面接种相同。但试管要略向上倾斜，以免培养基流出。

（2）将取有菌种的接种环送入液体培养基中，并使环在液体与管壁接触的部位轻轻摩擦，使菌体分散于液体中。接种后塞上棉塞，将液体培养基轻轻摇动，使菌体均匀分布于培养基中，以利于生长。

若菌种培养在液体培养基内，需转接到新鲜液体培养基时，此时不能用接种环，而需用无菌的移液管或滴管。用时先将移液管的包裹纸稍松动，在其 2/3 长度处截开，加橡皮头，拔出移液管，在火焰旁伸入菌种管内，吸取菌液，转接到待接种的培养基内。灼烧管口，迅速塞好管口，进行培养。沾有菌的移液管插入原包装试管的纸套内，不能直接放在实验台上，以免污染桌面，经高压灭菌后再进行清洗。

4. 穿刺接种

这是常用来接种厌氧菌、检查细菌的运动能力或保藏菌种的一种接种方法。具有运动能力的细菌，经穿刺接种培养后，能沿着穿刺线向外运动生长，故形成的菌生长线粗且边缘不整齐；不能运动的细菌仅能沿穿刺线生长，故形成细而整齐的菌生长线。其操作步骤如下：

（1）贴标签。

（2）点燃煤气等或酒精灯。

（3）转松试管帽或棉塞。

（4）灼烧接种针。

（5）在火焰旁拔去试管帽或棉塞，将接种针在培养基上冷却，用接种针尖挑取少量菌种，再穿刺接种到深层固体培养基内，接至培养基 3/4 处，再沿原线拔出。穿刺时要求手稳，使穿刺线整齐（图2-18）。

（6）试管口通过火焰，盖上试管帽或棉塞。灼烧接种针上的残菌。

5. 平板接种

平板接种即用接种环将菌种接种至平板培养基上，或用移液管、滴管将一定体积的菌液移至平板培养基上，然后培养。平板接种的目的是观察菌

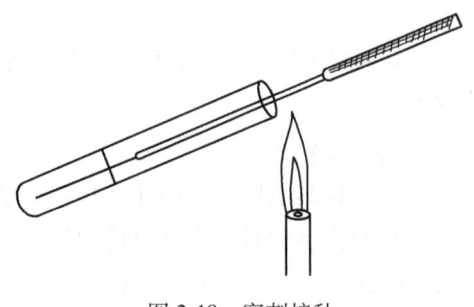

图 2-18　穿刺接种

落形态，分离纯化菌种，活菌计数以及在平板上进行各种试验时采用的一种接种方法。

平板培养基的制作方法见第二章第一节培养基的配制及灭菌。

平板接种的方法有多种，根据实验的不同要求，可分为以下几种。

（1）斜面接平板。

1）划线法。无菌操作自斜面用接种环直接取少量菌体，或先制成菌悬液，接种在平板边缘的一处，烧去多余菌体，再从接种有菌的部位在平板培养基表面自左至右轻轻连续划线或分区划线（注意，勿划破培养基），参见第二章第二节一、土壤中细菌的分离与纯化。经培养后在沿划线处长出菌落，以便观察或挑取单一菌落。

2）点种法。一般用于观察霉菌的菌落。在无菌操作下，用接种针从斜面或孢子悬液中取少许孢子，轻轻点种于平板培养基上，一般以三点（∴）的形式接种。霉菌的孢子易飞散，用孢子悬液点种效果好。

（2）液体接平板。即用无菌移液管或者滴管吸取一定体积的菌液移至平板培养基上，然后用无菌玻璃涂棒将菌液均匀涂布在整个平板上。或者将菌液加入培养皿中，然后再倾入融化并冷却至 $45 \sim 50 \,℃$ 的固体培养基，轻轻摇匀，平置，凝固后倒置培养。在稀释分离菌种时常用此法。

（3）平板接斜面。一般是将在平板培养基上经分离培养得到的单菌落，在无菌操作下分别接种到斜面培养基上，以便做进一步扩大培养或保存之用。接种前先选择好平板上的单菌落，并做好标记；左手拿平板，右手拿接种环，在火焰旁操作，先将接种环在空白培养基处冷却，挑取菌落，在火焰旁稍等片刻，此时左手将平板放下，拿起斜面培养基，按斜面接种法接种。注意接种过程中勿将菌烫死，接种时操作应迅速勿污染杂菌。

（4）其他平板接种法。根据实验的不同要求，可以有不同的接种方法。如做抗菌谱试验时，可用接种环取菌在平板上与抗菌素划垂直线；做噬菌体裂解试验时可在平板上将菌液与噬菌体悬液混合涂布于同一区域等。

（五）实验结果

培养后取出样品，观察菌种生长情况，检查是否有杂菌生长，评价无菌操作的效果。

（六）注意事项

（1）菌种取出后，接种针（环）不要通过火焰，以免烧死菌体。

（2）斜面接种时，不要使接种针（环）碰到管壁，不要划破培养基，但也不能在试管空间划，一定要接触到斜面表面上划线接种。

（3）接种前的准备和接种过程中都要有无菌概念。

（七）思考题

微生物接种时，通过哪些措施可防止杂菌污染？

第三节　微生物数量及大小的测定

微生物的计数主要适用于以单细胞状态存在的微生物，如细菌和酵母菌等，或计数真菌和放线菌产生的孢子。微生物的计数可分为直接计数和间接计数。直接计数是指对样品中的细胞或孢子进行逐一计数，所得结果是微生物活、死细胞的总含菌量。间接计数的方法有液体稀释或平板菌落计数两种，它们分别以最大稀释度和平板菌落数间接获取样品的活细胞（或孢子）数。直接计数法使用血球计数板，若采用染色区分活、死细胞，也能分别计数活菌和死菌数目，但所得结果与平板菌落法的结果存在一定偏差。

一、酵母菌大小测定

（一）实验目的

学习并掌握用测微尺测定微生物细胞大小的方法。

（二）实验原理

微生物细胞的大小是微生物基本的形态特征，也是分类鉴定的依据之一。微生物大小的测定，需要在显微镜下，借助于特殊的测量工具——测微尺（包括目镜测微尺和镜台测微尺）完成。

目镜测微尺（图2-19）是一块放入目镜中的圆形玻片，在玻片中央把5mm长度刻成50等份，或把10mm刻成100等份，用于测量经显微镜放大后的细胞物像。由于不同目镜、物镜组合的放大倍数不同，目镜测微尺每格实际表示的长度也不一样，因此，用目镜测微尺测量微生物大小时，必须先用镜台测微尺进行校正，以求出该显微镜在一定放大倍数的目镜和物镜下，目测测微尺每小格所代表的实际长度。然后根据微生物细胞相对于目镜测微尺的格数，即可计算出细胞的实际大小。

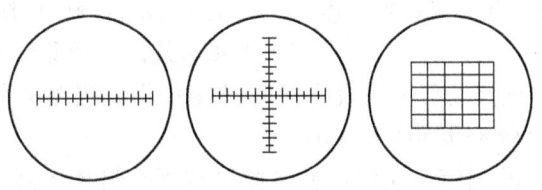

图 2-19　目镜测微尺

镜台测微尺（图 2-20）是中央部分刻有精确等分线的专用载玻片，一般是将 1mm 等分为 100 格，每格为 0.01mm（10μm），是专门用来校正目镜测微尺的。

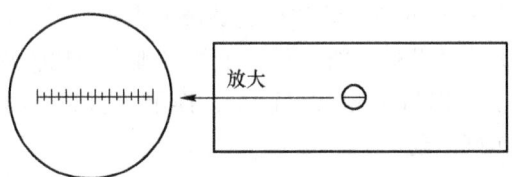

图 2-20　镜台测微尺

（三）实验设备与材料

（1）菌种：啤酒酵母。

（2）器材：显微镜、目镜测微尺镜头、镜台测微尺、盖玻片、载玻片、滴管、试管、无菌水。

（四）实验步骤

（1）目镜测微尺的校正。取下原显微镜上的右侧目镜，将装有目镜测微尺的目镜装上，把镜台测微尺置于载物台上，刻度朝上。先用低倍镜观察，将镜台测微尺有刻度的部分移至视野中央，调节焦距，视野中看清镜台测微尺的刻度后，转动目镜，使目镜测微尺与镜台测微尺的刻度平行，利用镜台移动器移动镜台测微尺，使两尺在某一区域内两线完全重合，计数两重合刻度之间目镜测微尺的格数和镜台测微尺的格数（见图 2-21）。用同样的方法换成高倍镜进行校正。目镜测微尺和镜台测微尺校正时与以前物理实验中用到的游标卡尺的使用类似。

已知镜台测微尺每格 10μm，所以由下列公

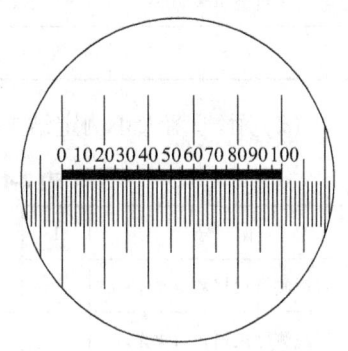

图 2-21　目镜测微尺的校正

式可以算出目镜测微尺每格所代表的实际长度（μm）：

$$目镜测微尺每格长度=两重合线间镜台测微尺格数$$
$$×10/两重合线间目镜测微尺格数$$

例如，重合两处之间目镜测微尺有 50 小格而物镜测微尺有 68 小格，则目镜测微尺每格长度为 68×10/50＝13.6μm。

（2）细胞大小的测定。先将镜台测微尺取下，将稀释到适宜浓度的少量酵母菌培养液涂在载玻片（不是镜台测微尺）上，盖上盖玻片，放在载物台上先用低倍镜找到目的物，再用高倍镜观察，观察时可转动目镜，使目镜测微尺位于酵母细胞的长轴或短轴上，用目镜测微尺来测量酵母菌菌体的长、宽各占几格（不足一格的部分估计到小数点后一位数）。测出的格数乘以目镜测微尺每格所代表的长度，即为酵母菌的实际大小。一般测量菌体的大小要在同一个标本片测定 10~20 个菌体，算出平均值，才能代表该菌的大小。

注意选取各种大小的菌体进行测量，不能只挑大的细胞测量。

（3）测定完毕。取出目镜测微尺镜头，换上原目镜，再将目镜测微尺和物镜测微尺擦拭干净包好归还。

（五）实验基本要求

（1）观察时光线不宜过强，否则难以找到镜台测微尺的刻度；换高倍镜或油镜校正时，务必小心，防止物镜压坏镜台测微尺和损坏镜头。

（2）换不同物镜或目镜要重新标定目镜测微尺和物镜测微尺。

（3）将稀释到适宜浓度的少量酵母菌培养液涂在载玻片而不是镜台测微尺上。

（六）实验报告要求

（1）将目镜测微尺标定结果（准确到零点几小格）记录于表 2-3。

表 2-3 目镜测微尺标定结果记录表

物镜倍数 （目镜 10×）	目镜测微尺格数 （小格）	镜台测微尺格数 （小格）	目镜测微尺每格长度 /μm
40×			

（2）酵母菌大小测定结果，小格后估计 1 位，记录于表 2-4。

表 2-4 酵母菌大小测定结果记录表

菌 号	1	2	3	4	5	6	7	8	9	10
目镜测微尺格数（长轴）										
目镜测微尺格数（短轴）										

酵母长轴平均值（μm）＝±(保留小数点后 2 位)，酵母短轴平均值（μm）＝±(保

留小数点后2位)。

(七) 思考题

(1) 为什么更换不同放大倍数的目镜或物镜时,必须用镜台测微尺重新对目镜测微尺进行标定?

(2) 不改变目镜和目镜测微尺,而改用不同放大倍数的物镜来测定同一菌体大小时,其测定结果是否相同?为什么?

二、微生物数量的测定——显微镜直接计数法

(一) 实验目的

(1) 了解血球计数板的构造及计数原理。

(2) 掌握使用血球计数板进行微生物计数的方法。

(二) 实验原理

血球计数板 (图2-22和图2-23) 是一块特制的载玻片。载玻片上有4条槽构成3个平台,中央两条之间的平台比其他平台略低,中间较宽的平台又被一短横槽格成两半,横槽两边的平台上各刻有一个方格网,每个方格网共分为9个大方格。中间的大方格即为计数室。

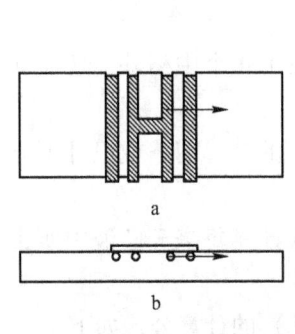

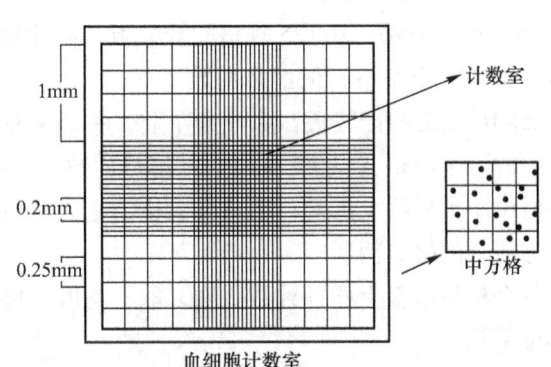

图2-22　血球计数板构造
a—正面图;b—侧面图

图2-23　血球计数板计数室构造

计数室有两种规格:一种是一个大方格分成16个中方格,每个中方格又分成25个小方格;另一种是一个大方格分成25个中方格,每个中方格又分成16个小方格,无论哪种规格的计数板,每个大方格都是400个小方格。每个大方格边长为1mm,则每个大方格的面积为$1mm^2$,盖上盖玻片后,盖玻片与载玻片之间的高度为0.1mm,所以计数室的容积为$0.1mm^3$。

(三) 实验材料

(1) 菌种:啤酒酵母 (不用酵母菌,改用其他微生物作材料亦可)。将啤酒

酵母菌接种于麦芽汁液体培养基中，置恒温培养箱 28℃ 、100r/min 培养 24h。

（2）器材：显微镜、血球计数板、移液管。

（四）实验步骤

（1）镜检计数室：加样前，先对计数板的计数室进行镜检，若有污物需要清洗，干燥后使用。

（2）菌悬液的制备：用生理盐水将菌液稀释，以每中格 10~20 个酵母菌为宜。

（3）加样品：将血球计数板中间平台上盖上盖玻片，用无菌吸管将摇匀的啤酒酵母菌悬液由盖玻片的边缘滴一小滴，让菌液靠毛细渗透作用自动进入计数室。

（4）显微镜计数：加样后将血球计数板置于显微镜的载物台上，静置 1min 后，用低倍镜找到计数室，再换高倍镜进行计数。需不断地上、下旋动细调节器，以便看到计数室内不同深度的菌体。

（5）清洗血球计数板：血球计数板使用完毕，马上将其在水龙头上或用洗瓶用水冲洗，也可用棉花擦洗，最后用蒸馏水冲洗一遍，斜置自然晾干或用吹风机吹干，切勿用硬物刷洗。

（6）计数方法：16×25 规格的计数板，需计数左上、右上、左下、右下 4 个中格（共 100 个小格）的酵母菌数。

25×16 规格的计数板，除计数左上、右上、左下、右下 4 个中格外，还需加数正中的一个中格（共 80 小格）的酵母菌数。

对位于大格线上的酵母菌只计大格的上方及左方线上的酵母菌，或只计下方及右方线上的酵母菌。

每个样品重复上样并计数 3 次，取平均值，再按公式计算每毫升菌液中所含的酵母菌数。

（7）计算公式。16×25 规格的计数板细胞数（个/mL）的计算公式如下：

细胞数 =（100 小格内的细胞数/100）$\times 400 \times 10^4 \times$ 稀释倍数

25×16 规格的计数板细胞数（个/mL）的计算公式如下：

细胞数 =（80 小格内的细胞数/80）$\times 400 \times 10^4 \times$ 稀释倍数

（五）实验结果

把结果记录于表 2-5，并写出计算过程。

（六）注意事项

（1）每次取样时先要摇匀菌液，加样时计数室不可有气泡。

（2）注意调节显微镜的光线强弱，用低倍镜找计数室时，光线要暗一些。

表 2-5　酵母菌计数结果记录表

实验次数	各中格中菌数					总菌数	稀释倍数	平均值	菌数 /个·mL^{-1}
	左上	右上	左下	右下	中				
1									
2									
3									
4									
5									
6									

（七）思考题

（1）为什么用两种不同规格的计数板测同一样品时，其结果一样？

（2）根据你的实验体会，说明血细胞计数板的误差主要来自哪些方面？如何减少误差力求准确？

三、微生物数量的测定——平板菌落间接计数法

（一）实验目的

学习并掌握平板菌落计数法的原理和方法。

（二）实验原理

根据在固体培养基上形成的一个菌落是由一个单细胞繁殖而成的肉眼可见的子细胞群体，将样品进行不同稀释，使微生物分散，并以单细胞存在，再用一定量的稀释菌液涂布于平板上或用倾倒法制成含菌平板，培养后，每一个活细胞即能形成一个菌落。统计菌落的数目，即可计算出样品中含菌量。用此法计算出的菌数是培养基上生长出的菌落数，不包括死菌，故此法又称为活菌计数法。平板菌落计数法可用于测定单细胞微生物菌悬液的浓度、成品检验、水质检查等。

（三）实验器材

（1）菌种：培养 24~48h 的大肠杆菌肉汤培养液。

（2）培养基：牛肉膏蛋白胨培养基。

（3）其他：5mL 无菌吸管、0.5mL 或 1mL 无菌吸管、无菌带塞试管、平板培养基、酒精灯、试管架、无菌生理盐水、计数器。

（四）实验步骤

（1）菌液的稀释。用无菌吸管精确地吸取 1mL 菌液，加入含盛有 9mL 无菌水的试管中（注意吸管不要碰到水面），混合均匀，即稀释成 10^{-1} 稀释液。然后用无菌吸管从此试管中吸取 1mL 加入另一个盛有 9mL 无菌水的试管中，混合均匀。以此类推分别制成 10^{-1}，10^{-2}，10^{-3}，10^{-4}，10^{-5}，10^{-6} 不同稀释度的大肠杆

菌菌悬液。

（2）取样。分别吸取 10^{-4}、10^{-5}、10^{-6} 的稀释菌液各 0.1mL，对号加入编好号的无菌培养皿中。

（3）倒平板。尽快向上述盛有不同稀释度菌液的平皿中倒入融化后冷却至 45℃左右的琼脂培养基约 15mL。置水平位置迅速旋转培养皿，使培养基和稀释液充分混合，水平放置凝固。

（4）培养。将凝固后的平板倒置于 37℃恒温培养箱中培养 48h。

（5）计数。从培养箱中取出平板，算出同一稀释度 3 个平板上的菌落平均数，并按下列公式计算：

每毫升中菌落形成单位（cfu）= 同一稀释度 3 次重复的平均菌落数×

稀释倍数×10

一般选择平均菌落数在 30～300 之间的稀释度计算较为合适。同一稀释度 3 个重复对照的菌落数不应相差很大，否则表示实验不精确。实际工作中同一稀释度重复对照不能少于 3 个，这样便于数据统计，减少误差。由 10^{-4}、10^{-5}、10^{-6} 三个稀释度计算出的每毫升中菌落形成单位也不应相差太大。

（五）注意事项

（1）在稀释菌液和转移菌液的过程中，不要混淆试管和培养皿，注意看清编号，并且要及时更换移液管或枪头。

（2）菌液加入培养皿后，要立即倒入培养基中赶快摇匀，防止菌液吸附于皿底，不利于形成单菌落，或避免培养基凝固导致的菌体分布不均匀。

（3）如果平板上出现过多菌落（菌落数超过 300 个/皿）或者染杂菌，应舍弃计数该平板的菌落。

（六）思考题

（1）要使平板菌落计数准确，需要掌握哪几个关键？

（2）当平板上长出的菌落不是均匀分散而是集中在一起时，问题出在哪里？

（3）用倒平板法和涂布法计数，其平板上长出的菌落有何不同？为什么要培养长时间（48h）后观察结果？

第四节　微生物生长量的测定和生长曲线绘制

一般将生物个体的增大称为生长，个体数量的增加称为繁殖。由于微生物个体微小，肉眼看不见，要借助显微镜放大一定倍数才可观察清楚，为此，要研究微生物的个体生长有一定困难，经常都是研究微生物个体数量的增长，这种微生物个体数量的增长称为群体生长（实质上是繁殖）。这对微生物的科学研究和生产都很有意义。

为了研究微生物的生长及生长规律，创造了许多测定微生物生长的方法和技术：如血球计数板直接计数法、比浊法、重量法和平板菌落计数法等均可以测定样品中微生物的生物量。而生长曲线的测定，是通过定时测定培养过程中微生物数量的变化，研究单细胞微生物的生长规律。本节将主要介绍测定微生物群体生长的比浊法和重量法。

一、重量法测定微生物生长

（一） 实验目的

（1） 了解重量法的原理。

（2） 学习用重量法测定微生物的数量。

（3） 测定培养液中青霉菌的质量。

（二） 实验原理

重量法（weighting method）是通过过滤或离心收集微生物培养物的菌体后，将其菌体称重，即为菌体的湿重；再经80℃烘干后称重，则为菌体的干重。此法适用于不易形成均匀悬液的微生物的测定，如放线菌、霉菌和酵母菌等。

（三） 实验器材

（1） 菌种：产黄青霉。

（2） 培养基：马铃薯葡萄糖培养基或豆芽汁葡萄糖培养基。

（3） 仪器和其他物品：分析天平、电热干燥箱，定量滤纸等。

（四） 实验步骤

将青霉菌接种于适宜的液体培养基中，28℃振荡培养5~7d。取品质和大小相同的定量滤纸两张，分别在分析天平上称重（A_1 和 A_2）。取其中一张定量滤纸（A_1），将一定量的青霉菌培养物进行过滤，收集菌体，沥干后称重（B），再置80℃干燥箱中，烘干至恒重（C）。取另一张定量滤纸（A_2），用滤液润湿，沥干后称重（D），然后也置于80℃干燥箱中，烘干至恒重（E）。

$$菌体的湿重 = (B-A_1)-(D-A_2)$$
$$菌体的干重 = C-E$$

（五） 结果记录

记录称得重量 A_1、A_2、B、D、C、E，并计算培养液中青霉菌的湿重和干重。

（六） 思考题

测定过程中，要注意哪些操作步骤？

二、细菌生长曲线的测定

（一） 实验目的

（1） 学习比浊法测定微生物的数量。

（2）测定培养液中的大肠杆菌数量。

（3）学习用比浊法测定大肠杆菌的生长曲线。

（二）实验原理

将一定量的细菌接种在液体培养基中，在一定的条件下培养，可观察到细菌的生长繁殖有一定规律性，如以细菌活菌数的对数作纵坐标，以培养时间作横坐标，可绘成一条曲线，成为生长曲线（图 2-24）。

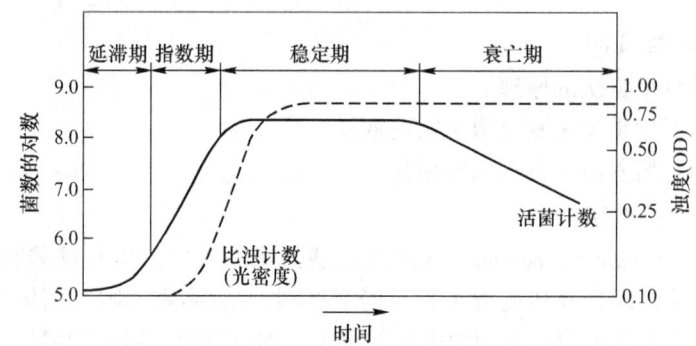

图 2-24　微生物生长曲线示意图

单细胞微生物发酵具有 4 个阶段，即调整期（迟滞期）、对数期（生长旺盛期）、平衡期（稳定期）、死亡期（衰亡期）。

（1）调整期。细菌从原培养基上接入新的培养基上时，一般并不立即生长和繁殖，而是要经过几个小时的适应，才有新的子细胞产生。特别是从冰箱中取出的菌种，由于菌体细胞原来一直处于休眠或半休眠状态，细胞中的各种酶系统要经过一定时间的诱导，使它们适应于新的环境后，才能进行正常的工作，也就是环境适应过程。在调整期间细胞并不繁殖，只是细胞体积增大，原生质变得比较均匀，细胞内各种储藏物渐渐消失，生理活性、代谢机能开始活跃，随之就开始进行繁殖，并逐渐进入对数期。调整期的长短与菌种的遗传性、菌龄、接种时间、培养条件、新培养基的营养物成分等有关。

（2）对数期。对数期是细胞生长、繁殖最旺盛的时期。细胞经过前一段的诱导适应后，如果在各种条件均适宜、营养物也足够的情况下，就以最快速度繁殖，所繁殖的总细胞增加可用 2^n 来表示。对数期的长短，主要取决于菌种的本性，其次是营养物浓度和培养条件。要获得大量的细胞，在这个时间就要保证有适宜的环境条件和丰富的营养物供给。

（3）平衡期。当细胞的繁殖速度达到最高峰时，其细胞总数就不会再增加，这是由于上两阶段的糖类营养物质的消耗，代谢产物乙醇的积累以及培养基中 pH 值、氧化还原电势的改变，对细胞产生了较大的抑制性。这时，细胞总数将处于稳定状态，死亡细胞数和繁殖细胞数接近平衡。细菌处于平衡期的长短，主要取决于培养基中的营养物浓度和代谢产物的抑制作用程度，但同时也受培养基pH值、培养条件、菌种性能的影响。

（4）死亡期。进入平衡期后，如果再继续培养，细胞总数不再处于稳定，死亡细胞数逐渐增加，细胞的死亡速度超过繁殖速度。

生长曲线可表示细菌从开始生长到死亡的全过程动态。因此，测定微生物的生长曲线对于了解和掌握微生物的生长规律是很有帮助的。

测定微生物生长曲线的方法很多，有血细胞计数法、平板菌落计数法、称重法和比浊法等。本实验采用比浊法测定，由于细菌悬液的浓度与混浊度成正比，因此，可以利用分光光度计测定菌悬液的光密度来推知菌液的浓度。将所测得的光密度值（OD_{420}）与对应的培养时间做图，即可绘出该菌在一定条件下的生长曲线。注意，由于光密度表示的是培养液中的总菌数，包括活菌与死菌，因此所测生长曲线的衰亡期不明显。

从生长曲线可以算出细胞每分裂一次所需要的时间，即代时，以 G 表示。其计算公式为：

$$G = (t_2 - t_1) / [(\lg W_1 - \lg W_2)/\lg 2]$$

式中，t_1 和 t_2 为所取对数期两点的时间；W_1 和 W_2 分别为相应时间测得的细胞含量（g/L）或 OD。

（三）实验设备与材料

（1）实验材料：

1）大肠杆菌培养液。

2）牛肉膏蛋白胨葡萄糖培养基（150mL/250mL 三角瓶×4 瓶/大组）：牛肉膏 5g，蛋白胨 10g，NaCl 5g，葡萄糖 10g，加水至 1000mL，pH7.5。

（2）实验仪器：取液器、培养箱、摇床、WFJ-2100 分光光度计。

（3）其他：试管、锥形瓶、移液管，无菌吸头、比色皿。

（四）实验步骤

（1）准备菌种：将大肠杆菌接种到装有牛肉膏蛋白胨葡萄糖培养基的三角瓶中，37℃、200r/min 振荡培养 14～18h 备用。

（2）接种：分别将 1.5mL（1%接种量）和 4.5mL（3%接种量）大肠杆菌菌液接入含 150mL 培养液的三角瓶中，37℃、200r/min 振荡培养。

（3）测量：每培养 1h 取样一次。净培养（不包括取样时间）10h 结束培养，测量培养液 pH 值。

如果选用 4mL 比色皿取 500μL 培养液到 2000μL 蒸馏水中（稀释 5 倍），以蒸馏水为对照，测 OD_{420}；如果选用 1mL 比色皿，可以取 1000μL 培养液，以蒸馏水为对照，直接测 OD_{420}，当 OD 值大于 0.6 时，下一样品要稀释 1 倍测量，0h 也要测。绘制（$OD_t - OD_0$）-T 曲线。

（4）测定后把比色皿中的菌液倾入容器中，用水冲洗比色皿，冲洗水也收集于容器中进行灭菌。最后用70%酒精冲洗比色皿。

（五）实验结果

（1）记录所测定的OD_{420}值数据。把实验数据记录于表2-6，并绘制（OD_t-OD_0）-T曲线。

表2-6　吸光度测定结果记录表

时间/h	0	1	2	3	4	5	6	7	8	9	10
OD_{420}											

（2）由生长曲线得出大肠杆菌的生长周期，分析生长周期对大肠杆菌生长的指示作用。

（六）注意事项

（1）全班同时取样（以教室挂钟为准），取样时间越短越好，要求在10~15min内完成，同时开始振荡，取样期间假定细菌暂停生长，取样时间从发酵总时间中扣除。

（2）为减少误差，须固定参比杯，不要调整波长；每组固定同一台分光光度计，固定同一取液器。

（七）思考题

（1）为什么可用比浊法来表示细菌的相对生长状况？

（2）生长曲线中为什么会有平衡期和死亡期？

（3）什么条件下接种为宜？液体种子比固体种子有什么优越性？如何缩短调整期？

（4）大肠杆菌对数生长期的代时是多少？

第三章 环境微生物的鉴定与遗传变异

第一节 细菌鉴定中常用的生理生化反应

细菌的个体微小，形态简单，常需借助于它们在生理生化上的不同反应作为分类鉴定的主要依据。用传统的生理生化试验方法既费材料又费时间，为了能在较短的时间内完成大量的生理生化试验工作，自 20 世纪 70 年代后国外陆续出现了许多简便的生化试验方法。这些方法的共同点是具有快速性、准确性、微量化和操作简便等优点。

目前，用于细菌鉴定的方法和技术很多，除了用常规的方法即通过细菌的形态、生理生化性状等对细菌进行分类鉴定外，还可采用血清学、酶学、噬菌体技术以及蛋白质和核酸分析等技术鉴定细菌。随着临床微生物学的发展，微生物鉴定系统自动化的研究以其快速简便的优势引起人们的兴趣，近年来相继出现了一些商品自动鉴定系统。其中美国 Biolog 公司推出的 Biolog 细菌自动鉴定系统已经成为目前国际上细菌多相分类鉴定常用的技术手段。

一、若干常规生理生化反应

（一）实验目的

（1）了解细菌生理生化反应原理，掌握细菌鉴定中常见的生理生化反应方法。

（2）掌握糖类发酵、V. P.、M. R.、吲哚、硫化氢、柠檬酸盐利用实验的原理和方法。

（3）掌握用生理生化实验的方法监测细菌对各种基质的代谢作用及其代谢产物，从而鉴别细菌的种属。

（二）实验原理

不同细菌所具有的酶系统不尽相同，对营养基质的分解能力也不一样，因而代谢产物各有区别，可供鉴别细菌之用。在细菌鉴定中，可采用生化试验的方法检测细菌对各种基质的代谢作用及其代谢产物，从而可鉴别细菌的种属。在肠杆菌科细菌的鉴定中，生理生化试验占有重要地位，常用作区分种属的重要依据。本实验介绍的是用于肠杆菌科鉴定中常用的生理生化反应试验方法，包括糖类发酵试验、乙酰甲基甲醇试验、甲基红试验、吲哚试验、硫化氢产生试验、柠檬酸盐利用试验。

（1）糖类发酵试验。不同的细菌分解糖、醇的能力不同，如有的产酸产气，有的产酸不产气。因此可根据细菌分解利用糖（或醇）能力的差异作为鉴定菌种的依据之一。在配制培养基时预先加入溴甲酚紫 [pH 5.2(黄色)~6.8(紫色)]，当发酵产酸时，可使培养基由紫色变为黄色；或者在培养基中加入溴麝香草酚蓝 [pH 6.0(黄色)~7.6(紫色)]，当发酵产酸时，可使培养基由蓝色变为黄色。气体产生可由发酵管中倒置的杜氏小管中有无气泡来证明。

（2）乙酰甲基甲醇试验（Voges-Prokauer 试验，简称 V. P. 试验）。某些细菌在糖代谢过程中，能分解葡萄糖产生丙酮酸，丙酮酸在羧化酶的催化下脱羧后形成活性乙醛，后者与丙酮酸缩合、脱羧形成乙酰甲基甲醇，或者与乙醛化合生成乙酰甲基甲醇。乙酰甲基甲醇在碱性条件下被空气中的氧气氧化成二乙酰，二乙酰与培养基中含有胍基的化合物起作用生成红色化合物，即为 V. P. 阳性，反之为阴性。

（3）甲基红试验（Methyl Red 试验，简称 M. R. 试验）。某些细菌如大肠杆菌等分解葡萄糖产生丙酮酸，丙酮酸再被分解，产生甲酸、乙酸、乳酸等，使培养基的 pH 值降低到 4.2 以下，这时若加甲基红指示剂呈现红色，甲基红指示剂变色范围是 pH 4.4(红色)~6.2(黄色)。若某些细菌如产气杆菌，分解葡萄糖产生丙酮酸，但很快将丙酮酸脱羧，转化成醇等物，则培养基的 pH 值仍在 6.2 以上，故此时加入甲基红指示剂，呈现黄色。

（4）吲哚试验（Indol Test）。某些细菌如大肠杆菌具有色氨酸酶，能分解蛋白质中的色氨酸，产生靛基质（吲哚），靛基质与对二甲基氨基苯甲醛结合，形成玫瑰色靛基质（红色化合物）。

（5）柠檬酸盐利用试验（Citrate Test）。有些细菌能利用柠檬酸盐作为唯一的碳源，而有些细菌则不能利用。如产气杆菌，能利用柠檬酸钠为碳源，因此能在柠檬酸盐培养基上生长，并分解柠檬酸盐后产生碳酸盐，使培养基变为碱性，此时培养基中的溴麝香草酚蓝指示剂由绿色变为蓝色（pH<6 时呈黄色，pH 6~7.6 为绿色，pH>7.6 为蓝色）；而不能利用柠檬酸盐为碳源的细菌，在该培养基上不生长，培养基不变色。

（6）硫化氢试验。某些细菌能分解含硫的氨基酸（肌氨酸、半肌氨酸等），产生硫化氢，硫化氢与培养基中的铅盐或铁盐，形成黑色沉淀硫化铅或硫化铁，可用以鉴别细菌。

其中上述的吲哚（Indol）试验、MR 试验、VP 试验和柠檬酸盐（Citrate）试验常缩写为"IMViC"，主要用于鉴别大肠杆菌和产气肠杆菌。

（三）实验器材

（1）菌种：大肠杆菌（*Escherichia coli*）、普通变形杆菌（*Proteus vulgaris*）、

产气肠杆菌（*Enterobacter aerogenes*）。

（2）试剂和溶液：甲基红试剂、V.P. 试剂、吲哚试剂、40%KOH、5% α-奈酚溶液、乙醚、10%三氯化铁水溶液。

（3）培养基：糖（葡萄糖、乳糖）发酵液体培养基、葡萄糖蛋白胨液体培养基、蛋白胨液体培养基、柠檬酸盐斜面培养基、柠檬酸铁铵斜面培养基。

（4）仪器和其他物品：超净工作台、恒温培养箱、试管、杜氏小管、接种环、酒精灯、试管架、记号笔等。

（四）实验步骤

1. 糖类发酵试验

（1）编号。取葡萄糖和乳糖发酵培养液各4支，用记号笔在各试管上分别标明发酵培养基名称，并分别编号1~4。

（2）接种及培养。用接种环挑少量菌种（培养18~24h）于相应编号的试管中。接种取葡萄糖发酵培养基3支：编号1接种大肠杆菌；编号2接种普通变形杆菌；编号3接种产气肠杆菌；编号4不接种，作为对照。同样地，取3支乳糖发酵培养基：编号1接种大肠杆菌；编号2接种普通变形杆菌；编号3接种产气肠杆菌；编号4不接种，作为对照。将接种好的培养基置37℃恒温箱中培养24h。

（3）结果观察。被检细菌若能发酵培养基中的糖时，则使培养基的pH值降低，这时培养基中的指示剂呈酸性反应，培养基变为黄色；若发酵培养基中的糖产酸产气，则培养基不仅变为黄色，并且在培养基中倒置的小玻璃管（杜氏小管）中有气体。气体占整个倒置小玻管的10%以上。若被检细菌不分解培养基中的糖，则培养基不发生变化。

2. 乙酰甲基甲醇试验（V.P. 试验）

（1）编号。取葡萄糖蛋白胨液体培养液4支，编号为1~4。

（2）接种及培养。编号1接种大肠杆菌；编号2接种普通变形杆菌；编号3接种产气肠杆菌；编号4不接种，作为对照。将细菌分别接种到葡萄糖蛋白胨液体培养基中，37℃培养48h。

（3）结果观察。取培养基约2mL，加入5~10滴40% KOH，然后再加入等量的5%的α-奈酚溶液，用力振荡，再放入37℃恒温箱中保温30min，以加快反应速度。若培养基呈现红色，为V.P. 反应阳性。

3. 甲基红试验（M.R. 试验）

由于V.P. 试验和M.R. 试验均采用葡萄糖蛋白胨液体培养基，因此两种测定可同时进行。细菌培养48h后，在V.P. 试验中剩余的培养液中滴加2~3滴甲基红试剂，混匀后进行观察。培养液呈现红色者为阳性，呈现黄色者为阴性。

4. 吲哚试验

（1）编号。取蛋白胨液体培养液4支，编号为1~4。

（2）接种及培养。编号1接种大肠杆菌；编号2接种普通变形杆菌；编号3接种产气肠杆菌；编号4不接种，作为对照。将接种后的培养液置于37℃恒温箱中培养24~48h。

（3）结果观察。于各管培养液中加入乙醚0.5~1mL（约10滴），充分振荡，使吲哚萃取至乙醚中，静置1~3min分层，然后沿管壁加入2滴吲哚试剂（此时不可振荡试管，以免破坏乙醚层）。乙醚层出现红色者为阳性，出现黄色者为阴性。

5. 柠檬酸盐利用试验

（1）编号。取柠檬酸盐斜面培养基4支，编号为1~4。

（2）接种及培养。编号1接种大肠杆菌；编号2接种普通变形杆菌；编号3接种产气肠杆菌；编号4不接种，作为对照。将接种后的培养液置于37℃恒温箱中培养24~48h。

（3）结果观察。培养基变深蓝色者为阳性，表明该菌能利用柠檬酸盐作为碳源生长；培养基仍为绿色则为阴性。

6. 硫化氢产生试验

（1）编号。取柠檬酸铁铵斜面培养基4支，编号为1~4。

（2）接种及培养。编号1接种大肠杆菌；编号2接种普通变形杆菌；编号3接种产气肠杆菌；编号4不接种，作为对照；将接种后的培养液置于37℃恒温箱中培养24~48h。

（3）结果观察。观察穿刺线上及试管基部是否有黑色出现，如有则为阳性反应，如无黑色出现则表明不产生硫化氢。

（五）结果记录

将生理生化的实验结果填入表3-1中。

表3-1　生理生化实验结果记录表

测试项目	糖发酵试验		IMViC 试验				H_2S 产生试验
	葡萄糖	乳糖	V. P.	M. R.	Indol	Citrate	
大肠杆菌							
变形杆菌							
产气肠杆菌							
对照							

（六）注意事项

（1）接种前必须仔细核对菌名和培养基，以免弄错。

（2）糖发酵培养基在灭菌时要特别注意排净灭菌锅内的冷空气，防止杜氏小管内有残留气泡，影响实验结果的判断。

（3）MR 试验中甲基红指示剂不可加得太多，以免出现假阳性反应。

（4）配置柠檬酸盐培养基时要控制好 pH 值，不要过碱，配出的培养基以浅绿色为准。

（5）配置蛋白胨液体培养基时，宜选用色氨酸含量高的蛋白胨，否则将影响产吲哚的阳性率。

（七）思考题

（1）加入某些微生物可以有氧代谢葡萄糖，发酵实验应该出现什么结果？

（2）实验中为什么用吲哚的存在作为色氨酸酶活性的指示剂，而不用丙酮酸？

（3）为什么大肠杆菌甲基红反应为阳性，而产气杆菌的反应为阴性？

二、Biolog 微生物自动鉴定系统对细菌的鉴定

（一）实验目的

（1）掌握 Biolog 微生物自动鉴定系统的实验原理。

（2）熟悉 Biolog 鉴定微生物实验的基本操作过程。

（二）实验原理

Biolog 细菌自动鉴定系统利用细菌对 95 种不同碳源的代谢情况来鉴定菌种，即每种细菌形成各自特有的代谢指纹图谱。细菌利用碳源进行呼吸时，会将四唑类氧化还原染色剂（TV）从无色还原成紫色，从而在鉴定微平板（96 孔板）上形成该菌株特征性的反应模式或"指纹图谱"，通过纤维光学读取设备——读数仪来读取颜色变化（分为"自动"和"人工"两种读取方式），由计算机通过概率最大模拟法将该反应模式或"指纹图谱"与数据库相比较，可以在瞬间得到鉴定结果，确定所分析的菌株的属名或种名。

（三）实验器材

（1）菌种：供试菌株选择典型菌株或已鉴定过的保藏菌株，划线纯化后，确定革兰氏阳性、阴性反应。

（2）试剂和溶液：生理盐水（0.85%~0.90%的 NaCl 溶液）。

（3）培养基：BUGM 培养基（BUGM+1% 葡萄糖）、TSA 培养基（TSA+5% 的羊血）。

（4）仪器和其他物品：超净工作台、恒温培养箱、鉴定 G^- 菌微板、鉴定 G^+ 菌微板、浊度标准、浊度计、接种环、无菌吸管、8 孔移液器等。

（四）实验步骤

（1）菌种初培养。G^- 细菌在 TSA+5% 羊血培养基上划线培养 12~14h，G^+ 细

菌在 BUGM+1%葡萄糖上划线培养 12~18h。

（2）菌悬液准备。用无菌接种环挑取菌苔于生理盐水，制成菌悬液，用浊度计调整至适当浊度范围。G^-细菌浊度标准为 53%~59%（$3×10^8$个/mL），G^+细菌浊度标准为 35%~42%（$4.5×10^8$个/mL）。

（3）接种。用 8 孔移液器将菌悬液分加在 Biolog 鉴定板的各孔中。每孔150μL，共 96 孔。

（4）培养。盖上鉴定板盖，标菌株号，置于培养箱内。大肠杆菌样品为35℃，其他菌株为 30℃。培养 4~24h。

（5）读取结果。取出鉴定板，置于阅读器上读取结果，或用肉眼读取结果，自动检索数据库，得到鉴定结果。

（6）结果分析。Biolog 软件将读取的 96 孔微平板反应结果按照与数据库的匹配程度列出 10 个结果，如果鉴定结果与数据库匹配良好，将显示鉴定的结果在绿色状态栏上；如果鉴定结果不可靠，结果栏为黄色，显示"NO ID"，但仍列出最可能的 10 个结果。

每个结果均显示 3 种重要的参数，即可能性 Probability（PROB）、位距 Distance（DIS）和相似性 Similarity（SIM）。DIS 和 SIM 是最重要的 2 个值，DIS 值表示测试结果与数据库相应数据条的位距，SIM 值表示测试结果与数据库相应数据条的相似程度。Biolog 系统规定：细菌培养 4~6h，其 SIM 值不小于 0.75，培养 16~24h 时，SIM 值不小于 0.50，系统自动给出的鉴定结果为种名，SIM 值越接近 1.00，鉴定结果的可靠性越高；当 SIM 值小于 0.5，但鉴定结果中属名相同的结果的 SIM 值之和大于 0.5 时，自动给出的鉴定结果为属名。

（五）注意事项

（1）AN 微平板培养 20~24h 后读取结果，其他类微平板 4~6h、16~24h 各读数 1 次。

（2）为防止菌体结团，确保菌悬液均一稳定，鉴定革兰氏阴性肠道菌、革兰氏阴性球菌、革兰氏阳性球菌和杆菌时，每管接种液中需添加 3 滴（0.1mL）7.66%的巯基乙酸钠溶液。

（3）鉴定革兰氏阴性非肠道菌时，如果 A1 孔呈阳性，需在每管接种液中加3 滴 7.66%的疏基乙酸钠溶液。

（4）鉴定革兰氏阳性菌球菌和杆菌时，如果 A1 孔呈阳性，接种液中除加疏基乙酸钠溶液外，还需加入 100mmol/L 的水杨酸钠溶液 1mL。

（5）厌氧菌要分批制备菌悬液，1 次不超过 6 个。制备第 1 个菌悬液到完成最后 1 个的时间间隔不宜超过 5min。

（六）思考题

（1）简述 Biolog 微生物自动鉴定系统对细菌鉴定的原理。

（2）简述 Biolog 微生物自动鉴定系统对细菌鉴定的基本步骤。

三、Biolog 分析土壤微生物群落功能多样性

（一）实验目的

（1）掌握 Biolog 法的实验原理和 ECO 板分析微生物群落功能多样性的基本操作过程。

（2）测定土壤中微生物群落的功能多样性。

（二）实验原理

微生物是生态系统的重要组成部分，其结构和功能会随着环境条件的改变而改变，并通过群落代谢功能的变化对生态系统产生一定的影响，因此微生物功能多样性信息对于了解生态系统中微生物群落的作用及其生态系统的功能具有重要意义。Biolog 法是目前已知的研究微生物代谢功能多样性的重要方法，其应用已经涉及土壤、污水、污泥等各种不同的环境，此方法不仅能够得到代谢功能多样性信息，还能够得到微生物群落总体活性的相关信息。

Biolog 法是通过微生物对微平板上不同单一碳源的利用能力来反映微生物群落的功能多样性。微生物群落功能多样性分析中所用到的微平板主要有革兰氏阴性板（GN）、生态板（ECO）、丝状菌板（FF）、酵母菌板（YT）、SF-N_2、SF-P_2 和可针对具体研究情况自配底物的 MT 板等。其中，GN、ECO、MT 板的原理是，当微生物接种到含有不同单一碳源的微平板上时，在利用碳源过程中产生自由电子，与微平板上的噻唑蓝（MTT）染料发生还原反应而显蓝紫色，颜色的深浅可以反映微生物对碳源的利用程度，从而比较分析不同的微生物群落。由于许多真菌代谢不能使噻唑蓝染料还原而显色，所以 GN、ECO 和 MT 板不能反映真菌的变化。FF 板含有碘硝基四氮唑紫（INT）染料，作为电子受体，丝状真菌利用相应的碳源进行代谢，会发生下列一种或两种变化：一是线粒体呼吸增强，使得该孔呈现红紫色；二是真菌生长速度较快，使该孔浊度增加，因此可利用微平板孔中的颜色和浊度变化来评价真菌的活动。YT 板 A~C 行含有噻唑蓝染料，D~H 行无染料。因此，可通过颜色反应和浊度变化分别表示代谢作用和同化作用。SF-N_2 和 SF-P_2 微孔板不含有染料，通过孔中浊度变化来评价革兰氏阴性或阳性产芽孢或分生孢子微生物的活动。

目前，在微生物群落功能多样性研究中应用较多的是 ECO 板，Biolog ECO 微平板上有 96 个微孔，其中包含 31 种碳源和水空白，每种底物有 3 个重复。碳源主要分为 6 类：氨基酸类、羧酸类、胺类、糖类、聚合物类和其他。也有根据研究目的不同，将 31 种碳源分为 4 大类，即糖类及其衍生物、氨基酸类及其衍生物、脂肪酸及脂类、代谢中间产物及次生代谢物。本实验采用 Biolog ECO 微平板法分析不同环境土壤中微生物群落的代谢功能多样性。

（三）实验材料

（1）材料：不同环境中的土壤样品。

（2）溶液或试剂：生理盐水（0.85%~0.90%的 NaCl 溶液）。

（3）仪器或其他用具：Biolog 自动读数仪、恒温培养箱、振荡器、ECO 微平板、无菌取样铲、无菌样品瓶、天平、无菌锥形瓶、移液器、无菌试管等。

（四）实验步骤

1. 样品采集

根据实验目的，按照相关方法采集土壤样品。

2. 菌悬液的制备

取一定量的土壤样品（约 5g）加入适量的无菌生理盐水（50mL），充分振荡 30min，使土壤均匀分散，静置 1min，使较大颗粒自然沉降，上层悬浊液即为菌悬液，并进行 10 倍系列梯度稀释至 10^{-3} 倍。

3. ECO 微平板的接种

将 ECO 微平板从冰箱中取出，预热到 28℃，根据预实验选取适宜稀释度的稀释液接种到 ECO 板中，每孔接种 150μL。

4. ECO 微平板培养和检测

将接种的 ECO 微平板在 28℃（通常细菌培养在 26~37℃，根据具体情况而定）下培养 1 周，分别于接种的 0 时刻和每隔一定时间（通常为 24h），用 Biolog 自动读数仪在 590nm 下读取每个反应孔的吸光值来表征颜色变化，通常需要连续读取 7~10d 内的吸光度值。另外，为排除真菌生长造成的浊度变化对吸光值产生的影响，可以以 590nm 和 750nm（浊度值）下吸光值的差值来表征颜色变化。

5. 数据分析

对于小组的单个样品来说，绘制平均颜色变化率（AWCD）随时间的变化曲线，并可进行多样性指数计算。对于小组间一系列相关样品，可以应用统计分析软件（如 SPSS 等）进行主成分分析、聚类分析、多样性指数比较等，从而了解微生物群落代谢功能多样性的差异或变化。

（1）平均颜色变化率（AWCD）。废水微生物对碳源的利用情况用平均颜色变化率（Average Well Color Development，AWCD）表示。AWCD 是反映废水微生物活性，即利用单一碳源能力的一个重要指标。绘制样品的 AWCD 值随时间的变化曲线，可以用来表示样品中微生物的平均活性变化，体现微生物群落反应速度和最终达到的程度。

某一时刻 AWCD 值的计算公式为：

$$AWCD = \frac{\sum\limits_{i=1}^{31} C_i - C_0}{31} \tag{3-1}$$

式中　C_i——单一碳源反应孔在 590nm 下的吸光值；

$\quad\quad C_0$——ECO 微平板对照孔的吸光值；

若 $C_i - C_0$ 小于 0 的孔，计算中按 0 处理，即 $C_i - C_0 \geqslant 0$。

（2）多样性指数。Biolog 研究中常见的多样性指数较多，各种多样性指数能够从不同侧面反映微生物群落代谢功能的多样性，评价废水生态功能的健康及稳定程度。本实验以如下两个多样性指数分析不同环境的生态稳定性。

1）多样性 Shannon 指数（H'）。多样性 Shannon 指数（H'）表示微生物群落的丰富度和均匀度。微生物种类数目越多，多样性也就越高；微生物种类分布的均匀性增加，多样性也会提高。计算公式为：

$$H' = - \sum P_i \times \ln P_i \tag{3-2}$$

式中，$P_i = (C_i - C_0) / \sum (C_i - C_0)$ 表示含有单一碳源的孔与对照孔吸光值之差与整个微平板总差的比值。

2）优势度 Simpson 指数（D）。优势度指数用来估算微生物群落中各微生物种类的优势度，反映了不同种类微生物数量的变化情况。优势度指数越大，表明微生物群落内不同种类微生物数量分布越不均匀，优势微生物的生态功能越突出。计算公式为：

$$D = 1 - \sum (P_i)^2 \tag{3-3}$$

3）主成分分析。对相关样品所得的一系列数据利用统计分析软件，如 SPSS 等，进行主成分分析，在同一图中用点的位置直观地反映出不同微生物群落的代谢特征，由此可分析微生物群落结构产生分异的主要环境因素。

为了减少初始接种密度对微生物群落多样性产生的影响，便于进行不同样本间的比较，在进行主成分分析前需要先对 Biolog 数据进行标准化。数据标准化的方法为：用每一个底物某一时刻的吸光度值与对照孔的差值除以该时刻板的 AWCD 值，即为光密度标准化值（R_i），以 R_i 值对所有相关数据进行标准化转换，公式为：

$$R_i = (C_i - C_0) / AWCD_i \tag{3-4}$$

式中　C_i——单一碳源反应孔在 590nm 下的吸光值；

$\quad\quad C_0$——ECO 微平板对照孔的吸光值；

若 $C_i - C_0$ 小于 0 的孔，计算中按 0 处理，即 $C_i - C_0 \geqslant 0$。

另外，通常选取 72h 的测定数据进行 ECO 板的主要成分分析，因为 72h 后的微生物生长主要表现为真菌的增长。

4）聚类分析。对于相关样品所得的一系列数据利用统计分析软件，如 SPSS

等，进行聚类分析，进一步了解不同环境中微生物群落功能结构的相似性。

（五）实验记录

记录不同时间不同样品的吸光值，通过公式计算进行数据分析。

（六）注意事项

（1）手持 ECO 板时不要接触上下两表面。

（2）在测量其间不能开盖，以防污染。

（七）思考题

（1）通过比较小组间样品的多样性 Shannon 指数的差异，分析不同环境微生物生态功能的健康及稳定性。

（2）通过比较小组间样品的微生物代谢多样性信息，分析不同环境样品中微生物群落的生态功能及造成微生物功能多样性差异的主要原因。

第二节　微生物的遗传变异实验

突变是微生物中普遍存在的现象，突变可自发地发生，也可诱导发生。诱变指用各种物理、化学诱变剂来处理微生物细胞以提高其突变率的方法。在遗传学的研究和利用微生物的生产上，常采用诱变的手段来获得各种实验室突变株或高产突变株。

经诱变处理后，在整个微生物群体中，突变体的数目仍居少数，应采用合理的方法准确而快速地检出突变株。通过本实验可初步了解并掌握诱变、检测和鉴定突变株的一般过程和方法。

一、化学诱变剂的诱变效应

（一）目的要求

（1）了解化学诱变的基本原理。

（2）掌握亚硝基胍诱变的处理方法。

（二）基本原理

亚硝基胍（N 甲基-N′-硝基-N-亚硝基胍，NTG）是一种烷化剂，主要作用是引起 DNA 中 CC→AT 的转换。其作用部位又往往在 DNA 的复制叉处，易造成双突变，故有超诱变剂之称。亚硝基胍也是一种致癌因子，在操作中要特别小心，切勿与皮肤直接接触，凡有亚硝基胍的器皿都要用 1mol/L NaOH 溶液浸泡，使残余亚硝基胍分解破坏。

本实验用产生淀粉酶的枯草芽孢杆菌作为试验菌，根据试验菌诱变后在淀粉培养基上透明圈直径的大小来指示诱变效应。一般来说，透明圈越大，淀粉酶活性越强。

（三）实验材料

（1）菌种：枯草芽孢杆菌。

（2）培养基：淀粉培养基、LB 液体培养基（附录一）。

（3）溶液和试剂：亚硝基胍、碘液、无菌生理盐水，盛 4.5mL 无菌水的试管。

（4）仪器和其他用品

1mL 无菌吸管、玻璃涂棒、血细胞计数板、显微镜、磁力搅拌器、台式离心机振荡混合器。

（四）实验内容

（1）菌悬液制备。将实验菌斜面菌种挑取一环接种到含 5mL 淀粉培养液的试管中，置 37℃振荡培养过夜。然后取 0.25mL 过夜培养液至另一支含 5mL 淀粉培养液的试管中，置 37℃振荡培养 6~7h。

（2）平板制作。将淀粉琼脂培养基融化，倒平板 10 套，凝固后待用。

（3）涂平板。取 0.2mL 上述菌液倒入一套淀粉培养基平板上，用无菌玻璃涂棒将菌液均匀地涂满整个平板表面。

（4）诱变。在上述平板稍靠边的一个点位上放少许亚硝基胍结晶体，然后将平板倒置在 37℃恒温箱中培养 24h。放在亚硝基胍的位置周围将出现抑菌圈。

（5）增殖培养。挑取紧靠抑菌圈外侧的少许菌苔到盛有 20mL LB 液体培养基的三角瓶中，摇匀，制成处理后菌悬液。同时，挑取远离抑菌圈的少许菌苔到另一盛有 20mL LB 液体培养基的三角瓶中，摇匀，制成对照菌悬液。将上述 2 只三角瓶置于 37℃振荡培养过夜。

（6）涂布平板。分别取上述两种培养过夜的菌悬液 0.1mL 涂布淀粉培养基平板。处理后菌悬液涂布 6 套平板，对照菌悬液涂布 3 套平板，涂布后的平板，置 37℃恒温箱中培养 48h。实际操作中可根据两种菌液的浓度适当地用无菌生理盐水稀释。注意，每套平板背面做好标记，以区别实验组和对照组。

（7）观察诱变效应。分别向 cfu 数在 5~6 个的处理后涂布的平板内加碘液数滴，在菌落周围将出现透明圈，分别测量透明圈直径与菌落直径并计算其比值（HC 比值）。与对照平板相比较，说明诱变效应，并选取 HC 比值大的菌落移接到试管斜面上培养，此斜面可作复筛用。

（五）思考题

本实验中用亚硝基胍处理细胞应用了一种简易有效的方法，并减少了操作者与亚硝基胍的接触，能否用本实验结果计算亚硝基胍的致死率？为什么？如果不能，如何设计其他方法并能计算致死率？

二、细菌的物理诱变作用

（一）目的要求

（1）了解紫外线诱变的基本原理。

（2）掌握用紫外线进行诱变处理的方法。

（二）基本原理

紫外线是一种最常用的物理诱变因素，它的主要作用是使 DNA 双链中的两个相邻的嘧啶核苷酸形成二聚体，并阻碍双链的解开和复制，从而引起基因突变，最终导致表型的变化，如产生色素能力的消失，丧失合成某种氨基酸的能力，以及抗药性的变化等。

紫外线照射后造成的 DNA 损伤，一般在可见光照射下，由于光激活酶的作用，可将嘧啶二聚体解开，使其恢复正常，这称为光复活作用。为了避免光复活，当用紫外线进行诱变处理时以及处理后的操作都应在红光下进行，并且应将微生物放在黑暗的条件下进行培养。

在没有紫外线剂量测定仪的情况下，紫外线的绝对剂量很难测定，一般可用其相对剂量来表示，剂量大小与紫外灯的功率、距离和照射时间有关。在前两者不变的情况下，相对剂量可用照射时间来表示。

（三）实验材料

（1）菌种：枯草芽孢杆菌。

（2）培养基：牛肉膏蛋白胨培养基、淀粉培养基（牛肉膏 5g，蛋白胨 10g，氯化钠 5g，可溶性淀粉 2g，琼脂 15g，水 1000mL，pH 7.2，121℃灭菌 20min）。

配制时，应先把淀粉用少量蒸馏水调成糊状，再加入融化好的培养基中。

（3）溶液和试剂：碘液、无菌生理盐水、含 4.5mL 无菌水试管。

（4）仪器和其他用品：玻璃涂布棒、血细胞计数板、显微镜、紫外灯（15W）、磁力搅拌器、离心机、振荡器等。

（四）实验内容

（1）制备菌悬液。取枯草芽孢杆菌 48h 斜面培养物 4~5 支，用 10mL 无菌生理盐水洗下菌苔，倒入无菌大试管，振荡 30s，打散菌块，3000r/min 离心 10min，弃上清液，用无菌生理盐水洗涤菌体 2~3 次，制成菌悬液，用显微镜直接计数法调整细胞浓度 10^8 个/mL。

（2）紫外线处理。打开紫外灯预热 20min，各取 3mL 菌悬液，分别加入 2 套 6cm 无菌平皿中，并放入 1 根无菌磁力棒，将平皿置于磁力搅拌器上，打开皿盖，在距离 30cm、15W 的紫外灯下分别搅拌照射 1min 和 3min，盖上盖，关闭紫外灯。

（3）稀释、涂平板。把照射过的菌悬液用无菌水稀释成 10^{-1}~10^{-6}，其中取

10^{-4}、10^{-5}、10^{-6}稀释液和未经照射的稀释液（对照）各 0.1mL 涂平板，重复 3 个平板。

（4）培养。用黑布或纸包好，37℃培养 48h。

（5）计算。分别计算紫外线处理 1min 和 3min 后的存活率和致死率：

$$存活率=\frac{处理后每毫升菌落数}{对照每毫升菌落数}\times100\%$$

$$致死率=\frac{对照每毫升菌落数-处理后每毫升菌落数}{对照每毫升菌落数}\times100\%$$

（五）结果记录

（1）观察诱变效果。选取菌落数在 5~6 个的处理后涂布的平板观察诱变效应。分别向平板内加碘液数滴，在菌落周围出现透明圈，分别测量透明圈直径与菌落直径并计算其比值（HC 比值），选取 HC 比值大的菌落转接到试管斜面上培养，可用于复筛。

（2）将菌落数、存活率、致死率填入表 3-2。

表 3-2　诱变效果记录表

项目	10^{-4}	10^{-5}	10^{-6}	存活率/%	致死率/%
对照					
1min					
3min					

（六）思考题

（1）紫外诱变的机制是什么？

（2）用紫外线照射后为什么要用黑布或纸包好进行培养？

三、大肠杆菌感受态细胞的制备及转化

在自然条件下，很多质粒都可通过细菌接合作用转移到新的宿主内，但在人工构建的质粒一般缺乏此种转移所需的 mob 基因，因此不能自行完成从一个细胞到另一个细胞的接合转移。如需将质粒载体转移进入受体细菌，需诱导受体细菌产生一种短暂的感受态以摄取外源 DNA。目前常用的感受态细胞制备方法有 $CaCl_2$ 和 RbCl（KCl）法，RbCl（KCl）法制备的感受态细胞转化效率高，但 $CaCl_2$ 法简便易行，且转化效率完全可以满足一般的实验要求，制备出的感受态细胞暂时不用时，可加入占总体积 15% 的无菌甘油于-70℃保存（半年），因此 $CaCl_2$ 法使用更广泛。

（一）实验目的

（1）了解转化的概念以及转化在基因工程研究中的意义。

（2）学习利用氯化钙制备大肠杆菌感受态细胞的方法。

（3）学习将质粒 DNA 导入大肠杆菌感受态细胞的方法。

（4）学习筛选转化子的方法及计算转化率。

（二）实验原理

感受态指细菌生长过程中能接受外源 DNA 而不将其降解的生理状态。转化实验中，受体微生物需事先经处理制备为感受态细胞备用。

转化（transformation）是指将外源 DNA 导入受体菌细胞并使其获得新的遗传性状的现象，转化子（transformant）是指经转化后携带外源 DNA 并获得新遗传性状的受体菌。实现转化重要条件之一，必须使受体菌细胞处于感受态（competence），即受体细胞（recipient cell）处于最容易吸收外源 DNA 的一种生理状态。常见的转化方法有热激法和电穿孔法等。热激法是制备大肠杆菌感受态细胞（competent cells）最通常的方法，是利用 $CaCl_2$ 等处理大肠杆菌，使其细胞膜的通透性发生改变，从而使含有外源 DNA 的载体容易进入受体菌的细胞中，然后通过复制与表达，使受体菌获得新的遗传性状。

转化是当前基因工程、分子生物学研究中的一项重要实验技术。在基因工程研究中，常将目的基因插入质粒载体中构成重组质粒，导入受体菌，然后分离和扩增转化子，并从转化子细胞中提取重组质粒。通过凝胶电泳，观察其限制性内切酶图谱；同时利用 DNA 杂交、测序等方法进行鉴定，从而可筛选到含目的基因的重组菌株。

本实验利用 $CaCl_2$ 处理受体菌 *E. coli* DH5α，获得其感受态细胞。然后以质粒 pBR322（图 3-1）转化 *E. coli* DH5α 的感受态细胞，转化后的细胞培养在含一定浓度的氨苄青霉素的 LB 平板上。由于受体菌对 pBR322 氨苄青霉素敏感（Amp^s），故在上述平板上不能生长；而转化子中由于含有携带氨苄青霉素抗性基因（Amp^r）的 pBR322 质粒，故具有氨苄青霉素抗性，因而能在含有氨苄青霉素的 LB 平板上生长，即可初步确定为转化子。

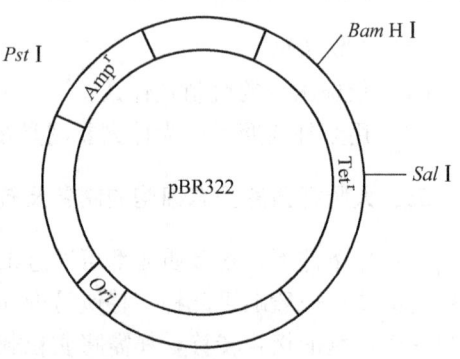

图 3-1　pBR322 结构图

计算转化频率（transformation frequence）及转化效率（transformation efficiency）公式如下：

$$转化频率 = \frac{1mL\ 转化子数}{1mL\ 未接触\ DNA\ 的菌体数} \times 100 \tag{3-5}$$

$$转化效率 = \frac{转化子总数}{质粒\ DNA\ 加入量} \tag{3-6}$$

（三）实验材料

（1）菌种和质粒：

1）受体菌：*E. coli* DH5α。

2）质粒 DNA：pBR322。

（2）培养基：

1）LB 固体培养基及 LB 液体培养基。

2）含氨苄青霉素平板。将经高压蒸汽灭菌后的 LB 固体培养基立即置于 60℃ 左右水浴中保温，无菌操作加入氨苄青霉素储存液，使其终浓度为 100μg/mL。迅速振荡混匀，倒入已灭菌平皿中，冷凝。

（3）试剂和溶液：

1）氨苄青霉素储备液（25mg/mL）。取 Amp 0.5g 溶于 5mL 无菌水中，0.22μm 滤膜过滤除菌，分装后−20℃贮存。

2）0.1mol/L CaCl$_2$ 溶液。称取 0.28g CaCl$_2$（无水，分析纯），溶于 50mL 重蒸水中，定容至 100mL，高压灭菌。

3）含 15%甘油的 0.1mol/L CaCl$_2$ 溶液。称取 0.28g CaCl$_2$（无水，分析纯），溶于 50mL 重蒸水中，加入 15mL 甘油，定容至 100mL，高压灭菌。

（4）仪器和其他物品：超净工作台、冷冻离心机、恒温摇床、恒温箱、恒温水浴等，移液器、移液管、灭菌的培养皿、Eppendorf 微量离心管、离心管等。

（四）实验步骤

1. 制备大肠杆菌感受态细胞

（1）从在 37℃ 培养 16~20h 的 *E. coli* DH5α 平板上挑取一单菌落，接种到一支装有 5mL LB 培养基的试管中。置于 37℃摇床中，振荡培养过夜。

（2）取 0.5mL 上述培养液，转接到一瓶装有 50mL LB 培养基的 250mL 锥形瓶中。37℃振荡培养 2~3h。

（3）无菌操作将上述菌液转移到一个无菌、用冰预冷的聚丙烯离心管中，冰上放置 10min 使培养物冷却至 0℃。

（4）4℃、4000r/min 离心 10min。

（5）吸出培养液，倒置离心管 1min，使管中培养液流尽。

（6）加入 5mL 无菌并预冷的 0.1mol/L CaCl$_2$ 溶液于离心管中，振动离心管，使菌体均匀悬浮于 CaCl$_2$ 溶液中。冰上放置 15min。

（7）4℃、4000r/min 离心 10min。

（8）吸出管中溶液，倒置离心管 1min，使管中培养液流尽。

（9）加入 1mL 无菌并预冷的 0.1mol/L CaCl$_2$ 溶液于离心管中，振动离心管，

使菌体重悬于 $CaCl_2$ 溶液中。

（10）用无菌移液管各吸取 $200\mu L$ 菌液，分别分装到 5 支无菌 1.5mL 的 Eppendorf 管中，即制成了感受态细胞悬液。

转化时，从 -70℃ 冰箱中取出两管感受态细胞，把管握于手心，使管中细胞融化。然后把管置于冰浴中 10min，备用。

2. 转化反应及转化子的初步检出

（1）取 3 支无菌、用冰预冷的 1.5mL 的 Eppendorf 微量离心管，按表 3-3 中要求加样。

（2）将以上 3 管置于冰上 30min。

（3）然后置于 42℃ 水浴保温 90s，不要摇动。

表 3-3　转化实验中需加的各物质的量

项　目	感受态细胞	质粒 DNA	0.1mol/L $CaCl_2$
样品转化管	$200\mu L$	$2\mu L$	
受体菌对照管	$200\mu L$		
质粒 DNA 对照管		$2\mu L$	$200\mu L$

（4）迅速将以上 3 管在冰浴放置 2min。

（5）在每支管中各加入 $800\mu L$ LB 培养基，37℃ 水浴保温 45min，使细胞复苏并使抗生素抗性基因进行表达。

（6）将上述 3 管中的培养液分别按十倍稀释法进行适当稀释。

（7）取适当稀释度的各管中培养液 0.1mL，分别接种至不含氨苄青霉素和含氨苄青霉素的 LB 平板上，并用无菌玻璃刮刀涂匀。

（8）将平板置于室温，待菌液完全被培养基吸收后，倒置平板，37℃ 培养 12~16h。

（9）实验结果的观察、记录及转化子的检出。观察各平板上是否长出菌落，记录各平板上所出现的菌落数。

用接种环挑取样品转化管稀释液在含氨苄青霉素 LB 平板上长出的单个菌落，接种至含氨苄青霉素的 LB 斜面上，37℃ 培养 24h。此为转化子的初步检出。

（五）实验记录

（1）将转化实验结果记录在表 3-4。

表 3-4　转化实验结果记录表

项　目	不含氨苄青霉素的 LB 平板	含氨苄青霉素的 LB 平板
样品转化管		
受体菌对照管		
质粒 DNA 对照管		

（2）请对受体菌对照管、质粒 DNA 对照管和样品转化管所出现的实验结果进行分析讨论。

（3）根据实验结果计算转化频率及转化效率。

（六）注意事项

（1）为了提高转化效率，培养液中的活菌数最好不高于 10^8 个/mL。因此在接种后，每隔 20~30min 测定 OD_{600} 值一次。通常以 OD_{600} 达到 0.35 时，便可收获菌体。

（2）制备感受态细胞整个操作过程温度不得超过 4℃，否则将大大降低转化率。制备好的感受态细胞悬液，可置于 4℃ 冰箱中，12~24h 内用于转化试验。

（3）如果用无菌含 15% 甘油的 0.1mol/L $CaCl_2$ 溶液制备的感受态细胞悬液，则可置于 -70℃ 冰箱中。一般可保存几个月至半年左右，仍可用于转化试验，但转化效率则略有下降。

（4）转化试验一般情况下质粒 DNA 体积不超过 10μL，DNA 含量不超过 50ng。如果是用重组质粒进行转化，则其含量可适当加大。

（5）检查氨苄青霉素抗性时，平板培养时间不要超过 20h，因具有氨苄青霉素抗性的转化子可将 β-内酰胺酶分泌到培养基中，分解培养基中的氨苄青霉素。因此，如培养时间太长，平板上在转化子菌落周围就会长出对氨苄青霉素敏感的卫星菌落。

（七）思考题

（1）制备好的感受态细胞应存放在什么温度下？可存放多长时间？

（2）用于转化实验的质粒 DNA 处于什么状态（IDNA，或 ocDNA，或 cccD-NA）时，其转化效率最高？

（3）质粒 DNA 浓度与转化效率之间关系如何？是否质粒 DNA 浓度越高，其转化效率越高？

（4）如果受体菌对照管的稀释液在含有氨苄青霉素的 LB 平板上长出菌落，应如何解释？并如何改进实验？

四、酵母菌原生质体融合

（一）目的要求

（1）学习酵母菌原生质体制备和融合的基本操作。

（2）了解酵母菌原生质体制备和融合的一般原理与方法。

（3）筛选营养缺陷型互补的融合子。

（二）基本原理

原生质体融合是工业微生物育种的一种重要手段，已被国内外育种工作者广泛采用。它具有以下几个优点：（1）可实行远缘杂交，克服物种之间杂交的"不育性"。由于消除了坚硬厚实的细胞壁障碍，因此可在不同种属的微生物之间发生细胞融合，从而产生新的遗传重组。（2）遗传重组频率高，类型多。原生质体融合时，利用聚乙二醇（PEG）的促融合作用，可提高基因重组的频率。此外，由于多个亲本细胞相互融合后可发生多位点的交换，从而产生各种各样的基因组合，获得多种类型的重组子。（3）可将不同菌株的优良性状组合在同一菌株中。工业生产中微生物菌种经过长期的选育，往往有各自的优良性状，通过多种菌株的融合，可将各种优良性状组合到同一个菌株中，取长补短，筛选更优良的生产菌种。

　　进行原生质体融合首先要制备原生质体，酵母细胞壁主要成分是多糖、几丁质等，因此原生质体制备采用的脱壁酶与细菌不同，一般采用酵母裂解酶（zymolyase）、蜗牛酶及纤维素时酶。使用酵母裂解酶效果为最好，而采用蜗牛酶或蜗牛酶加纤维素酶则经济实用。在制备原生质体时酶浓度及其操作条件至关重要，不同菌株对酶的敏感性存在差异，因此，使用新酶及新的菌株时应先通过预试验确定酶的使用浓度、最适配制条件和作用时间。

　　酵母菌原生质体融合时常采用低浓度的 PEG，一般使用浓度在 20%~40%，融合时间也较长。酵母细胞大，制备的原生质体比细菌原生质体更脆弱，实验操作时应十分温柔。融合剂中二价阳离子的存在是原生质体融合所必需的。二价钙离子常用浓度在 5~50mmol/L 之间（例如对酿酒酵母的适合浓度为 10mmol/L），有时在再生培养基中也添加适量的钙离子，而单价阳离子如钾、钠等则不利于融合。配制融合剂时，最好不使用磷酸盐而用 Tris 缓冲液。

　　酵母原生质体在不加营养物质的基本培养基上难以再生，一般其再生率不超出 10%。为了提高酵母原生质体再生率，通常是在琼脂再生培养基中加入牛血清蛋白、小牛血清等营养丰富的物质，或用明胶代替琼脂作再生培养基固形剂。也有报道将原生质体先用藻酸钙凝胶包埋，然后置于液体再生培养基中再生。本实验采用营养丰富的 RYPG 作为原生质体制备效果的检测培养基，使用添加复合氨基酸的 RMM 作为原生质体融合的选择性再生培养基。

　　（三）实验材料

　　（1）菌种。

　　1）酿酒酵母（Saccharomyces cerevisiae）腺嘌呤缺陷型 SA 菌株（a, ade^-, his^+）。

　　2）酿酒酵母组氨酸缺陷型 PH 菌株（α, ade^+, his^-）。

　　（2）培养基。

　　1）YPG 培养基：酵母粉 10g，蛋白胨 20g，葡萄糖 20g，蒸馏水 1000mL，pH 6.0，固体培养基中另加琼脂粉 1.2%，用于酵母菌体培养。配 100mL。

2）RYPG 培养基：YPG 中添加 10% 蔗糖（或 0.7mol/L KCl）。固体培养基中另加琼脂粉 1.2%，半固体培养基中另加琼脂粉 0.6%，用于原生质体再生培养。配 500mL。

3）MM 培养基：酵母基础氮素（YNB）6.7g，葡萄糖 10g，蒸馏水 1000mL，pH 6.0，微量元素 1mL，加压灭菌后补充生物素 10mg/L，混合氨基酸溶液 10mL（Met 5mg，Lys 5mg，Ile 5mg，Glu 5mg）。固体培养基中另加琼脂粉 1.2%，半固体培养基中另加琼脂粉 0.6%。用于单亲本菌种培养时则需添加相应的 Ade 和 His。配 500mL。

其中微量元素配制如下：H_3PO_4 10mL，$ZnSO_4 \cdot 7H_2O$ 70mg，$CuSO_4 \cdot 5H_2O$ 10mg，$CaCl_2 \cdot 2H_2O$ 50mg，蒸馏水 1000mL。

4）RMM 培养基：MM 中添加 10% 蔗糖（或 0.7mol/L KCl）。固体培养基中另加琼脂粉 1.2%，半固体培养基中另加琼脂粉 0.6%，用于融合子的筛选与鉴定分析。配 500mL。

5）高渗缓冲液（ST）：蔗糖 0.5mol/L，$MgCl_2$ 10mmol/L，Tris-HCl（pH 7.4）10mmol/L。配 200mL。

以上培养基 0.1MPa（121℃）灭菌 15min。

（3）溶液和试剂。

1）PEG 溶液：溶度 30%。PEG_{4000} 30g，蔗糖 5g，无水氯化钙 0.47g，Tris-HCl（pH 7.4）10mmol/L 加至 10mL。0.22μm 滤膜除菌。配 10mL。

2）EDTA 溶液：0.5mol/L。EDTA 钠盐 186.1g，NaOH 20g，加蒸馏水至 1000mL。0.1MPa（121℃）灭菌 15min 后使用。配 20mL。

3）破壁酶：酵母溶菌酶或者蜗牛酶。无菌的 ST 配 10mg/mL 母液 1mL。

4）β-巯基乙醇：1mL 原液。

5）Tris-HCl 缓冲液（TB）：10mmol/L，pH 7.4。配 100mL，灭菌后使用。

（4）仪器设备及其他器材：三角瓶（250mL）、培养皿、试管、移液管（10mL，5mL，1mL）、大口吸管、微量进样器、移液器、涂布棒、无菌牙签、水浴锅、摇床、显微镜、离心机、分光光度比色计、细菌过滤器、培养箱。

（四）实验内容

酵母原生质体融合的操作程序可见图 3-2。

1. 菌体培养

（1）接种与培养：将两亲本菌株分别接种于 20mL YPG 的 250mL 规格的三角瓶中。30℃，20r/min 摇床恒温培养 16~18h。

（2）离心收集菌体：取上述培养液各 10mL，4000r/min 离心 5min。弃上清液，收集菌体。用 TB、EDTA 和 ST 溶液各洗 1 次。

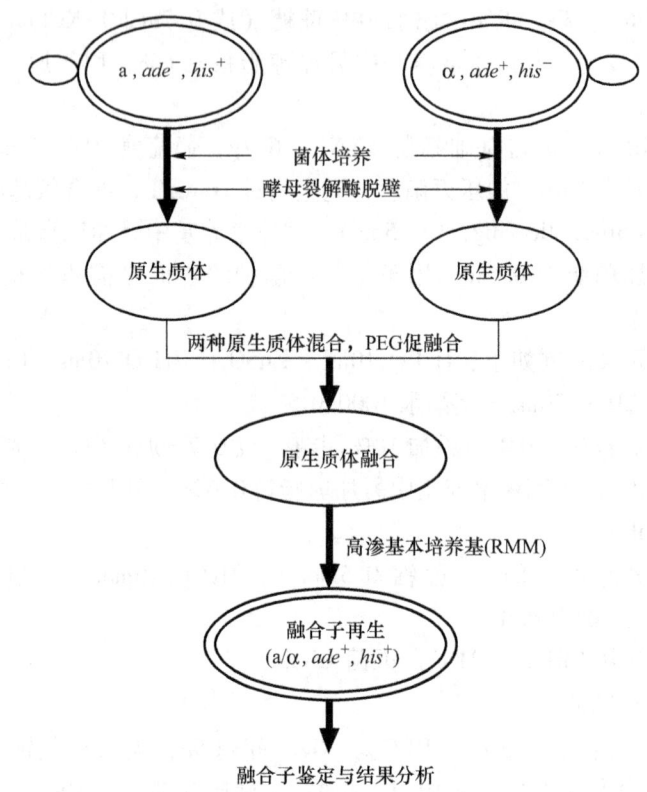

图 3-2　酵母原生质体融合操作程序

2. 原生质体制备

（1）配制脱壁酶：用含 10mmol/L 巯基乙醇的高渗缓冲液 ST 将酵母裂解酶的母液稀释成 3mg/mL 或将蜗牛酶配制至 10mg/mL 浓度。

（2）细胞脱壁：用上述新鲜配制的酶液悬浮菌体，细胞浓度控制在 10^7/mL 左右。在 100r/min 摇床上培养 50~100min。显微镜镜检确定酶脱壁效果，脱壁效果达 70% 可停止酶解反应。

（3）收集原生质体：100r/min 离心 3min，去沉淀，取上清液。再 2000r/min 离心 10min，收集原生质体（沉淀物）。

（4）去除脱壁酶：ST 洗涤 2 次。2000r/min 离心 10min，收集原生质体。最终用 1mL ST 悬浮原生质体。在显微镜下用血细胞计数板进行原生质体计数。

3. 原生质体融合

（1）原生质体再生率计算：根据计数结果，确定原生质体稀释倍数，用 ST 稀释，分别取 100μL 涂布在 PYG 和 RYPG 平板上，30℃ 恒温培养 3~5d，进行活菌计数，用于计算原生质体再生率。同时用无菌水稀释原生质体，取样涂布在

YPG 平板上，培养后用于计数未脱壁酵母细胞的活菌数。

（2）原生质体混合：根据显微镜血细胞计数板进行原生质体计数的结果，用 ST 调整两亲本菌株的原生质体浓度，使两亲本原生质体数目大致相等，取已去除酵母裂解酶的原生质体各 1mL，轻轻混合。2000r/min 离心 10min，吸去上清液，在沉淀物中补加 ST 0.2mL，轻轻混匀，充分悬浮原生质体混合物。

（3）PEG 助融：加 PEG 3.8mL，用移液器轻轻吹吸，充分混匀，30℃放置 30min，15r/min 离心 10min，小心吸去上清液，保留沉淀物。用 ST 0.5mL 悬浮沉淀物。

4. 融合子再生与鉴定

（1）制作底层平板：融化 RMM 固体培养基，每皿 10mL。水平放置，凝固后做平板底层。

（2）融合样品与半固体培养基混合，倒上层平板：用 ST 适当稀释 PEG 融合样品，分别取 100μL、200μL、300μL、400μL 置于无菌试管中，再分别加入 5mL 融化后的 RMM 半固体培养基（预保温 42℃）中，快速搓匀，倒入铺有相应培养基底层的平板上。与此同时，两亲本（不混合）的原生质体分别同步同条件操作，作为融合效果的对照实验平板。

（3）融合子培养与再生：待上层培养基凝固后，置于 30℃恒温培养 3~5d，观察 RMM 再生平板上菌落生长数目的差异，记录每只平板上的生长菌落数。

（4）融合子鉴定：用牙签挑取 RMM 再生平板上生长的单菌落 100 个，同时点种在 MM 和 YPG 平板上，30℃恒温培养并观察 3~4d，记录点种培养情况。可初步判断：在 MM 和 YPG 平板上同时生长的菌落为融合子，在 MM 不长而在 YPG 平板上生长的为不稳定的融合子或异核体分化的菌株。进一步的鉴定可做生长谱验证。

（五）结果记录

（1）显微镜观察并绘图记录酵母细胞形态和原生质体形态，姬姆萨染色法观察细胞核。详细记录显微镜下的各种酵母细胞和原生质体的血细胞板计数结果。

（2）准确记录。

1）酵母裂解酶处理前的平板活菌计数结果。

2）裂解酶处理后的平板活菌计数。

3）融合后的原生质体再生菌落计数结果。

4）融合子再生菌落分离纯化的点种平板菌落生长情况。

（3）根据各种显微镜计数和平板及活菌落计数结果，计算原生质体的制备率、再生率和融合率。

（六）注意事项

（1）酵母原生质体存活率、转化率极易受到培养基中渗透压和 pH 值，操作时的温度以及样品混匀时的搅拌程度的影响。要获得理想的实验结果，每个环节都应细心操作，理解每步操作要领，尤其是要在操作过程中防止原生质体破裂。

（2）酵母原生质体再生率低，生长周期长，因此整个实验中要注意无菌操作，避免杂菌污染，以免影响最终实验结果。

（七）思考题

（1）酵母原生质体制备与细菌原生质体制备有何相同和不同之处？

（2）哪些因素影响酵母原生质体制备效果？

（3）细胞脱壁效果是否越彻底越好，为什么？

（4）要提高原生质体的融合效果和原生质体的再生率，应该注意哪些操作？

第三节　环境因素对微生物生长的影响

微生物在生长过程中极易受环境因素的影响，如环境中的 pH 值、氧、温度、渗透压等理化因素对微生物生长的影响，或能给予促进或使其抑制。通过提供良好的环境条件，促使有益的微生物大量繁殖或产生有经济价值的代谢产物；相反，使用抑菌剂和杀菌剂可使有害微生物的生长受到抑制，甚至将菌体杀死，以达到造福人类的目的。

本节实验包括温度、氧、pH 值、渗透压对微生物生长的影响。

一、细菌生长温度实验

（一）目的要求

（1）了解温度对微生物生长影响的原理。

（2）学习温度对微生物生长影响的检测方法。

（二）基本原理

不同的微生物生长繁殖所要求的最适温度不同。根据微生物生长的最适温度（Optimum Temperature）范围，可分为高温菌、中温菌和低温菌。自然界中绝大多数微生物属中温菌。不同的微生物对高温的抵抗力不同，芽孢杆菌的芽孢对高温有较强的抵抗能力。黏质沙雷氏菌在 25℃下培养，能产生一种深红色的灵杆菌素，但在 37℃下培养则不能产生，若由 37℃回到 25℃培养，产色素的能力得以重新恢复。

（三）实验材料

（1）菌种：大肠杆菌、枯草芽孢杆菌、黏质沙雷氏菌（*Serratia macesecens*）、酿酒酵母菌。

（2）培养基：牛肉膏蛋白胨培养基、葡萄糖蛋白胨培养基、豆芽汁葡萄糖培养基。

（3）仪器和其他物品：恒温培养箱、培养皿、移液枪、水浴锅、无菌水、无菌滴管等。

（四）实验内容

1. 微生物生长的最适温度

（1）取 8 支试管，每管装 5mL 牛肉膏蛋白胨培养基，灭菌后分别标明 20℃、28℃、37℃和 45℃四种温度，每种温度 2 支试管。向每管接入培养 18~20h 的大肠杆菌菌液 0.1mL，混匀。

（2）另取 8 支试管，每管装 5mL 豆芽汁葡萄糖培养基，灭菌后分别标明 20℃、28℃、37℃和 45℃四种温度，每种温度 2 支试管。向每管接入培养 18~20h 的酿酒酵母菌液 0.1mL，混匀。

（3）将上述各管分别置于对应温度下，振荡培养 24h，观察结果。根据菌液的混浊度以"+""++""+++"表示不同生长量，判断大肠杆菌和酿酒酵母菌生长繁殖的最适温度。

2. 微生物对高温的抵抗能力

（1）向培养 48h 的枯草芽孢杆菌和大肠杆菌斜面中各加入无菌生理盐水 4mL，用接种环轻轻刮下菌体制成菌悬液，混匀。

（2）取 8 支试管，每管装 5mL 牛肉膏蛋白胨培养基，灭菌后分别按顺序 1~8 编号。

（3）往单号（1、3、5、7）培养基中各接入大肠杆菌菌悬液 0.1mL（或 2 滴），混匀。双号（2、4、6、8）培养基中各接入枯草芽孢杆菌悬菌液 0.1mL（或 2 滴），混匀。

（4）将 8 支已接种的培养液管同时放入 100℃水浴中，10min 后取出 1~4 号管，再过 10min 后，取出 5~8 号管。各管取出后，立即用冷水或冰浴冷却。

（5）将各管置于 37℃温箱中培养 24h 后，根据菌液的混浊度记录大肠杆菌和枯草杆菌的生长情况：以"-"表示不生长，"+"表示生长，并以"+""++""+++"表示不同生长量，判断大肠杆菌和枯草杆菌对高温的抵抗能力。

3. 不同温度对黏质沙雷氏杆菌色素形成的影响

（1）从黏质沙雷氏杆菌斜面上取少许菌体至 4mL 无菌生理盐水中制成菌悬液。

（2）用接种环取少许菌悬液，分别在 2 个牛肉膏蛋白胨平板上划线接种。

（3）将一个平板置于 25℃、另一平板置于 37℃温箱中培养 48h。观察不同温度培养下菌落产生色素的情况。

（4）从在37℃培养的平板上不产生粉红色素或产生色素不明显的菌落，用接种环沾取少许菌落，在新鲜牛肉膏蛋白胨平板上划线接种，置于25℃下培养48h，观察能否再产生色素。

（五）实验结果

（1）将微生物生长最适温度实验结果记录于表3-5，探讨微生物可生长的温度范围与最适生长温度。

表3-5 温度实验结果记录表

供试微生物	不同温度与培养结果
大肠杆菌	20℃ （ ），28℃ （ ），37℃ （ ），45℃ （ ）
	20℃ （ ），28℃ （ ），37℃ （ ），45℃ （ ）
酵母菌	20℃ （ ），28℃ （ ），37℃ （ ），45℃ （ ）
	20℃ （ ），28℃ （ ），37℃ （ ），45℃ （ ）

注：根据菌液的混浊度以"+""++""+++"表示不同生长量。

（2）将微生物高温抵抗实验结果记录于表3-6，探讨微生物对高温的抵抗能力。

表3-6 高温抵抗实验结果记录表

供试微生物	不同水浴时间与培养结果
大肠杆菌	10min：1号 （ ），3号 （ ）；20min：5号 （ ），7号 （ ）
枯草芽孢杆菌	10min：2号 （ ），4号 （ ）；20min：6号 （ ），8号 （ ）

注：根据菌液的混浊度以"+""++""+++"表示不同生长量。

（3）记录不同温度下菌落产生色素的情况。

（六）思考题

环境因素对微生物生长的影响试验中，为何选用大肠杆菌、枯草芽孢杆菌、黏质沙雷氏菌、酿酒酵母菌作为试验菌？以上几种菌有何代表性？

二、pH 值对微生物的作用

（一）目的要求

（1）了解 pH 值对微生物生长影响的原理。

（2）学习 pH 值对微生物生长影响的检测方法。

（二）基本原理

微生物作为一个群体，其生长的 pH 值范围很广，但绝大多数种类都生长在 pH 值 5~9 之间，每种微生物都有生长的最高、最低和最适 pH 值。

（三）实验材料

（1）菌种：大肠杆菌、酿酒酵母菌。

（2）培养基：牛肉膏蛋白胨培养基、豆芽汁葡萄糖培养基。

（3）仪器和其他物品：恒温培养箱、培养皿、试管、滴管等。

（四）实验内容

（1）配制牛肉膏蛋白胨液体培养基，分别将 pH 值调至 3、5、7、9 和 11，每种 pH 分装 3 管，每管装 5mL 培养基，灭菌备用。取培养 18~20h 的大肠杆菌斜面 1 支，加入无菌水 4mL，制成菌悬液。每管牛肉膏蛋白胨培养基中接种大肠杆菌悬液 1 滴，混匀，置于 37℃温箱中培养。

（2）配制豆芽汁葡萄糖液体培养基，分别将 pH 值调至 3、5、7、9 和 11，每种 pH 分装 3 管，每管装 5mL 培养基，灭菌备用。每管接种 1 滴酿酒酵母菌悬液（方法同上），混匀，置于 28℃温箱培养 24h 后观察结果。

（五）实验结果

将实验结果记录于表 3-7，探讨微生物可生长的 pH 值范围与最适生长 pH 值。

（六）思考题

（1）微生物在生长的过程中，引起培养基 pH 值改变的原因有哪些？

（2）实验室配制培养基时，哪些成分可作为调节 pH 值的天然缓冲系统？

（3）试设计一个实验，证明某一微生物生长的最适 pH 值与合成代谢产物的最适 pH 值有何异同。

表 3-7 pH 值实验结果记录

供试微生物	不同 pH 值与培养结果				
	3	5	7	9	11
大肠杆菌					
酵母菌					

注：根据菌液的混浊程度判定微生物在不同 pH 值的生长情况：以"−"表示不生长，"+"表示生长，并以"+""++""+++"表示不同生长量，记录实验结果。

三、氧对微生物的作用

（一）目的要求

（1）了解氧对微生物生长影响的原理。

（2）学习氧对微生物生长影响的检测方法。

（二）基本原理

根据微生物对氧的需求，可把微生物分为需氧菌和厌氧面两大类，又可细分为需氧菌、兼性厌氧菌、微需氧菌、耐氧菌和厌氧菌。在半固体深层培养基管中穿刺接种上述对氧需求不同的细菌，适温培养后，各类细菌在半固体深层培养基中的生长情况各有不同，需氧菌生长在培养基的表面，厌氧菌生长在培养基管的基部，兼性厌氧菌按其好氧的程度，生长在培养基的不同深度。

（三）实验材料

（1）菌种：大肠杆菌、枯草芽孢杆菌、乳链球菌（*Streptococcus Lactis*）、丙酮-丁醇梭菌（*Clostridium Acetobutylicum*）、发酵单孢菌（*Zymomonas sp.*）。

（2）培养基：牛肉膏蛋白胨培养基。

（3）仪器和其他物品：恒温培养箱、移液枪、培养皿、试管、滴管等。

（四）实验内容

（1）穿刺接种法。取牛肉膏蛋白胨半固体深层培养基试管 10 支，用穿刺接种法分别接种枯草芽孢杆菌、大肠杆菌、发酵单孢菌、乳链球菌和丙酮-丁醇梭菌，每种菌接种 2 支试管。接种时接种针应尽量深入，但不要穿破培养基触及试管底部。于 37℃ 温箱中恒温培养 48h 后观察结果。注意各株菌在培养基中生长的部位。

（2）混匀接种法。取牛肉膏蛋白胨半固体深层培养基试管 10 支，将培养基融化并冷却至约 50℃ 时，向培养基中分别接入枯草芽孢杆菌、大肠杆菌、发酵单孢菌、乳链球菌和丙酮-丁醇梭菌液 0.1mL（或 2 滴），迅速混匀后静置冷凝，每种菌接种 2 支培养基试管。然后于 37℃ 温箱中恒温培养 48h 后观察结果。注意各菌在培养基中生长的部位。

（五）结果记录

将上述结果记录于表 3-8，并做扼要叙述。

表 3-8　氧实验结果记录

实验方法	不同微生物与培养结果				
穿刺接种法	枯草芽孢杆菌（　　），大肠杆菌（　　），发酵单孢菌（　　），乳链球菌（　　），丙酮-丁醇梭菌（　　）				
混匀接种法	枯草芽孢杆菌（　　），大肠杆菌（　　），发酵单孢菌（　　），乳链球菌（　　），丙酮-丁醇梭菌（　　）				

（六）注意事项

半固体直立柱穿刺接种时不要搅动培养基，以防因氧气的过多带入而影响结果。

四、渗透压对微生物的作用

（一）目的要求

（1）了解渗透压对微生物生长影响的原理。

（2）学习渗透压对微生物生长影响的检测方法。

（二）基本原理

渗透压（Osmotic Pressure）对微生物的生长有重大的影响。等渗溶液适合微生物的生长，高渗溶液可使微生物细胞脱水发生质壁分离，而低渗溶液则会使细胞吸水膨胀，甚至可使细胞壁破裂。

（三）实验材料

（1）菌种：大肠杆菌、酿酒酵母菌。

（2）培养基：牛肉膏蛋白胨培养基、察氏培养基。

（3）仪器和其他物品：恒温培养箱、培养皿、无菌滴管等。

（四）实验内容

（1）培养供试菌：大肠杆菌 37℃振荡培养 12～18h，酵母菌 28℃振荡培养 36～40h。

（2）接种含糖培养基。

1）以察氏培养基为基础，把其含糖量分别配成 2%、10%、20%、40%浓度的培养液。

2）将接种大肠杆菌的培养液 pH 值调至 7.0～7.4，然后分装试管，每管装 5mL，后灭菌；将接种酵母菌的培养液 pH 值调至 6.4～6.5，然后分装试管，每管装 5mL，后灭菌。

3）取 pH 7.0～7.4 的一组试管培养液中分别接入大肠杆菌菌液各 0.1mL（或 2 滴），另一组 pH 6.4～6.5 的试管培养液中分别接入酿酒酵母菌各 0.1mL（或 2 滴）。

（3）接种含盐培养基。

1）以牛肉膏蛋白胨培养基为基础，把其 NaCl 含量分别配成 1%、10%、20%、40%浓度的培养液。

2）将接种大肠杆菌的培养液 pH 值调至 7.0～7.4，然后分装试管，每管装 5mL，后灭菌；将接种酵母菌的培养液 pH 值调至 6.4～6.5，然后分装试管，每管装 5mL，后灭菌。

3）取 pH 7.0～7.4 的一组试管培养液中分别接入大肠杆菌菌液各 0.1mL（或 2 滴），另一组 pH 6.4～6.5 的试管培养液中分别接入酿酒酵母菌各 0.1mL（或 2 滴）。

（4）将接种大肠杆菌的各试管置于 37℃温箱中培养，接种酿酒酵母菌的各管置于28℃培养，24h后观察结果。根据菌液的混浊度，以"-"表示不生长，"+"表示生长，并以"+""++""+++"表示不同生长量，判断渗透压对大肠杆菌和酿酒酵母菌生长的影响情况。

（五）结果记录

根据实验结果，将不同渗透压对微生物生长的影响记录于表3-9。

表3-9 渗透压实验结果记录

不同因素	供试微生物	处理条件与培养结果			
察氏糖质量浓度/%	大肠杆菌	2 （ ），	10 （ ），	20 （ ），	40 （ ）
	酵母菌	2 （ . ），	10 （ ），	20 （ ），	40 （ ）
肉汤盐质量浓度/%	大肠杆菌	1 （ ），	10 （ ），	20 （ ），	40 （ ）
	酵母菌	1 （ ），	10 （ ），	20 （ ），	40 （ ）

（六）思考题

举例说明生活中如何利用渗透压抑制微生物生长，并说明其原理。

第四节 菌种保藏

一切从生产实践成科学研究所获得具有优良性状的菌种，其中包括从自然界直接分离的野生型菌株，以及经人工方法选育出来的优良变菌株或从基因工程菌中所获得的工程菌等都是重要的生物资源，必须进行保藏。菌种保藏（Stock Culture Preservation）的目的是种被保藏后不死亡、不变异、不被杂菌污染，并保持其优良性状，以利于生产和科研的应用。因此，菌种保藏是一切微生物工作的基础，也是微生物工作者一项极其重要的工作。

菌种保藏的原理是，为了达到长期保持种优良特性，核心问题是必须降低菌种变异率，而菌种的变异主要发生在微生物生长繁殖过程中。因此，必须创造一种环境，使微生物处于新陈代谢最低水平、生长繁殖不活跃状态，目前菌种保藏方法很多，主要根据以下原则设计：

（1）选用典型、优良纯培养物，并尽量采用其休眠体，如细菌的芽孢、真菌的孢子等进行保藏；

（2）创造有利于微生物休眠的环境条件，如低温、干燥、缺氧缺乏营养以及添加保护剂等；

（3）减少菌种传代次数。

采用以上措施，达到有利于长期保藏的目的。

本节主要介绍几种常用简易菌种保藏法，以及冷冻干燥保藏法、液氮超低温保藏法。

一、常用简易保藏法

（一）试验目的

（1）了解简易菌种保藏法的原理。

（2）学习简易菌种保藏法的操作。

（二）基本原理

简易菌种保藏法不需要特殊实验设备，操作简便易行，故为一般实验室及生产单位所广泛采用。

（1）斜面传代保藏法。斜面传代保藏法（Slant Transplantation Preservation）是实验室最常用的一种保藏方法，它利用低温抑制微生物的生长繁殖，从面延长保藏时间。将在斜面培养基上已生长好的培养物放置于 4~5℃ 冰箱爆仓，定期移植。

此法优点是操作简单，不需特殊设备，能随时发现所保藏菌株是否死亡或被污染；缺点是保藏时间短，菌种经反复转接后，遗传性状易发生变异，生理活性减退。此法常用于保藏细放线菌、酵母菌及霉菌等。

（2）半固体穿刺保藏法。半固体穿刺保藏法（Semisolid Stab Agar Preservation）利用低温和缺氧抑制微生物生长，而延长保藏时间。将在半固体培养基上已生长好的穿刺培养物置于 4~5℃ 冰箱中保藏，并定期移植。一般用于保藏兼性厌氧细菌或酵母菌，保藏期为 0.5~1 年。

（3）含甘油培养物保藏法。含甘油培养物保藏法（Storage of Cultures Containing Glycerol）利用甘油作为保护剂，甘油透入细胞后，能强烈降低细胞的脱水作用，而且，在 -70℃ 条件下，可大大降低细胞代谢水平，却仍能维持生命活动状态，达到延长保藏时间的目的，在新鲜的液体培养物中加入 15% 无菌甘油，再置于 -70℃ 冰箱中保藏，在基因工程中，常用于保藏含质粒载体的大肠杆菌，一般可保存 0.5~1 年。

（4）液体石蜡封藏法。液体石蜡封藏法（Covered Cultures by Liquid Paraflin）利用缺氧及低温双重抑制微生物生长，从而延长保藏时间。在新鲜的斜面培养物上，覆盖一层无菌的液体石蜡，再置于 4~5℃ 冰箱保存，液体石蜡主要起两种作用：一是隔绝空气，使外界空气不与培养物直接接触，因而降低微生物氧的供应量；二是减少培养基水分的蒸发。此法适于保藏霉菌、酵母菌和放线菌。可保藏菌种达 1~2 年之久，并且操作也比较简单易行，但有些细菌和霉菌（如固氮菌、乳杆菌、分枝杆菌和毛霉、根霉等）不宜用此法保存。

（5）沙土管保藏法。沙土管保藏法（Sand and Soil Preservation）利用干燥、缺氧、缺乏营养、低温等因素综合抑制微生物液滴入无菌的沙土管中，使孢子吸附在沙子上，再将沙土管置于真空干燥器中，抽真空，除去沙土中的水分，然后将干燥器置于 4℃ 冰箱中保存，此法仅适用于保藏产生芽孢或孢子的微生物，常用于保藏芽孢杆菌、梭菌、放线菌或霉菌等，保藏期可达数年之久。

常用的简易菌种保藏法如表 3-10 所示。

表 3-10　5 种常用的简易菌种保藏法

序号	保藏方法	适于保藏菌类	保藏期
1	斜面保藏法	细菌、放线菌、酵母菌、霉菌	1~4 个月
2	半固体穿刺保藏法	兼性厌氧的细菌或酵母菌	6~12 个月
3	含甘油培养物保藏法	工程菌（主要是细菌）	约 1 年
4	液体石蜡封藏法	细菌、放线菌、酵母菌、霉菌	1~2 年
5	沙土管保藏法	产孢子的微生物	1~10 年

（三）实验材料

（1）菌种：准备保藏的细菌、放线菌、酵母菌及霉菌。

（2）培养基：牛肉膏蛋白胨斜面及其半固体深层培养基、豆芽汁葡萄糖斜面培养基、高氏 I 号斜面培养基、LB 培养基。

（3）试剂和溶液：无菌液体石蜡、无菌甘油、五氧化二磷或无水氯化钙。

（4）仪器和其他物品：接种环、接种针、无菌滴管、黄土、河沙等。

（四）实验内容

1. 斜面传代保藏法

（1）接种。将不同菌种接种在其适宜的斜面培养基上。

（2）培养。在适宜的温度下培养，使其充分生长，如果是有芽孢的细菌或生孢子的放线菌及霉菌等，都要等到孢子成熟后再行保存。

（3）保藏。将培养好的菌种置于 4~5℃ 冰箱中进行保藏

（4）转接。不同微生物都有一定有效的保藏期，到期后需另行转接至新配的斜面培养基上，经适当培养后，再行保藏。

利用斜面传代法保藏 4 大类菌的保藏条件如表 3-11 所示。

表 3-11　利用斜面传代法保藏 4 大类菌

菌类	培养基名称	培养温度/℃	培养时间/d	保藏温度/℃	保藏时间/月
细菌	牛肉膏蛋白胨斜面	30, 37	1~2	4~5	1~2
放线菌	马铃薯葡萄糖或高氏合成 I 号斜面	25~30	5~7	4~5	2~4
酵母菌	豆芽汁葡萄糖或麦芽汁斜面	25~30	2~3	4~5	约 2
霉菌	豆芽汁葡萄糖或麦芽汁斜面	25~30	3~5	4~5	2~4

2. 半固体穿刺保藏法

（1）接种：用穿刺接种法将菌种接种至半固体深层培养基中央部分，注意不要穿透底部。

（2）培养：在适宜温度下培养，使其充分生长。

（3）保藏：将培养好的菌种置于 4~5℃冰箱保藏。

（4）转接：一般在保藏 0.5~1 年后，需转接到新配的半固体深层培养基中，经培养后，再行保藏。

3. 含甘油培养物保藏法

（1）甘油灭菌。将甘油置于 100mL 的小锥形瓶内，每瓶装 10mL，塞上棉塞，外包牛皮纸，高压蒸汽灭菌，121℃灭菌 20min，备用。

（2）接种与培养。用接种环取一环携带质粒载体的大肠杆菌，接种到一支装有 5mL 含氨苄青霉素（100μg/mL 培养基）的 LB 液体培养基的试管中，37℃振荡培养过夜。

（3）培养物与无菌甘油混合。用无菌移液管吸取 0.85mL 大肠杆菌培养液，置于 1 支带有螺口和空气密封圈的试管中（或置于 1 支 1.5mL 无菌 Eppendorf 管中），再加入 0.15mL 无菌甘油，振荡，使培养液与甘油充分混匀，然后将含甘油的培养液置于乙醇干冰或液氮中速冻。

（4）保藏。将已冰冻含甘油培养物置于-70℃冰箱中保存。

（5）转接。到保藏期后，用接种环刮冻结的培养物表面，然后将沾有培养物接种环上的细菌，划线接种到含氨苄青霉素的 LB 平板上，37℃培养过夜。

用接种环挑取平板上已长好的细菌培养物，置于装有 2mL 含氨苄青霉素的 LB 培养液的试管中，再加入等量含氨苄青霉素的 LB 液体培养基中（含 30%无菌甘油），振荡混匀。然后分装于带有螺口盖和空气密封圈的无菌试管中，或分装于 1.5mL 灭菌 Eppendorf 管中，按上法冰冻保藏。

4. 液体石蜡保藏法

（1）液体石蜡灭菌。将液体石蜡置于 100mL 的小锥形瓶内，每瓶装 10mL，塞上棉塞，外包牛皮纸，高压蒸汽灭菌，121℃灭菌 30min，灭菌后，将装有液体石蜡锥形瓶置于 105~110℃的烘箱内约 1h 以除去液体石蜡中的水分。

（2）接种。将菌种接种至适宜的斜面培养基上。

（3）培养。在适宜温度条件下培养，使其充分生长。

（4）加液体石蜡。用无菌吸管吸取已灭菌的液体石蜡，注入已长好菌的斜面上，液体石蜡的用量以高出斜面顶端 1cm 左右为准，使菌种与空气隔绝。

（5）保藏。将已注入液体石蜡的斜面培养物直立，置于 4~5℃冰箱或室温下保存。

（6）转接。到保藏期后，需将菌种转接至新配的斜面培养基上，培养后再加入适量灭菌液体石蜡，再行保藏。

5. 沙土管保藏法

（1）无菌沙土管制备。

1）河沙处理。取河沙若干，用40目筛子过筛，除去大的颗粒。再用10% HCl溶液浸泡，除去有机杂质，盐酸用量应浸没沙面。浸2~4h，倒出盐酸，用自来水冲洗至中性，烘干。

2）筛土。取非耕作层的瘦黄土若干，磨细，用100目筛子过筛。

3）沙和土混合。取1份土加4份沙混合均匀，装入小试管中（如血清管大小），装量约1cm高即可，塞上棉塞。

4）高压蒸汽灭菌，121℃灭菌1h，每天1次，连续灭菌3d。

5）无菌检查。取灭菌后的沙土少许，接入牛肉膏蛋白胨培养液中，32℃培养1~2d，观察有无杂菌生长，如有，则需重新灭菌。

（2）制备菌悬液。吸取3~5mL无菌水至1支已培养好待保藏的种斜面中，用接种环轻轻搅动培养物，使其成为菌悬液。

（3）加样。用无菌吸管吸取菌悬液，在每支沙土管中滴加4~5滴菌悬液，用接种环拌匀，塞上沙土管棉塞。

（4）干燥。将已滴加菌悬液的沙土管置于干燥器内，干燥器内应预先放置五氧化二磷或无水氯化钙用于吸水，当五氧化二磷或无水氢化钙因吸水变成糊状时则应进行更换，如此数次，沙土管即可干燥。有条件时，也可用真空泵连续抽气约3h，即可达到干燥效果。

（5）抽样检查。从抽干的沙土管中，每10支抽取1支进行检查。用接种环取少许沙土，接种到适合于所保藏菌种生长的斜面上，并进行培养。检查有无杂菌生长及观察所保藏菌种的生长情况。

（6）保藏。若经检查没有发现问题，可采用下列任一种措施进行保藏：

1）沙土管继续放在干燥器中，干燥器可置于室温或4℃冰箱中；

2）将沙土管带塞一端浸入熔化的石蜡中，使管口密封；

3）在煤气灯上将沙土管（安瓿管）的棉塞下端的玻璃烧熔，封住管口，再置于4℃冰箱中保存。

（五）实验报告

（1）简述菌种保藏的一般原理。

（2）分别简述斜面传代保藏法、半固体穿刺保藏法、液体石蜡保藏法、含甘油培养物保藏法、沙土管保藏法的保藏原理。

（3）列表比较斜面传代保藏法、半固体穿刺保藏法、液体石蜡保藏法、含甘油培养物保藏法、沙土管保藏法各适合保藏微生物的类型及其保藏温度和保藏时间。

（六）思考题

（1）实验室中最常用哪种既简单又方便的保藏法保藏菌种？

（2）含甘油培养物保藏法常用于保藏何种类型微生物？

（3）沙土管保藏法仅适合于保藏何种类型微生物？灭菌后的沙土管保藏法为什么必须进行无菌检查？

二、冷冻真空干燥保藏法

（一）目的要求

（1）了解冷冻真空干燥保藏法原理。

（2）学习冷冻真空干燥保藏法操作。

（二）基本原理

冷冻干燥保藏法（Lyophilization）集中了菌种保藏的有利条件，如低温、缺氧、干燥和添加保护剂。此法包括 3 个主要步骤：首先将待保藏菌种的细胞或孢子悬浮于保护剂（如脱脂牛奶）中，目的是减少因冷冻或水分不断升华对微生物细胞所造成的损害；继而在低温下（−70℃左右）使微生物细胞快速冷冻；然后在真空条件下使冰升华，以除去大部分水分。

冷冻真空干燥保藏法是目前最有效的菌种保藏方法之一，此法的缺点是设备昂贵，操作复杂，但其具备下述两个突出优点：

（1）适用范围广，据报道，除少数不生孢子只产生菌丝体的丝状真菌不宜采用此法保藏外，其他各大类微生物如细菌、放线菌、酵母菌、丝状真菌及病毒都可采用此法保藏。

（2）保藏期长，存活率高。采用此法保藏菌种其保藏期一般可长达 10 年以上，并且均能取得良好保藏效果。

（三）实验材料

（1）菌种：准备保藏的细菌、放线菌、酵母菌或霉菌。

（2）培养基：适于培养待保藏菌种的各种斜面培养基。

（3）试剂和溶液：脱脂牛奶、2%HCl 等。

（4）仪器和其他物品：冷冻干燥装置、安瓿管（Ampoule）、长颈滴管、无菌移液管等。

（四）实验内容

1. 准备无菌安瓿瓶

安瓿管一般用中性硬质玻璃制成，管中内径 6~8mm，长度约 100mm。先将其用 2% HCl 浸泡过夜，然后用自来水冲洗至中性，最后用蒸馏水冲 3 次，烘干备用。将印有菌名和接种日期标签纸置于安瓿管内，印字一面向着管壁，管口塞上棉花并包上牛皮纸，高压蒸汽灭菌，121℃灭菌 30min。

2. 制备脱脂牛奶

将新解牛奶煮沸，除去上层油脂，用脱脂棉过滤，在 3000r/min 离心 15min，再除去上层油脂。如用脱脂奶粉，可配成 20% 浓度，然后分装，121℃灭菌 30min，并做无菌检查。

3. 制备菌悬液

（1）培养菌种。一般采用静止期的细胞，利用最适培养基，在最适温度下培养菌种斜面以便获得生长良好的培养物。如能形成芽孢的细菌，可用其芽孢保藏，放线菌和霉菌则利用其孢子进行保藏，不同微生物其菌种斜面培养时间有所不同，细菌可培养 24~28h，酵母菌培养 3d 左右，放线菌与霉菌则可培养 7~10d。

（2）制备菌悬液。吸取 2~3mL 已灭菌的脱脂牛奶加入新鲜菌种斜面中，用接种环轻刮培养物，使其悬浮在牛奶中，轻轻摇动，形成均匀的菌悬液。可测定菌悬液的活细胞数，为计算保藏后的存活率提供数据。

（3）菌悬液的分装。用无菌长滴管吸取 0.2mL 的菌悬液，滴加在安瓿管内的底部。注意不要使菌悬液黏在管壁上。

4. 预冻

将装有菌悬液的安瓿管直接放在低温冰箱中（-35~-45℃）或放在干冰无水乙醇浴中（-80~-70℃）预冻约 1h。

预冻目的是使菌悬液在低温条件下冻结成冰，使水分在冻结状态下直接升华，避免在真空干燥时，因菌悬液沸腾而造成气泡外溢。需注意预冻温度不能高于-25℃，因含有脱脂牛奶的菌悬液冰点下降。若高于-25℃时，可因结冰不实，而使真空干燥失败。

5. 冷冻真空干燥

将安瓿管口外的棉塞剪去，再把管口内的棉塞向下推至距管口下方约 1cm 处，把安瓿管上端烧熔并拉成细颈，然后用皮管将安瓿管与总管的侧管相连接。将总管升高，使安瓿管底部与冰面接触（冰浴的温度约为-10℃），目的使安瓿管内的菌悬液仍呈固体状态。

发动真空泵，进行真空干燥，若采用简易冷冻真空干燥装置时，应在开动真空泵后 15min 内使真空度达到 66.7Pa，在此条件下，菌悬液才能保持冻结状态，被冻结的菌悬液开始升华。继续抽气，当真空度达到 26.7~13.3Pa 后样品逐渐被干燥，干燥后样品呈白色片状。这时可将安瓿管提起，离开冰浴，置于室温下继续干燥（管内温度不能超过30℃），升温可加速样品中水分的蒸发，干燥时间一般为3~4h（干燥时间的长短可根据安瓿管的数目、菌悬液的装量和保护剂的性质而定）。注意可用失重法测定干燥后样品的含水量，一般要求样品含水量在1%~3%，若超过3%，则需重新进行真空干燥。

6. 熔封

样品干燥后，继续抽真空达1.33Pa时，在安瓿管棉塞下端细颈处用火焰烧熔并拉成细颈，再将安瓿管接在封口用的抽气装置上，开动真空泵室温抽气，当真空度达到26.7Pa时，继续抽气数分钟，再用火焰在细颈处烧熔封口。

注意：

（1）熔封时，封口处灼烧要均匀、火力不能太大，否则封口处易发生弯曲、冷却后易出现裂缝，导致漏气。

（2）可用高频电火光发生器检测已熔封后安瓿管中真空度。将发生器轻轻接触安瓿管上端，不要射向菌体，使管内发生真空放电。若呈淡紫色，说明真空度达到要求。

7. 保藏

将封口带菌安瓿管置于冰箱（5℃左右）中或室温下，避光保存。

8. 恢复培养

需用菌种时，可用卫生酒精将安瓿管的外壁消毒，再用火焰将管的上部烧热，于烧热处滴上几滴无菌水，使管口产生裂缝，放置片刻，再将裂口敲断。也可用砂轮在安瓿管上端划一小痕，用两手握住安瓿管两端向外用力拉，便可打开安瓿管。

用无菌吸管将无菌水滴入安瓿管内，使样品溶解，然后吸出菌液至合适培养基中，进行培养。

（五）实验报告

简述冷冻干燥保藏法的原理及突出的优点。

（六）思考题

冷冻干燥保藏法中，为什么必须先将菌悬液预冻后才能进行真空干燥？

三、液氮超低温保藏法

（一）目的要求

（1）了解液氮超低温保藏法的原理。

（2）学习液氮超低温保藏法的操作。

（二）基本原理

液氮超低温保藏法（Liquid Nitrogen Cryopreservation）是将微生物细胞悬浮于含保护剂的液体培养基中，或者把带菌琼脂块直接浸入含保护剂的液体培养基中，经预先缓慢冷冻后再转移至液氮冰箱内。于液相（-196℃）或者气相（-156℃）进行保藏。

此法是目前比较理想的一种菌种保藏方法，其优点是它不仅适合保藏各种微生物，而且特别适于保藏某些不宜用冷冻干燥保藏的微生物（如支原体、衣原体、某些只形成菌丝不产生孢子的真菌等）。此外，保藏期也较长，菌种在保藏期内不易发生变异。故此法现已被国外某些菌种保藏机构作为常规保藏方法。目前我国许多菌种保藏机构采用此法，缺点是需要液氮冰箱等特殊设备，故其应用受到一定限制。

（三）实验材料

（1）菌种：准备保藏的细菌、放线菌、酵母菌或霉菌。

（2）培养基：适于培养待保藏菌种的各种斜面培养基或琼脂平板。

（3）试剂和溶液：含10%甘油的液体培养基等。

（4）仪器和其他物品：液氮冰箱及控速冷冻机、安瓿管、吸管等。

（四）实验内容

1. 准备安瓿管

液氮保藏所用的安瓿管必须以能够经受121℃高温灭菌和196℃冻结处理而不破裂的硬质玻璃制成。目前也有使用聚丙烯塑料制成带有螺旋帽和垫圈的安瓿管，通常能容纳2mL液体。安瓿管用自来水洗净后，再用蒸馏水冲洗3次并烘干。将注有菌名及接种日期的标签放入安瓿管内，管口塞上棉花并包上牛皮纸，高压蒸汽灭菌，121℃、30min备用。

2. 准备保护剂

通常采用终浓度（体积分数）为10%甘油或10%二甲亚砜（DMSO）作为保护剂。含甘油溶液需经高压灭菌，而含DMSO溶液则采用过滤除菌。

如要保藏只能形成菌丝体而不产生孢子的霉菌时，需在每个安瓿管中预先加入一定量含有10%甘油的液体培养基（加入量以能没过即将加入的带菌琼脂块为宜）。121℃灭菌20min备用。

3. 制备菌悬液或带菌琼脂块浸液

（1）制备菌悬液。在每支长好菌的斜面中加入2~3mL含10%甘油液体培养基，用接种环将菌从斜面上轻轻刮下，制成菌悬液。并用无菌吸管吸取0.5mL悬液，分装于无菌安瓿管中，然后用火焰熔封安瓿管口。

（2）制备带菌琼脂块浸液。如要保藏只长菌丝体的霉菌时，可用直径 5mm 无菌打孔器从平板上切下带菌落的琼脂块，置于装有 1mL 含 10%甘油液体培养基的无菌安瓿管中，用火焰熔封安瓿管口。

为了检查安瓿管口是否熔封严密，可将封好的安瓿管浸入次甲基蓝溶液中，于 4~8℃温度下静置 30min，如发现有溶液进入管内，说明管口未封严。

4. 慢速预冻

菌种在置于液氮冰箱保前，微生物需经慢速冷冻，目的是防止细胞因快速冷冻而在细胞内形成冰晶，因而降低菌种存活率。

（1）控速冷冻。将已封口的安瓿管置于控速冷冻机的冷冻室中，以每分钟下降 1℃ 的速度冻结至-30℃。

（2）普通冷冻。如实验室无控速冷冻机时，可将已封口的安瓿管置于-70℃ 冰箱中预冻 4h 以代替控速冷冻处理。

5. 液氮保藏

经慢速预冻处理好的封口安瓿管迅速置于液氮冰箱中。若采用气相保藏，可将安瓿管置于液氮冰箱中液氮液面上方的气相（-156℃）进行保藏；若采用液相保藏，则可将安瓿管放入液氮冰箱的提桶内，再放在液氮中（-196℃）保藏。

采用气相保藏时，不需除去安瓿管口棉塞，也无须熔封管口。

6. 解冻恢复培养

如需用所保藏菌种时，可用急速解冻法融化安瓿管中结冰。戴上棉手套，从液氮冰箱中取出安瓿管，用镊子夹住安瓿管上端，立即置于 38~40℃水浴中，并轻轻摇动 1~2min，使管中结冰迅速融化。然后以无菌操作打开安瓿管，并用无菌吸管将管中保藏培养物全部转移至 2mL 无菌、液体培养基中。再吸取 0.1~0.2mL 菌悬液至琼脂斜面上，进行保温培养。

如需测定保藏后的存活率，可吸取 0.1mL 融化后的菌悬液，进行稀释、平板计数，再与保藏前的计数比较，即可算出存活率。

（五）注意事项

（1）安瓿管需绝对密封，如有漏洞，保藏期间液氮会渗入安瓿管内。当从液氮冰箱取出安瓿管时，液氮会从管内溢出；且由于室内温度高，液氮常会由于急剧气化而发生爆炸，故为防不测，操作人员应戴皮手套和面罩等。

（2）液氮与皮肤接触时，皮肤极易被"冷烧"，故应小心操作。

（3）当从液氮冰箱取出某一安瓿管时，为防止其他安瓿管升温而不利于保藏，取出及放回安瓿管的时间一般不要超过 1min。

（六）实验报告

简述液氮超低温冷冻保藏法的原理及主要优缺点。

（七）思考题

（1）液氮超低温冷冻保藏法中，为什么需要含保护剂的液体培养基制备菌悬液？保护剂的作用是什么？

（2）用什么方法检查安瓿管是否熔封严密？如管口未封严，将会产生什么不良后果？

（3）液氮超低温保藏法中，为什么需缓慢冷冻（控速冷冻）细胞，其目的是什么？

第四章 现代微生物学实验

第一节 细菌 DNA 提取

一、细菌基因组 DNA 的提取

细菌基因组 DNA 提取是分子生物学研究的基础，DNA 提取的质量和效率可直接影响后续实验结果的准确性和精确性。本实验采用传统 DNA 抽提法（酚-氯仿法），先用 SDS（十二烷基硫酸钠）溶解破坏细胞膜蛋白和细胞内蛋白，并沉淀蛋白质；然后用蛋白酶 K 水解消化蛋白质，特别是与 DNA 结合的组蛋白，使 DNA 得以释放；再用有机溶剂去除蛋白质和其他细胞组分；最后用乙醇沉淀核酸。

（一）实验目的

（1）掌握细菌总基因组 DNA 的提取和鉴定的原理。

（2）熟悉细菌总基因组 DNA 的提取和鉴定的方法。

（3）了解细菌总基因组 DNA 的提取和鉴定的意义。

（二）实验原理

1. DNA 提取纯化原理

DNA 在生物体内是与蛋白质形成复合物的形式存在的，因此提取出脱氧核糖核蛋白复合物后，必须将其中蛋白质去除。在碱性条件下，用表面活性剂 SDS 将细菌细胞壁破裂，然后用高浓度的 NaCl 溶液沉淀蛋白质等杂质，经过氯仿抽提进一步去掉蛋白质等杂质，之后经乙醇沉淀，得到较纯的总基因组 DNA。

2. DNA 鉴定原理

DNA 遇二苯胺（沸水浴）会被染成蓝色，因此二苯胺可以作为鉴定 DNA 的试剂。

3. DNA 提取一般过程

（1）细胞破碎。

机械方法：超声波处理法、研磨法、匀浆法；

化学试剂法：用 SDS 处理细胞；

酶解法：加入溶菌酶或蜗牛酶，破坏细胞壁。

（2）DNA 提取。

SDS（十二烷基硫酸钠）法：SDS 是有效的阴离子去垢剂，细胞中 DNA 与蛋白质之间常借静电引力或配位键结合，SDS 能够破坏这种价键；

CTAB（十六烷基三甲基溴化铵）法：CTAB 是一种阳离子去垢剂，它可以溶解膜与脂膜，使细胞中的 DNA-蛋白质复合物释放出来，并使蛋白质变性，使 DNA 与蛋白质分离。

（3）DNA 纯化（去杂质）。

蛋白质：常用苯酚：氯仿：异戊醇（25∶24∶1）或氯仿：异戊醇（24∶1）抽提；

RNA：常选用 RNase 消化，或是用 LiCl 来消除大分子的 RNA；

酚类物质：提取液中加少量巯基乙醇，用于选取幼嫩的材料；

多糖：提取液中加 1% PVP。

（三）实验材料

（1）菌种：大肠杆菌（*E. coli*）。

（2）溶液或试剂。

1% SDS：1g SDS 溶于 100mL 蒸馏水，灭菌后-4℃保存。

CTAB/NaCl 溶液：CTAB 5g 溶于 100mL 0.5mol NaCl 中，加热到 65℃溶解。

5mol/L NaCl 溶液：称取 292.5g NaCl，溶于 1000mL 蒸馏水，灭菌后-4℃保存。

裂解缓冲液：40mmol/L Tris-HCl，20mmol/L 乙酸钠，1mmol/L EDTA，1% SDS（pH8.0）。

20mg/mL 的蛋白酶 K：将蛋白酶 K 溶于 PBS（磷酸盐缓冲液），至终浓度 20mg/mL，分装-20℃保存。

TE 缓冲液：10mmol/L Tris-HCl，1mmol/L EDTA-2Na（pH8.0）。

其他溶液或试剂：无水乙醇、无菌水、酚：氯仿：异戊醇（25∶24∶1）、异丙醇、75%乙醇等。

（3）培养基：LB 液体培养基。

（4）仪器或其他用具：1.5mL 离心管、吸量管、培养箱、台式高速离心机、涡旋振荡器、水浴锅（37℃、60℃）等。

（四）实验步骤

（1）菌体培养。接种供试菌于 LB 液体培养基，37℃振荡培养 16~18h，获得足够的菌体。

（2）菌体收集。取 1.5mL 培养液于 1.5mL 离心管中，12000r/min 离心 30s，弃上清液，收集菌体。

（3）辅助裂解。如果是 G⁺菌（革兰氏阳性杆菌），应先加 100μg/mL 溶菌酶

50μL，37℃处理 1h。

（4）裂解。沉淀物加入 570μL 的无菌水（或 TE 缓冲液），用吸管反复吹打使之重悬。加入 30μL 10%的 SD 和 10μL 20mg/mL 的蛋白酶 K，混匀，37℃温育 1h（加入 3μL 的 50mg/mL 溶菌酶效果更好）。

（5）提取纯化。加入 100μL 5mol/L NaCl，充分混匀，再加入 80μL CTAB/NaCl 溶液，混匀，60℃温育 10min。上下颠倒混匀，12000r/min 离心 5min。取上清液，加入等体积（约 800μL）的酚：氯仿：异戊醇（25：24：1），混匀，12000r/min 离心 5min，将上清液转至新管中（抽提两次）。加入 0.6 体积异丙醇，轻轻混合直到 DNA 沉淀下来，静止 10min，12000r/min 离心 10min 用 1mL 的 75%乙醇洗涤沉淀，12000r/min 离心 5min，弃上清液，重悬于 30μL 的无菌水（或 TE 缓冲液）。

（6）洗涤。用 400μL 70%的乙醇洗涤两次。

（7）干燥保存。真空干燥后，用 50μL TE 缓冲液或超纯水溶解 DNA，-20℃冰箱放置备用。

（8）鉴定。取两支试管，一支加入 0.015mol/L NaCl 5mL，计入适量 DNA 样品和 4mL 的二苯胺，另一支试管中加入 0.015mol/L NaCl 5mL 和 4mL 的二苯胺。对两罐进行水浴加热 5~10min，对比两管现象，记录实验结果。

（五）注意事项

（1）菌体收集时，要注意吸干多余的水分。

（2）辅助裂解时，如果是 G^+ 菌，应先加溶菌酶。

（3）吸管抽吸时，小心液体溅出。

（六）思考题

（1）沉淀 DNA 时为什么要用无水乙醇？

（2）简要叙述氯仿抽提 DNA 体系后出现的现象及成因。

二、质粒 DNA 的提取与纯化

质粒是染色体外能够进行自主复制的遗传单位，在基因构建中常被用作基因的载体。基因重组后，从转化的细菌中提取重组质粒 DNA 是现代分子生物学和分子遗传学实验不可缺少的技术，是基因工程的重要环节。迄今为止，已建立了多种方法来提取和纯化质粒 DNA。本实验采用的是碱变性法提取质粒 DNA。

（一）实验目的

（1）学习凝胶电泳进行质粒 DNA 的分离纯化的实验原理。

（2）掌握凝胶中质粒 DNA 的分离纯化方法。

（3）学习碱变性法提取质粒 DNA 的原理及各种试剂的作用。

（4）掌握碱变性法提取质粒 DNA 的方法。

（二）实验原理

提取和纯化质粒 DNA 的方法很多，目前常用的有煮沸法、羟基磷灰石柱层析法、EB-氯化铯密度梯度离心法和 Wizard 法等。其中，碱变性提取法最为经典和常用，适于不同量质粒 DNA 的提取。该方法操作简单，易于操作，一般实验室均可进行，且提取的质粒 DNA 纯度高，可直接用于酶切、序列测定及分析。EB-氯化铯密度梯度离心法主要适合于相对分子质量与染色体 DNA 相近的质粒，具有纯度高、步骤少、方法稳定，且得到的质粒 DNA 多为超螺旋构型等优点，但提取成本高，需要超速离心设备。少量提取质粒 DNA 还可用煮沸法、Wizard 法等，煮沸法提取的质粒 DNA 中常含有 RNA，但不影响限制性核酸内切酶的消化、亚克隆及连接反应等。

碱变性法提取质粒 DNA 一般包括 3 个基本步骤：培养细菌细胞以扩增质粒、收集和裂解细胞、分离和纯化质粒 DNA。

在细菌细胞中，染色体 DNA 以双螺旋结构存在，质粒 DNA 以共价闭合环状形式存在。细胞破碎后，染色体 DNA 和质粒 DNA 均被释放出来，但两者变性与复性所依赖的溶液 pH 值不同。在 pH 值高达 12.0 的碱性溶液中，染色体 DNA 氢键断裂，双螺旋结构解开而变性；共价闭合环状质粒 DNA 的大部分氢键断裂，但两条互补链不完全分离。当用 pH 值 4.6 的 KAc（或 NaAc）高盐溶液调节碱性溶液至中性时，变性的质粒 DNA 可恢复原来的共价闭合环状超螺旋结构而溶解于溶液中；但染色体 DNA 不能复性，而是与不稳定的大分子 RNA、蛋白质-SDS复合物等一起形成缠连的、可见的白色絮状沉淀。这种沉淀通过离心，与复性的溶于溶液的质粒 DNA 分离。溶于上清液的质粒 DNA，可用无水乙醇和盐溶液，减少 DNA 分子之间的同性电荷相斥力，使之凝聚而形成沉淀。由于 DNA 与 RNA性质类似，乙醇沉淀 DNA 的同时，也伴随着 RNA 沉淀，可利用 RNase A 将 RNA降解。质粒 DNA 溶液中的 RNase A 以及一些可溶性蛋白，可通过酚/氯仿抽提除去，最后获得纯度较高的质粒 DNA。

（三）实验材料

（1）菌体：含 PBS 的 *E. coli* DH5α 菌株。

（2）溶液或试剂。氨苄青霉素母液：配成 50mg/mL 水溶液，-20℃ 保存备用。

溶菌酶溶液：用 10mmol/L Tris-HCl（pH8.0）溶液配制成 10mg/mL，并分装成小份（1.5mL）保存于-20℃，每一小份一经使用后便予丢弃。

3mol/L NaAc（pH5.2）：50mL 水中溶解 40.81g NaAc·3H$_2$O。用冰醋酸调 pH值至 5.2，加水定容至 100mL，分装后高压灭菌，储存于 4℃ 冰箱。

溶液 I：50mmol/L 葡萄糖、25mmol/L Tris-HCl（pH8.0）、10mmol/L EDTA（pH8.0），溶液 I 可成批配制，每瓶 100mL，高压灭菌 15min，储存于 4℃ 冰箱。

溶液Ⅱ：0.2mol/L NaOH（临用前用 10mol/L NaOH 母液稀释）、1% SDS。

溶液Ⅲ：5mol/L KAc 60mL、冰醋酸 11.5mL、H_2O 28.5mL，定容至 100mL，并高压灭菌。溶液终浓度为：K^+ 3mol/L，Ac^- 5mol/L。

RNA 酶 A 母液：将 RNA 酶 A 溶于 10mmol/L Tris-HCl（pH7.5）、15mmol/L NaCl 中，配成 10mg/mL 的溶液，于 100℃ 加热 15min，使混有的 DNA 酶失活，冷却后用 1.5mL 离心管分装成小份保存于−20℃。

饱和酚：市售酚中含有酸等氧化物，这些产物可引起磷酸二酯键的断裂及导致 RNA 和 DNA 的交联，应在 160℃ 用冷凝管进行重蒸，重蒸酚加入 0.1% 的 8-羟基喹啉（作为抗氧化剂），并用等体积的 0.5mol/L Tris-HCl（pH8.0）和 0.1mol/L Tris-HCl（pH8.0）缓冲液反复抽提使之饱和并使其 pH 值达到 7.6 以上，因为酸性条件下 DNA 会分配于有机相。

酚/氯仿（1∶1）：按氯仿∶异戊醇=24∶1 体积比加入异戊醇，氯仿可使蛋白变性并有助于液相与有机相的分开，异戊醇则可消除抽提过程中出现的泡沫。按体积比 1∶1 混合上述饱和酚与氯仿即可。

TE 缓冲液：10mmol/L Tris-HCl（pH8.0）、1mmol/L EDTA（pH8.0）、高压灭菌后储存在 4℃ 冰箱中。

STET：0.1mol/L NaCl、10mmol/L Tris-HCl（pH8.0）、10mmol/L EDTA（pH8.0）、5% Triton X-100。

STE：0.1mol/L NaCl、10mmol/L Tris-HCl（pH8.0）、1mmol/L EDTA（pH8.0）。

TBE 缓冲液（5×）：称取 Tris 54g、硼酸 27.5g，并加入 0.5mol/L EDTA（pH8.0）20mL，定溶至 1000mL。

上样缓冲液（6×）：0.25% 溴酚蓝、0.4g/mL 蔗糖水溶液。

（3）培养基：LB 液体培养基和 LB 固体培养基。

（4）仪器或其他用具：恒温振荡培养箱、高速冷冻离心机、旋涡振荡器、水浴锅、离心管、微量移液器、微波炉、电泳仪、制胶槽、电泳槽、锥形瓶、电子天平、手套、紫外灯等。

（四）实验步骤

1. 细菌的培养和收集

将含有质粒 PBS 的 DH5α 菌种接种在 LB 固体培养基（含 50μg/mL Amp）中，37℃ 培养 12~24h。用无菌牙签挑取单菌落接种到 5mL LB 液体培养基（含 50μg/mL Amp）中，37℃ 振荡培养约 12h 至对数生长后期。

2. 质粒 DNA 少量快速提取

质粒 DNA 少量提取法对于从大量转化子中制备少量部分纯化的质粒 DNA 十分有用。这些方法共同特点是简便、快速，能同时处理大量试样，所得 DNA 有一定纯度，可满足限制酶切割、电泳分析的需要。

（1）取 1.5mL 培养液倒入 1.5mL 离心管中，4℃下 12000r/min 离心 30s。

（2）弃上清液，将管倒置于卫生纸上数分钟，使液体流尽。

（3）菌体沉淀重悬浮于 100μL 溶液 I 中（需剧烈振荡），室温下放置 5～10min。

（4）加入新配制的溶液 II 200μL，盖紧管口，快速温和颠倒离心管数次，以混匀内容物（千万不要振荡），冰浴 5min。

（5）加入 150μL 预冷的溶液 III，盖紧管口，并倒置离心管，温和振荡 10s，使沉淀混匀，冰浴中 5～10min，4℃下 12000r/min 离心 5～10min。

（6）上清液移入干净离心管中，加入等体积的酚/氯仿（1：1），振荡混匀，4℃下 12000r/min 离心 5min。

（7）将水相移入干净离心管中，加入两倍体积的无水乙醇，振荡混匀后置于-20℃冰箱中 20min，然后 4℃下 12000r/min 离心 10min。

（8）弃上清液，将管口敞开倒置于卫生纸上使所有液体流出，加入 1mL 70%乙醇洗沉淀 1 次，4℃下 12000r/min 离心 5～10min。

（9）吸除上清液，将管倒置于卫生纸上使液体流尽，真空干燥 10min 或室温干燥。

（10）将沉淀溶于 20μL TE 缓冲液（pH8.0，含 20μg/mL RNase A）中，储于-20℃冰箱中。

3. 质粒 DNA 的大量提取和纯化

（1）取培养至对数生长后期的含 PBS 质粒的细菌培养液 250mL，4℃下 4000r/min 离心 15min，弃上清液，将离心管倒置使上清液全部流尽。

（2）将细菌沉淀重新悬浮于 50mL 用冰预冷的 STE 中（此步可省略）。

（3）同步骤（1）方法离心细菌细胞

（4）将细菌沉淀物重新悬浮于 5mL 溶液 I 中，充分悬浮菌体细胞。

（5）加入 12mL 新配制的溶液 II，盖紧瓶盖，缓缓地颠倒离心管数次，以充分混匀内容物，冰浴 10min。

（6）加 9mL 用冰预冷的溶液 III，摇动离心管数次以混匀内容物，冰上放置 15min，此时应形成白色絮状沉淀。

（7）4℃下 5000r/min 离心 15min。

（8）取上清液，加入 50mL RNA 酶 A（10mg/mL），37℃水浴 20min。

（9）加入等体积的饱和酚/氯仿，振荡混匀，4℃下 12000r/min 离心 10min。

（10）取上层水相，加入等体积氯仿，振荡混匀，4℃下 12000r/min 离心 10min。

（11）取上层水相，加入 1/5 体积的 4mol/L NaCl 和 10% PEG（相对分子质量为 6000），冰上放置 60min。

（12）4℃下 12000r/min 离心 15min，沉淀用 0.2mL 70% 冰冷乙醇洗涤，4℃下 12000r/min 离心 5min。

（13）真空抽干沉淀，溶于 500mL TE 或水中。

4. DNA 纯度检测

（1）取 40mL TAF（1×）于 300mL 锥形瓶中，加入 0.4g 琼脂糖凝胶，放入微波炉内使其溶化，60℃时倒入准备好的制胶槽中。

（2）取 5.0μL 纯化 DNA 加入 1.0μL 上样缓冲液，混合，进行点样。

（3）点样完毕后，100V 200mA 条件下电泳 30min。

（4）电泳完毕后，进行 EB 染色，用凝胶成像仪拍照，得到实验结果。

（五）注意事项

（1）质粒 DNA 少量快速提取过程应尽量保持低温；提取质粒 DNA 过程中除去蛋白很重要，采用酚/氯仿去除蛋白效果较单独用酚或氯仿好，要将蛋白尽量除干净需多次抽提；沉淀 DNA 通常使用冰乙醇，在低温条件下放置时间稍长可使 DNA 沉淀完全，沉淀 DNA 也可用异丙醇（一般使用等体积），且沉淀完全，速度快，但常把盐沉淀下来，所以多数还是用乙醇。

（2）质粒 DNA 的大量提取过程中应尽量保持低温；加入溶液 Ⅱ 和溶液 Ⅲ 后操作应混合，切忌剧烈振荡；由于 RNA 酶 A 中常存在有 DNA 酶，利用 RNA 酶耐热的特性，使用时应先对该酶液进行热处理（80℃ 1h），使 DNA 酶失活。

（3）制胶时，胶液温度过高，会使模具变性，影响胶孔大小和胶形状，从而间接影响加样量和跑条带；胶液温度过低，会凝固，所以在胶液冷却至 50～60℃ 倒胶。

（4）注意加样时枪尖应恰好置于液面下凝胶点样孔上方，不可刺穿凝胶，也要防止将样品溢出孔外。

（5）溴化乙锭是一种强致突变剂，应严格戴手套操作。

（六）思考题

（1）质粒的基本性质有哪些？

（2）质粒载体与天然质粒相比有哪些改进？

（3）在碱变性法提取质粒 DNA 操作过程中应注意哪些问题？

第二节　DNA 的扩增及检测

一、PCR 基因扩增

聚合酶链式反应（简称 PCR）是体外酶促合成特异 DNA 片段的一种方法，由高温变性、低温退火（复性）及适温延伸等反应组成一个周期，循环进行，使目的 DNA 得以迅速扩增，具有特异性强、灵敏度高、操作简便、省时等特点。它不仅可用于基因分离、克隆和核酸序列分析等基础研究，还可用于疾病的诊断或任何有 DNA、RNA 的地方。PCR 又称无细胞分子克隆或特异性 DNA 序列体外引物定向酶促扩增技术。

（一）实验目的

（1）掌握 PCR 扩增 DNA 的技术及原理。

（2）学习 PCR 扩增仪的使用。

（二）实验原理

PCR（Polymerase Chain Reaction，聚合酶链反应）是一种选择性体外扩增 DNA 或 RNA 的方法。它包括 3 个基本步骤：

（1）变性（Denature）：目的双链 DNA 片段在 94℃下解链；

（2）退火（Anneal）：两种寡核苷酸引物在适当温度（50℃左右）下与模板上的目的序列通过氢键配对；

（3）延伸（Extension）：在 Taq DNA 聚合酶合成 DNA 的最适温度下，以目的 DNA 为模板进行合成。由这 3 个基本步骤组成一轮循环，理论上每一轮循环将使目的 DNA 扩增 1 倍，这些经合成产生的 DNA 又可作为下一轮循环的模板，所以经 25~35 轮循环就可使 DNA 扩增达 10^6 倍。

1. PCR 反应中的主要成分

（1）引物：PCR 反应产物的特异性由一对上下游引物所决定。引物的好坏往往是 PCR 成败的关键。引物设计和选择目的 DNA 序列区域时可遵循下列原则：

1）引物长度为 16~30bp，太短会降低退火温度影响引物与模板配对从而使非特异性增高，太长则比较浪费且难以合成。

2）引物中 G+C 合能通常为 40%~60%，可按下式粗略估计引物的解链温度：$T_m = 4(G + C) + 2(A + T)$。

3）4 种碱基应随机分布，在 3′端不存在连续 3 个 G 或 C，因这样易导致错误引发。

4）引物 3′端最好与目的序列阅读框架中密码子第一或第二位核苷酸对应，以减少由于密码子摆动产生的不配对。

5）在引物内，尤其在 3′端应不存在二级结构。

6）两引物之间尤其在 3′端不能互补，以防出现引物二聚体，减少产量；两引物间最好不存在 4 个连续碱基的同源性或互补性。

7）引物 5′端对扩增特异性影响不大，可在引物设计时加上限制酶位点、核糖体结合位点、起始密码子、缺失或插入突变位点及标记生物素、荧光素、地高辛等。通常应在 5′端限制酶位点外再加 1~2 个保护碱基。

8）引物不与模板结合位点以外的序列互补，所扩增产物本身无稳定的二级结构，以免产生非特异性扩增，影响产量。

9）简并引物应选用简并程度低的密码子，如选用只有一种密码子的 Met，3′ 端应不存在简并性，否则可能由于产量低而看不见扩增产物。一般 PCR 反应中的引物终浓度为 $0.2 \sim 1.0 \mu mol/L$。引物过多会产生错误引导或产生引物二聚体，过少则降低产量。利用紫外分光光度计，可精确计算引物浓度，在 1cm 光程比色杯中，260nm 下，引物浓度可按下式计算：

$$X = OD_{260}/A + C + G + T \tag{4-1}$$

式中　　　X——引物物质的量浓度，mol/L；

A，C，G，T——引物中 4 种不同碱基个数，分别为 16000、70000、12000、9600。

（2）4 种三磷酸脱氧核苷酸（dNTP）：dNTP 应用 NaOH 将 pH 值调至 7.0，并用分光光度计测定其准确浓度。dNTP 原液可配成 $5 \sim 10 mmol/L$ 并分装，$-20℃$ 储存。一般反应中每种 dNTP 的终浓度为 $20 \sim 200 \mu mol/L$。理论上 4 种 dNTP 各 $20 \mu mo/L$，足以在 $100 \mu L$ 反应中合成 $2.6 \mu g$ 的 DNA。当 dNTP 终浓度大于 $5 mmol/L$ 时可抑制 Taq DNA 聚合酶的活性。4 种 dNTP 的浓度应该相等，以减少合成中由于某种 dNTP 的不足出现的错误掺入。

（3）Mg^{2+}：Mg^{2+} 浓度对 Taq DNA 聚合酶影响很大，它可影响酶的活性和真实性，影响引物退火和解链温度，影响产物的特异性以及引物二聚体的形成等。通常 Mg^{2+} 浓度范围为 $0.5 \sim 2 mmol/L$。对于一种新的 PCR 反应可以用 $0.1 \sim 5 mmol/L$ 的递增浓度的 Mg^{2+} 进行预备实验，选出最适的 Mg^{2+} 浓度。在 PCR 反应混合物中，应尽量减少有高浓度的带负电荷的基团，如磷酸基团或 EDTA 等可能影响 Mg^{2+} 离子浓度的物质，以保证最适 Mg^{2+} 浓度。

（4）模板：PCR 反应必须以 DNA 为模板进行扩增，模板 DNA 可以是单链分子，也可以是双链分子，可以是线性分子，也可以是环状分子（线状分子比环状分子的扩增效果稍好）。就模板 DNA 而言，影响 PCR 的主要因素是模板的数量和纯度。一般反应中的模板数量为 $10^2 \sim 10^5$ 个拷贝，对于单拷贝基因，这需要 $0.1 \mu g$ 的人基因组 DNA、$10 \mu g$ 的酵母 DNA 和 $1 \mu g$ 的大肠杆菌 DNA。扩增多拷贝序列时，用量更少。灵敏的 PCR 可从一个细胞、一根头发、一个孢或一个精子提取的 DNA 中分析目的序列。模板量过多则可能增加非特异性产物。DNA 中的杂质也会影响 PCR 的效率。

（5）Taq DNA 聚合酶：一般 Taq DNA 聚合酶活性半衰期为 92.5℃ 130min、95℃ 40min、97℃ 5min。现在人们又发现许多新的耐热的 DNA 聚合酶，这些酶的活性在高温下活性可维持更长时间。Taq DNA 聚合酶的酶活性单位定义为 74℃ 下、30min、掺入 10nmol/L dNTP 到核酸中所需的酶量。Taq DNA 聚合酶的一个致命弱点是它的出错率，一般 PCR 中出错率为每轮循环 2×10^{-4} 核苷酸，在利用 PCR 克隆和进行序列分析时尤应注意。在 $100 \mu L$ PCR 反应中，$1.5 \sim 2$ 单位的 Taq DNA 聚合酶就足以进行 30 轮循环。所用的酶量可根据 DNA 引物及其他因素的变化进行适当的增减。酶量过多会使产物非特异性增加，过少则使产量降低。反应结束后，如果需要利用这些产物进行下一步实验，需要预先灭活 TaqDNA 聚合酶，灭活 Taq DNA 聚合酶的方法有：1）PCR 产物经酚：氯仿抽提，乙醇沉淀；2）加入 10mmol/L 的 EDTA 螯合 Mg^{2+}；3）9～100℃ 加热 10min。目前已有直接纯化 PCR 产物的 Kit 可用。

（6）反应缓冲液：反应缓冲液一般含 10～50mmol/L Tris-Cl（20℃ 下 pH 8.3～8.8），50mmol/L KCl 和适当浓度的 Mg^{2+}。Tris-Cl 在 20℃ 时 pH 值为 8.3～8.8，但在实际 PCR 反应中，pH 值为 6.8～7.8。50mmol/L 的 KCl 有利于引物的退火。另外，反应液可加入 5mmol/L 的二硫苏糖醇（DDT）或 $100\mu g/mL$ 的牛血清白蛋白（BSA），它们可稳定酶活性，另外加入 T4 噬菌体的基因 32 蛋白则对扩增较长的 DNA 片段有利。各种 TaqDNA 聚合酶商品都有自己特定的一些缓冲液。

2. PCR 反应参数

（1）变性：在第一轮循环前，在 94℃ 下变性 5～10min 非常重要，它可使模板 DNA 完全解链，然后加入 Taq DNA 聚合酶（hot start），这样可减少聚合酶在低温下仍有活性从而延伸非特异性配对的引物与模板复合物所造成的错误。变性不完全，往往使 PCR 失败，因为未变性完全的 DNA 双链会很快复性，减少 DNA 产量。一般变性温度与时间为 94℃、1min。在变性温度下，双链 DNA 解链只需几秒钟即可完全，所耗时间主要是为使反应体系完全达到适当的温度。对于富含 GC 的序列，可适当提高变性温度。但变性温度过高或时间过长都会导致酶活性的损失。

（2）退火：引物退火的温度和所需时间的长短取决于引物的碱基组成、引物的长度、引物与模板的配对程度及引物的浓度。实际使用的退火温度比扩增引物的 T_m 值约低 5℃。一般当引物中 GC 含量高，长度长并与模板完全配对时，应提高退火温度。退火温度越高，所得产物的特异性越高。有些反应甚至可将退火与延伸两步合并，只用两种温度（如用 60℃ 和 94℃）完成整个扩增循环，既省时间又提高了特异性。退火一般仅需数秒钟即可完成，反应中所需时间主要是为使整个反应体系达到合适的温度。通常退火温度、时间为 37～55℃、1～2min。

（3）延伸：延伸反应通常为 72℃，接近于 Taq DNA 聚合酶的最适反应温度为 75℃。实际上，引物延伸在退火时即已开始，因为 Taq DNA 聚合酶的作用温度为 20～85℃。延伸反应时间的长短取决于目的序列的长度和浓度。在一般反应体系中，Taq DNA 聚合酶每分钟约可合成 2bp 长的 DNA。延伸时间过长会导致产物非特异性增加。但对很低浓度的目的序列，则可适当增加延伸反应的时间。一般在扩增反应完成后，都需要一步较长时间（10~30min）的延伸反应，以获得尽可能完整的产物，这对以后进行克隆或测序反应尤为重要。

（4）循环次数：当其他参数确定之后，循环次数主要取决于 DNA 浓度。一般而言 25~30 轮循环已经足够。循环次数过多，会使 PCR 产物中非特异性产物大量增加。通常经 25~30 轮循环扩增后，反应中 Taq DNA 聚合酶已经不足，如果此时产物量仍不够，需要进一步扩增，可将扩增的 DNA 样品稀释 $10^3 \sim 10^5$ 倍作为模板，重新加入各种反应底物进行扩增，这样经 60 轮循环后，扩增水平可达 $10^9 \sim 10^{10}$。

扩增产物的量还与扩增效率有关，扩增产物的量可用下列公式表示：

$$C = C_0(1 + P)^n \qquad\qquad (4\text{-}2)$$

式中　C——扩增产物量；

　　C_0——起始 DNA 量；

　　P——增效率；

　　n——循环次数。

在扩增后期，由于产物积累，使原来呈指数扩增的反应变成平坦的曲线，产物不再随循环数而明显上升，这称为平台效应。平台期会使原先由于错配而产生的低浓度非特异性产物继续大量扩增，达到较高水平。因此，应适当调节循环次数，在平台期前结束反应，减少非特异性产物。

（三）实验材料

（1）材料：不同来源的模板 DNA、经 SmaI 酶切和加 dT 的 pUC 质粒、Taq DNA 聚合酶 5U/μL。

（2）溶液或试剂。

10×PCR 反应缓冲液：500mmol/L KCl，100mmol/L Tris-Cl，在 25℃ 下、pH9.0、1.0% Triton X-100。

$MgCl_2$：25mmol/L。

4 种 dNTP 混合物：每种 2.5mmol/L。

T4 DNA 连接酶缓冲液（10×）：500mmol/L Tris-HCl 缓冲液（pH7.8），100mmol/L Mg^{2+}，10mmol/L ATP、DTT。

5×TBE：Tris 54g，Boric acid 27.5g，0.5mol/L EDTA（pH7.9）20mL，dH_2O 1000mL。

其他试剂：矿物油（石蜡油）、1% 琼脂糖、溴化乙啶、酚：氯仿：异戊醇（25：24：1）、无水乙醇和 70% 乙醇等。

（3）仪器或其他用具：紫外灯检测仪、移液器及吸头、硅烷化的 PCR 小管、DNA 扩增仪、台式高速离心机等。

（四）实验步骤

1. PCR 反应

（1）PCR 扩增体系（见表 4-1）。

表 4-1　PCR 扩增体系

成　分	体积/μL	成　分	体积/μL
ddH$_2$O	35	上游引物（引物 1）	1
10×PCR 反应缓冲液	5	下游引物（引物 2）	1
MgCl$_2$	4	模板 DNA	0.5
4 种 dNTP	1		

（2）将混合物在 94℃ 下加热 5min 后冰冷，迅速离心数秒，使管壁上液滴沉至管底，加入 Taq DNA 聚合酶（0.5μL 约 2.5U），混匀后稍离心，加入一滴矿物油覆盖于反应混合物上。

（3）用 94℃ 变性 1min，45℃ 退火 1min，72℃ 延伸 2min，循环 35 轮，进行 PCR。最后一轮循环结束后，于 72℃ 下保温 10min，使反应产物扩增充分。

2. PCR 产物的纯化

扩增的 PCR 产物如利用 T-Vector 进行克隆，可直接使用，如用平末端或黏性末端连接，往往需要将产物纯化。

（1）酚/氯仿法。

1）取反应产物加 100μL TE。

2）加等体积氯仿混匀后用微型离心机 10000r/min 离心 15s，用移液器将上层水相吸至新的小管中。这样抽提一次，可除去覆盖在表面的矿物油。

3）再用酚：氯仿：异戊醇抽提两次，每次回收上层水相。

4）在水相中加 300μL 95% 乙醇，置 -20℃ 下 30min 沉淀。

5）在小离心机上 10000r/min 离心 10min，吸净上清液。加入 1mL 70% 乙醇，稍离后，吸净上清液。重复洗涤沉淀两次。将沉淀溶于 7mL ddH$_2$O 中，待用。

（2）Wizard PCR DNA 纯化系统。Wizard PCR DNA 纯化系统可以快速、有效、可靠地提取 PCR 扩增液中的 DNA，提纯后的 DNA 可用于测序、标记、克隆等。

该系统中含有的试剂和柱子可供 50 次 PCR 产物的纯化，试剂包括：50mL Wizard PCR DNA 纯化树脂、5mL 直接提取缓冲液、50 支 Wizard 微型柱。

1）吸取 PCR 反应液水相放于 1.5mL 离心管中。

2）加 100mL 直接提取缓冲液，涡旋混匀。

3）加 1mL PCR DNA 纯化树脂，1min 内涡旋混合 3 次。

4）取一次性注射器，取出注塞，并使注射筒与 Wizard 微型柱连接，用移液枪将上述混合液加入注射筒中，并用注塞轻推，使混合物进入微型柱。

5）将注射器与微型柱分开，取出注塞，再将注射筒与微型柱相连，加入 2mL 80%异丙醇，对微型柱进行清洗。

6）取出微型柱置于离心管中，12000r/min 离心 20s，以除去微型柱中的洗液。

7）将微型柱放在一个新离心管中，加 50μL TE 或水，静止 1min 后，12000 r/min 离心 20s。

8）丢弃微型柱，离心管中的溶液即为纯化 DNA，存放于 4℃或-20℃。

3. PCR 产物的鉴定

反应结束后，取 5~10μL PCR 扩增产物进行 1%琼脂凝胶电泳（若扩增片段较小，为 100bp 左右，则可用 5%聚丙烯酰胺凝胶电泳进行鉴定）。用 0.5μg/mL 溴化乙啶颜色，在紫外灯检测仪下观察扩增的片段的大小，并根据荧光亮度估计扩增的量。

（五）实验记录

记录扩增目的片段条带的大小、估计扩增的量，并进行分析。

（六）注意事项

（1）纯化树脂在使用前必须充分混匀。

（2）PCR 产物中矿物油应尽量吸去，否则会影响提取 DNA 的产量。

（七）思考题

（1）降低退火温度对反应有何影响？

（2）延长变性时间对反应有何影响？

（3）循环次数是否越多越好？为何？

（4）如果出现非特异性带，可能有哪些原因？

（5）观察结果时，如发现扩增的目的片段条带较弱或不能监测到相应的条带，分析可能产生的原因，应如何解决？

二、DNA 的琼脂糖凝胶电泳

琼脂糖凝胶电泳是分离、鉴定和纯化 DNA 片段的一种极好的方法。这种技术操作简单、快速，并且还能解决在密度梯度离心中所存在的 DNA 片段不能充分分离的难题。作为研究生命遗传物质载体——核酸的工具，琼脂糖凝胶电泳已成为高效分离和分析核酸分子的必备手段，而对 DNA 的检测是关键环节，因为它直接关系到实验结果显现与否。目前，常用的琼脂糖凝胶上 DNA 检测方法有荧光染色法、染料染色法、金属离子染色法、负染法等。本实验采用荧光染色法中的 EB 颜色法对琼脂糖凝胶上 DNA 研究和测定。

（一）实验目的

（1）通过实验学习掌握 DNA 琼脂糖凝胶的制备方法。

（2）了解琼脂糖凝胶电泳技术鉴定 DNA 的原理和方法。

（二）实验原理

琼脂糖凝胶电泳是常用的用于分离，鉴定 DNA、RNA 分子混合物的方法，这种电泳方法是以琼脂凝胶作为支持物，利用 DNA 分子在泳动时的电荷效应和分子筛效应，达到分离混合物的目的。DNA 分子在高于其等电点的溶液中带负电，在电场中向阳极移动。在一定的电场强度下，DNA 分子的迁移速度取决于分子筛效应，即分子本身的大小和构型是主要的影响因素。DNA 分子的迁移速度与其相对分子质量成反比，不同构型的 DNA 分子的迁移速度不同。如环形 DNA 分子样品，其中有 3 种构型的分子：共价闭合环状的超螺旋分子（cccDNA）、开环分子（ocDNA）和线形 DNA 分子（IDNA）。这 3 种不同构型分子进行电泳时的迁移速度大小顺序为：cccDNA>IDNA>ocDNA。

核酸分子是两性解离分子，pH3.5 是碱基上的氨基解离，而 3 个磷酸基团中只有 1 个磷酸解离，所以分子带正电，在电场中向负极泳动；而 pH8.0~8.3 时，碱基几乎不解离，而磷酸基团解离，所以核酸分子带负电，在电场中向正极泳动。不同的核酸分子的电荷密度大致相同，因此对泳动速度影响不大。中性或碱性时，单链 DNA 与等长的双链 DNA 的泳动率大致相同。

影响核酸分子泳动率的因素主要如下：

（1）样品的物理性状，即分子的大小、电荷数、颗粒形状和空间构型。一般而言，电荷密度越大，泳动率越大。但是不同核酸分子的电荷密度大致相同，所以电荷密度对泳动率的影响不明显。

对线形分子来说，相对分子质量的常用对数与泳动率成反比，用此标准样品电泳并测定其泳动率，然后做 DNA 分子长度（bp）的负对数-泳动距离标准曲线图，可以用于测定未知分子的长度大小。

DNA 分子的空间构型对泳动率的影响很大，比如质粒分子，泳动率的大小顺序为：cDNA>IDNA>ocDNA。但是由于琼脂糖浓度、电场强度、离子强度和溴化乙锭等的影响，会出现相反的情况。

（2）支持物介质。核酸电泳通常使用琼脂糖凝胶和聚丙烯酰胺凝胶两种介质，其中琼脂糖是一种聚合链线性分子。含有不同浓度的琼脂糖的凝胶构成的分子筛的网孔大小不同，适于分离不同浓度范围的核酸分子。聚丙烯酰胺凝胶由丙烯酰胺（Acrylamide，AM）在 N，N，N'，N'-四甲基乙二胺（TEMED）和过硫酸铵（AP）的催化下聚合形成长链，并通过交联剂 N，N'-亚甲基双丙烯酰胺（Bis）交叉连接而成，其网孔的大小由 AM 与 Bis 的相对比例决定。

琼脂糖凝胶适合分离长度 60~100 的分子，而聚丙烯酰胺凝胶对于小片段

（5～500bp）的分离效果最好。选择不同浓度的凝胶，可以分离不同大小范围的 DNA 分子。

（3）电场强度。电场强度越大，带点颗粒的泳动越快。但凝胶的有效分离范围随着电压增大而减小，所以电泳时一般采用低电压，不超过 4V/cm。而对于大片段电泳，甚至用 0.5～1.0V/cm 电泳过夜。进行高压电泳时，只能使用聚丙烯酰胺凝胶。

（4）缓冲液离子强度。核酸电泳常采用 TAE、TBE、TPE 三种缓冲系统，但它们各有利弊。TAE 价格低廉，但缓冲能力低，必须进行两极缓冲液的循环。TPE 在进行 DNA 回收时，会使 DNA 污染磷酸盐，影响后续反应。所以核酸电泳多采用 TBE 缓冲液。在缓冲液中加入 EDTA，可以整合二价离子，抑制 DNase 保护 DNA。缓冲液 pH 值常偏碱性或中性，此时核酸分子带负电，向正极移动。

核酸电泳中常用的染色剂是溴化乙锭（EB）。EB 是种扁平分子，可以嵌入核酸双链的配对碱基之间。在紫外线照射 BE-DNA 复合物时，出现不同的效应。254nm 的紫外线照射时，灵敏度最高，但对 DNA 损伤严重；360nm 紫外线照射时，虽然灵敏度较低，但对 DNA 损伤小所以适合对 DNA 样品的观察和回收等操作。300nm 紫外线照射的灵敏度较高，且对 DNA 损伤不是很大，所以也比较适用。

使用 EB 对 DNA 样品进行染色，可以在凝胶中加入终浓度为 0.5μg/mL 的 EB。EB 掺入 DNA 分子中，可以在电泳过程中随时观察核酸的迁移情况，但是如果要测定核酸分子大小时，不宜使用以上方法，而是应该在电泳结束后，把凝胶浸泡在含 0.5μg/mL EB 的溶液中 10～30min 进行染色。EB 见光分解，应在避光条件下 4℃保存。

（三）实验材料

（1）材料：λDNA。

（2）溶液或试剂。

5×TBE 电泳缓冲液：Tris 54g，硼酸 27.5g，0.5mol/L EDTA 20mL，将 pH 值调到 8.0，定容至 1000mL，4℃冰箱保存，用时稀释 10 倍。

6×电泳载样缓冲液：0.25%溴粉蓝，0.4g/mL 蔗糖水溶液，4℃储存。

EB 溶液母液：将 EB 配制成 10mg/mL，用铝箔或黑纸包裹容器，储于室温即可。

其他溶液或试剂：酶解液、琼脂糖等。

（3）仪器或其他用具：水平式电泳装置、电泳仪、离心机、恒温水浴锅、微量移液枪、微波炉或电炉、紫外透射仪、照相支架、照相机及其附件等。

（四）实验步骤

（1）准备。取 5×TBE 缓冲液 20mL 加水至 200mL。配制成 0.5×TBE 稀释缓

冲液，待用。

（2）胶液的制备。称取 0.4g 琼脂糖，置于 200mL 锥形瓶中，加入 50mL 0.5× TBE 稀释缓冲液，放入微波炉里（或电炉上）加热至琼脂糖全部熔化，取出摇匀，此为 0.8%琼脂糖凝胶液。加热过程中要不时摇动，使附于瓶壁上的琼脂糖颗粒进入溶液。加热时应盖上封口膜，以减少水分蒸发。

（3）胶板的制备。将有机玻璃胶槽两端分别用橡皮膏（宽约 1cm）紧密封住。将封好的胶槽置于水平支持物上，插上样品梳子，注意观察梳子齿下缘应与胶槽底面保持 1mm 左右的间隙。向冷却 50~60℃ 的琼脂糖胶液中加入 EB 溶液。用移液器吸取少量熔化的琼脂糖凝胶封橡皮膏内侧，待琼脂糖溶液凝固后将剩余的琼脂糖小心地倒入胶槽内，使胶液形成均匀的胶层。倒胶时的温度不可太低，否则凝固不均匀，速度也不可太快，否则容易出现气泡。待胶完全凝固后拔出梳子，注意不要损伤梳底部的凝胶，然后向槽内加入 0.5×TBE 稀释缓冲液至液面恰好没过胶板上表面。因边缘效应样品槽附近会有一些隆起，阻碍缓冲液进入样品槽中，所以要注意保证样品槽中注满缓冲液。

（4）加样。取 10μL 酶解液与 2μL 6×载样液混匀，用微量移液枪小心加入样品槽中。若 DNA 含量偏低，则可依上述比例增加上样量，但总体积不可超过样品槽容量。每加完 1 个样品要更换枪头，以防止互相污染，注意上样时小心操作，避免损坏凝胶或将样品槽底部凝校刺穿。

（5）电泳。加完样后，合上电泳槽盖，立即接通电源。控制电压保持在 60~80V，电流在 40mA 以上。当溴酚蓝条带移动到距凝胶前沿约 2cm 时，停止电泳。

（6）染色。未加 EB 的胶板在电泳完毕后移入 0.5μg/mL 的 EB 溶液中，室温下染色 20~25min。

（7）观察和拍照。在波长为 254nm 的长波长紫外灯下观察染色后的或已加有 FEB 的电泳胶板。DNA 存在处显示出肉眼可辨的橘红色荧光条带。紫光灯下观察时应戴上防护眼镜或有机玻璃面罩，以免损伤眼睛。将照相机镜头加上近摄镜片和红色滤光片后将相机固定于照相架上，采用全色胶片，光圈为 5.6，曝光时间为 10~120s（根据荧光条带的深浅选择）。

（8）DNA 分子量标准曲线的制作。在放大的电泳照片上，以样品槽为起点，用卡尺测量 λDNA 的 EcoR Ⅰ 和 Hind Ⅲ 酶切片段的迁移距离，以厘米（cm）为单位。以核苷酸数的常用对数为纵坐标，以迁移距离为横坐标，在坐标纸上绘出连接各点的平滑曲线，即为该电泳条件下 DNA 相对分子质量的标准曲线。

（五）实验记录

绘出（或照相）在紫外灯下观察到的 λDNA 的凝胶电泳结果谱图。

（六）注意事项

（1）酶活力通常用酶单位（U）表示，酶单位的定义是：在最适反应条件下，1h 完全降解 1mg λDNA 的酶量为 1 个酶单位，但是许多实验制备的 DNA 不像 λDNA 那样易于降解，需适当增加酶的使用量。反应液中加入过量的酶是不合适的，除考虑成本外，酶液中的微量杂质可能干扰随后的反应。

（2）市场销售的酶一般浓度很大，为节约起见，使用时可事先用酶反应缓冲液（1×）进行稀释。另外，酶通常保存在 50% 的甘油中，实验中，应将反应液中甘油浓度控制在 1/10 之下，否则酶活性将受影响。

（3）观察 DNA 离不开紫外透射仪，可是紫外光对 DNA 分子有切割作用。从胶上回收 DNA 时，应尽量缩短光照时间并采用长波长紫外灯（300~360nm），以减少紫外光切割 DNA。

（4）EB 是强诱变剂并有中等毒性，配制和使用时都应戴手套，并且不要把 EB 洒到桌面或地面上；凡是沾染了 EB 的容器或物品必须经专门处理后才能清洗或丢弃。

（5）当 EB 太多、胶染色过深、DNA 带看不清时，可将胶放入蒸馏水冲泡，30min 后再观察。

（七）思考题

（1）如何通过分析电泳图谱评判基因组 DNA、质粒 DNA 等的提取物的质量？

（2）如果所制备质粒 DNA 出现下列实验结果，请分析可能产生的原因。

1）没有观察到任何荧光带。

2）只观察到一片"拖尾"的荧光。

3）观察到 2 条或 3 条整齐荧光带。

4）在加样孔附近观察到一堆荧光和 2~3 条整齐荧光带。

第三节　微生物群落结构测试

一、16S rDNA 高通量测序分析污泥中微生物的多样性

微生物的生态特征可分为结构特征和功能特征，结构特征是决定生物群落生态功能的关键，也是认识与解决环境问题的有效切入点。近年来，借助生态学多样性测度方法研究微生物多样性、群落结构及功能在环境污染及修复问题中的应用日益广泛。研究手段已经从依赖分离纯化培养的形态学及生物化学的分析技术，以及如变性梯度凝胶电泳（PCR-DGGE）技术、温度梯度凝胶电泳（TGGE）、实时荧光定量 PCR 技术（qPCR）、限制性片段长度多态性分析（RFLP）、末端标记限制性片段长度多态性分析（T-RFLP）等分子生物学的传统分析技术向高通量测序技术分析逐渐转化。

（一）实验目的

（1）掌握 16S rDNA 高通量测序分析微生物多样性的实验原理和基本操作过程。

（2）通过实验分析污泥中微生物的多样性。

（二）实验原理

16S rDNA 序列分析技术就是选取微生物样本，在选取的样本中提取待测的基因片段，通过克隆、酶切和测序、探针杂交等方法获得 16S rDNA 基因序列信息，通过与原有的 16S rDNA 数据库中的序列和其他数据进行比对，确定其在进化树中的位置，从而分析出样品微生物的种类。

常用的 16S rDNA 序列多样性研究手段主要有两类：一类是依靠凝胶电泳将 PCR 扩增产物中的不同序列区分开，根据电泳条带多样性推断序列多样性。如限制性片段长度多态性分析（RFLP）、变性梯度凝胶电泳（DGGE）和温度梯度凝胶电泳（TGGE）等。由 RFLP 衍生出末端限制性片段长度多样性（T-RFLP）技术，引入荧光物质标记取代凝胶电泳进行不同 16S rDNA 末端片段检测，也得到了较为广泛的应用。但此类指纹图谱技术普遍存在的缺点是不能满足定量研究的需要。通过电泳条带特征进行微生物种类鉴定困难，分辨率低，只能反映高丰度优势种群的信息，并且在较低分类水平上会严重低估微生物多样性。另一类是基于 DNA 测序的研究手段，极大提高了分析的精确度和可靠度。采用第一代 DNA 测序技术需要依靠克隆文库。将 PCR 扩增得到的 16S rDNA 片段插入克隆载体，带有不同片段的克隆载体分别导入工程菌中实现大规模扩增，建立起克隆文库，采用传统的 Sanger 测序法对克隆文库中的每条序列进行测定。基于克隆文库测序的多样性分析极大地推动了人们对油藏微生物多样性的认识。但克隆测序的步骤繁琐、成本较高，导致测序数据量小。由于测序深度不足，仍不能全面和准确地反映微生物多样性的真实情况。

近年来，以大规模平行测序为特征的第二代 DNA 测序技术（NGS）迅猛发展。二代测序摒弃了 Sanger 测序中的毛细管电泳，直接在芯片上进行，采用边合成边测序的原理，在 DNA 互补链合成过程中加入荧光标记的 dNTP 或酶促反应催化底物发出荧光，通过捕获荧光信号进行序列测定，极大地增加了测序的通量。与克隆测序相比，高通量测序极大地增加了测序深度和覆盖度，能检测到丰度极低的微生物种类，基于大规模数据的分析具有更强的统计效力，更准确地反映样本情况，这为 16S rDNA 多样性研究提供了新的发展契机。

（三）实验器材

（1）材料：不同污水厂中的污泥样品。

（2）溶液和试剂：SLX mlus 缓冲液、DS 缓冲液、SP2 缓冲液、异丙醇、Elution buffer、HTR 溶液、XP2 Buffer、XP2 缓冲液、无水乙醇、SPW 洗脱液、

2%琼脂糖。

（3）仪器或其他用具：Illumina MiSeq PE300 测序平台、超净工作台、电泳槽、水平电泳仪、凝胶成像系统、PCR 仪、高速冷冻离心机、HiBind DNA column 等。

（四）实验步骤

1. 样品采集

采集来自不同污水厂的污泥样品，所有的样品经无菌容器密封好后放入车载冰箱运回实验室，样品保存在-80℃超低温冰箱。

2. 样本总 DNA 提取

（1）取污泥样品 50g 和 135mL 的 DNA 提取缓冲液加入 150mL 离心管中，置于 37℃下充分混合 0.5h，浓缩其中微生物于 2mL 离心管，作为实验样品。

（2）向上述处理好的实验样品中加入 1mL SLX mlus 缓冲液，并用涡旋仪最大速度涡旋 3~5min，再加入 100μL DS 缓冲液，并涡旋使其混匀。

（3）用水浴锅于 70℃水浴 10min，其间将离心管上下颠倒混匀一次。室温离心 2min，转移 800μL 上清液至新的 2mL 离心管中，并加入 270μL SP2 缓冲液，涡旋使其充分混匀，再 5000r/min 离心 5min 后小心转移上清液至新的离心管中，并加入 0.7 体积异丙醇，上下颠倒混合 20~30 次，置于-20℃冰箱中 1h。

（4）4℃离心 10min，沉淀 DNA 后小心倒掉上清液，确保不搅动 DNA 沉淀，将离心管倒置于滤纸上 1min，吸掉液体，DNA 沉淀不需干燥。

（5）加入 200μL Elution buffer 于上述离心管中，涡旋 1min，用水浴锅于 65℃温育 20min，溶解 DNA 沉淀。加入 50~100μL HTR 溶液于上述离心管中，并涡旋 10min 使其充分混匀。

（6）室温下温育 2min，5000r/min 离心 2min 后转移上清液至新的 2mL 离心管中，加入等量 XP2 Buffer 于上述离心管中，并涡旋使其充分混匀。

（7）将 HiBind DNA column 插入配套的 2mL 收集管中，将步骤（6）中的样品转入其中，室温下 5000r/min 离心 1min，倒掉直流液，收集管重复利用。加入 300mL XP2 缓冲液于上述离心管中，5000r/min 离心 1min，弃掉直流液和收集管。

（8）将 HiBind DNA column 置于新的 2mL 收集管中，并加入 700μL 用无水乙醇稀释的 SPW 洗脱液，5000r/min 离心 1min，弃掉直流液，收集管重复利用。

（9）重复步骤（8）。弃掉直流液和收集管，将 HiBind DNA Column 重新插入新的收集管中，室温下 5000r/min 离心 2min，除去残留乙醇。

（10）将 HiBind DNA column 置于新的 1.5mL 灭菌离心管中，加入 30μL Elution buff 于 HiBind DNA column 中心，用水浴锅于 65℃下温育 15min 后，12000r/min 离心 1min，洗提 DNA。

3. 16S rDNA 序列扩增

为避免序列太长影响测序，同时兼顾扩增特异性，选用通用引物 338F/806R 对总 DNA 样品进行细菌 16S rDNA 序列片段扩增，引物序列为 338F：5′-ACTC-CTACGGGAGGCAGCAG-3′；806R：5′-GGACTACHVGGGTWTCTAAT-3′。PCR 反应采用 TransStart Fastpfu DNA Polymerase，20μL 反应体系，DNA 模板 10ng。为保证测序数据的准确性和可靠性，使用尽可能低的循环数扩增，并保证每个样本扩增的循环数一致。经预实验，选定为 27 个循环。反应参数为：95℃ 3min；95℃ 30s，55℃ 30s，72℃ 45s，27 个循环；72℃ 10min。每个样本做 3 个重复，重复样本 PCR 产物合并后经 1%琼脂糖凝胶电泳检测，浓度和特异性合格后用于后续高通量测序。

4. 16S rDNA PCR 产物高通量测序

PCR 产物经 2%琼脂糖凝胶电泳，使用 AxyPrep DNA 凝胶回收试剂盒（AXYGEN 公司）切胶纯化，Tris-HCl 洗脱，经 2%琼脂糖电泳初步检测浓度。参照电泳初步定量结果，将 PCR 产物用 QuantiFluor™-ST 蓝色荧光定量系统（Pro-mega 公司）进行检测定量。根据定量结果和测序量要求，取 PCR 产物构建测序文库，建库主要步骤为：（1）连接"Y"字形接头；（2）使用磁珠筛选去除接头自连片段；（3）利用 PCR 扩增进行文库模板的富集；（4）氢氧化钠变性，产生单链 DNA 片段。不同样本合并测序，以接头中包含的不同索引序列（index se-quence）加以区分。使用 Illumina MiSeq PE300 测序平台，此测序平台采用桥（Bridge）式扩增产生 DNA 簇和边合成边测序的原理，双端测序，读长 468bp。

5. 数据分析

采用 QIIME 1.8.0 软件处理原始数据，首先对 V3-V4 区片段进行拼接，其次去除引物，接着对其进行质量控制。质控时，去除模糊不清的序列，去除在正逆向引物中有错误的序列，去除碱基错配的序列。最后用 usearch7.0 软件去除嵌合体序列得到干净的序列。将得到的干净序列聚类成操作分类单元（operational taxonomic unit，OTU），通过归类操作，对所有序列在 97%的相似水平下进行 OTU 划分，根据 OTU 分类计算了样品的 Chao1 指数、ACE 指数、Shannon-Wiener 指数和样品文库的覆盖率。基于 UniFrac 分析，根据主成分分析检测种族间距的差异。通过稀释曲线评价序列的丰度。

（五）注意事项

（1）在 DNA 提取过程中，对于较难破壁的革兰氏阳性菌，需加入溶菌酶进行破壁处理，且溶菌酶必须用溶菌酶干粉溶解在缓冲液中进行配制，否则会导致溶菌酶无活性。

（2）洗脱缓冲液的体积应不少于 50μL，体积过小影响回收效率。

（六）思考题

（1）通过比较小组间样品的多样性指数的差异，分析不同环境样品中微生物群落的生态功能及造成微生物功能多样性差异的主要原因。

（2）V3~V4 区为何可被用于细菌的分类学研究？

（3）简述 16S rDNA 高通量测序微生物的多样性的原理及基本步骤。

二、微生物宏基因组技术

随着现代微生物分子生物学技术的进步，人们发现，目前人们所能分离出来的微生物种类只占了所有微生物的一小部分。环境中存在的微生物估计达到 10^5~10^6 种，但自从平板培养技术应用以来，发现的原核种类只有 7031 种。放射自显影技术及直接活菌计数都表明平板中 50% 甚至 90% 的细菌细胞保持代谢活性，却不能在固体培养基上形成菌落，从表观上认为这类微生物是不可培养的微生物（viable but non-culturable，VBNC）。表 4-2 列出了不同环境中"未培养"微生物的比例。为了解决培养上的难题，可以不经过培养这一步骤，直接通过提取环境中的总 DNA 或者总 RNA，构建基因组文库或 cDNA 文库，然后通过基因表达技术和高通量筛选技术获得所需要的代谢产物，这就是宏基因组（Metagenomics）技术。

表 4-2　不同环境中"未培养"微生物比例

生　境	可培养的比例/%	生　境	可培养的比例/%
海水	0.001~0.1	活性污泥	1~15
淡水	0.25	沉积物	0.25
中等营养湖	0.1~1.0	土壤	0.3
未污染的河口	0.1~3.0		

宏基因组技术是以环境样品中的微生物群体基因组为研究对象，以功能基因筛选和测序分析为研究手段，以微生物多样性、种群结构、进化关系、功能活性、相互协作关系及与环境之间的关系为研究目的的新的微生物研究方法。因此，宏基因组文库既包括了可培养的又包括了不可培养的微生物遗传信息，因此增加了获得新生物活性物质的机会。宏基因组技术一般包括从环境样品中提取基因组 DNA，进行高通量测序分析，或克隆 DNA 到合适的载体，导入宿主菌体，筛选目的转化子等工作。由于宏基因组技术的操作流程较为复杂，本节将以土壤样品为例，说明宏基因组学的研究流程（图 4-1）以供了解。

（一）样品 DNA 的提取

从样品中获得完整和纯净的微生物总 DNA 是构建文库和其后进行分析的基础。由于样品的来源不同，采取的提取方案会有所差异，但都包括以下 3 个步

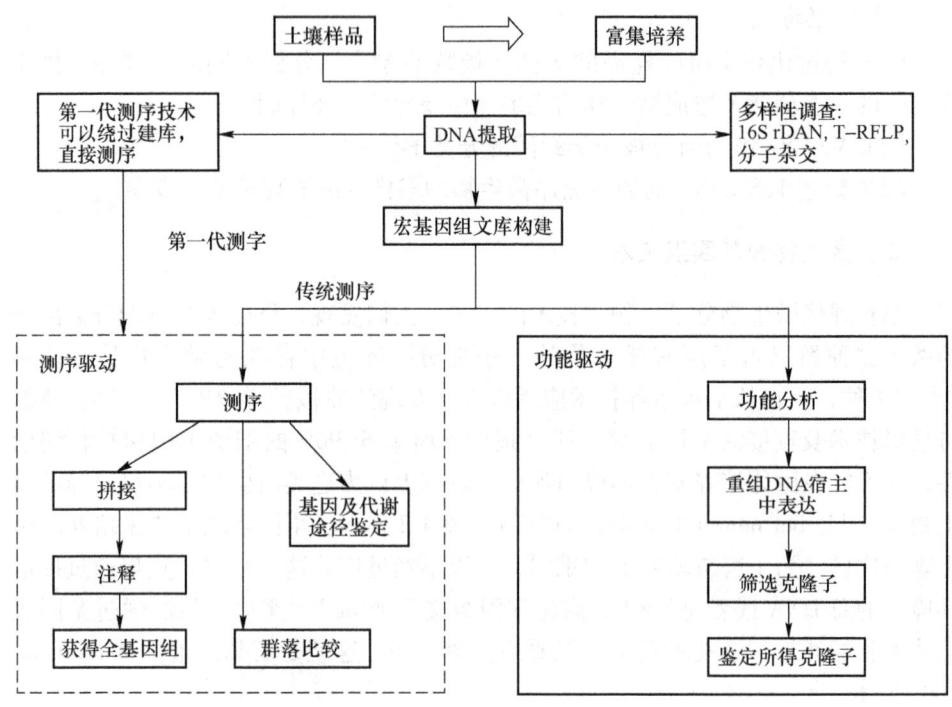

图 4-1　土壤样品宏基因组学研究流程

骤：样品的整理、DNA 的提取和 DNA 的纯化。对于土壤样品，样品的整理包括去掉样品中较大的硬物颗粒如石块、木块等。

目前土壤 DNA 的提取方法主要有两种。第一种是直接（裂解）法，即直接裂解土壤中的细胞，释放 DNA，再将 DNA 与土壤颗粒和其他杂质分离；一般是将土样直接悬浮在含有去污剂（如 SDS）和酶（如蛋白酶 K）的裂解液中，有时可以加入玻璃珠，然后进行剧烈振荡，以使处理更加完全；接着用酚/氯仿进行抽提，去除蛋白质等杂质，最后用乙醇沉淀 DNA。该方法的优点是可以获得较高产量的 DNA，由于裂解比较完全，所获得的 DNA 也比较全面。但是，由于经过机械搅拌等处理，获得的 DNA 相对分子质量较小且大小不均一，这样的 DNA 比较适合于用质粒或 λ 载体进行克隆，并且需要载体上的启动子启动基因的表达。另一种是细胞分离提取法或间接法，即先用物理方法分离土壤中的微生物细胞，比如样品悬浮后进行离心，再裂解细胞提取 DNA。细菌裂解后，一般也是需要用酚/氯仿进行抽提，最后用乙醇或异戊醇沉淀 DNA。分离法提取细胞的条件可以温和很多，从而不仅可以有效地避免样品中抑制性有机和无机成分对细胞裂解和 DNA 提取过程的干扰，还可以最大限度地减少机械剪切。此外，分离法还可以避免样品中非微生物细胞和游离的土壤 DNA 的污染。但不足之处是制备过程中会丢失部分微生物细胞，从而使产量减少；同时，为了获得较高相对分子质量的 DNA，只能用较温和的制备条件，但是这些条件往往不能裂解那些细胞壁较厚的微生物细胞，从而影响样品 DNA 的全面性。一般来说，直接法提取 DNA 的效率较间接法要高，一般认为其所得 DNA 也更具有代表性，因而得到更广泛的应用。

（二）宏基因组克隆文库的构建

在宏基因组大小一定的情况下，构建多大的宏基因组文库取决于用多大的 DNA 片段构建文库。要建立一个能覆盖基因组的文库并保证每个基因都有 100% 的概率包含在内，需要确定需要多少个独立的克隆。从土壤中提取的 DNA 可用于构建克隆文库进而筛选一些重要的生物活性分子。在建库选择载体和宿主时，应考虑到自身的研究目的以及所获得的 DNA 的量、纯度、片段大小等因素。载体的选择需要考虑载体的大小、载体拷贝数、插入片段的大小、所用宿主及筛选方法等因素，常用的克隆载体包括质粒、λ 载体、柯斯载体、福斯质粒和细菌人工染色体等，可满足不同的插入片段大小要求，具体如表 4-3 所示。载体容量越大，所需文库的克隆数越小，但是，太大的片段也会增加分析和亚克隆的困难。

表 4-3　常用的宏基因组克隆载体及其克隆能力

载　体	插入片段大小/kb	载　体	插入片段大小/kb
质粒	1~15	F 黏粒	40
λ 载体	2~25	细菌人工染色体载体	100~300
柯斯质粒	20~45		

大肠杆菌是土壤细菌基因或基因簇克隆和表达的通用宿主。利用载体将大肠杆菌包含的文库信息转移至其他宿主如链霉菌或假单胞菌中。为了获得群体中那些稀少种类（<0.1%）的基因片段，文库可能要有高于宏基因组 100~1000 倍的覆盖率，由于土壤的微生物种类丰富，文库的大小将达到 10000Gb 之巨大。因此为了减少工作量并获得满意的效果，建立文库时应该从小的样品中获得最大量的 DNA 和进行最有效的克隆。

（三）宏基因组文库的筛选

构建了一个覆盖率足够的宏基因组文库后，接下来的工作就是对文库的筛选。文库的筛选与宏基因组 DNA 的全面性一样重要，一个灵敏、快速和全面的高通量筛选方案会极大地提高筛选效率，增加目的基因或产物发现的概率，并降低筛选的成本。根据研究目的的不同，筛选的具体方案和策略也不同。一般分为两个方向，一是基于序列的筛选，二是基于功能的筛选。如果是利用文库开展生物多样性和分子系统学研究，则应该进行克隆片段的测序和分析；如果是从应用生物技术的角度开展研究，则应进行功能性筛选，同时进行序列测序和分析。文库筛选是一项有挑战性的工作，需要高通量的筛选仪器设备、数据库分析技术和灵敏的活性产物分析技术。

　　土壤宏基因组具有高度的复杂性，需要有高通量、高灵敏度的方法来筛选和鉴定文库中的有用基因或生物活性分子。以在土壤微生物宏基因组中筛选具有脂肪水解活性的基因为例，在建立宏基因组文库后，用平板法筛选具有脂肪酶活性的克隆子。同时使用两种指示平板，分别检测脂酶和脂肪水解酶类的活性。前者在 LB 固体培养基中加入 1%（体积分数）的油酸甘油酯和 0.01g/L 的荧光染料罗丹明 B。如果在 254nm 波长的紫外灯下观测到重组菌落的周围出现橙色的荧光环，则表明该菌落为脂酶阳性。脂肪水解酶类的活性测定是在 LB 培养基中加入 1%的丁酸甘油酯，阳性菌落周围会出现透明圈。通过以上测定方法，在菌落中筛选阳性克隆，从而确定编码脂酶和脂肪水解酶类的基因片段。

　　宏基因组学的研究已经成为环境生物学、微生物学乃至整个生物学中最活跃和最有潜力的学科方向，其在开发微生物资源多样性，筛选获得新型活性物质，发掘与抗生素抗性、维生素合成及污染物降解相关的蛋白质等方面展示了巨大的潜力，并将在医药、能源、环境、生物工程、农业、大气、地学等领域中发挥更大的作用。

第五章　环境微生物检测

第一节　水污染微生物

一、水的细菌学检查——细菌总数的测定

水是微生物广泛分布的天然环境，各种天然水中常含有一定数量的微生物。水中微生物的主要来源有：水中的水生性微生物（如光合藻类）、来自土壤径流或降雨的外来菌群、来自下水道的污染物和人畜的排泄物，也有降雨雪时，来自空气中的微生物。水是生命之源，人的生存离不开水环境，水质的好坏对人们生活起着至关重要的作用，而判断水质的标准，微生物在水中的种类、数量是必不可少的。

水中细菌菌落总数可作为判定被检水样被有机物污染程度的标志。细菌数量越多，则水中有机质含量越高。在水质卫生学检验中，细菌菌落总数（Colony Form Unit，简写为 CFU）是指 1mL 水样在牛肉膏蛋白胨琼脂培养基中经 37℃、24h 培养后生长出的细菌菌落总数。良好的饮用水细菌总数应小于 100CFU/mL，而大于 500CFU/mL 则不适宜饮用，我国现行《生活饮用水卫生标准》（GB 5749—2006）规定：细菌菌落总数在 1mL 自来水中不得超过 100 个。

（一）目的要求

（1）学习水样的采取方法、水中细菌总数的检测方法。

（2）了解检测水中细菌总数方法的原理及其应用的优缺点。

（3）了解水质评价的微生物学卫生标准。

（二）实验原理

本实验应用平板菌落计数技术测定水中的细菌总数。由于水中细菌种类繁多，它们对营养和其他生长条件的要求差别很大，不可能找到一种培养基在一种条件下，使水中所有的细菌均能生长繁殖，因此，以某种培养基平板上生长出来的菌落，计算出来的水中细菌总数仅是近似值。目前一般是采用普通营养琼脂培养基（即牛肉膏蛋白胨琼脂培养基），该培养基营养丰富，能使大多数细菌生长。除采用平板菌落计数测定细菌总数外，现在已有快速、简便的微生物检测仪或试剂纸（盒或卡）等也用来测定水中的细菌总数。

（三）仪器和材料

（1）实验材料：自来水、河水或湖水等。

（2）培养基/试剂。牛肉膏蛋白胨培养基：牛肉膏 3g，蛋白胨 10g，NaCl 15g，琼脂 15~20g，蒸馏水 1000mL。微生物检测试纸（盒或卡）。

（3）实验器材：灭菌三角瓶、灭菌具塞空瓶、灭菌平皿、灭菌吸管、灭菌试管、恒温培养箱、显微镜、载玻片、无菌过滤器、滤膜、烧杯、镊子、夹钳等。

（四）实验步骤

1. 水样的采集与处理

（1）自来水等生活饮用水。先将水龙头用火焰灼烧 3min 灭菌，然后再放水 5~10min 后用无菌瓶取样。

（2）池水、河水、湖水等地面水源水。用特制的采样瓶或采样器，在距岸边 5m 处，取距水面 10~15cm 的深层水样，先将灭菌的具塞三角瓶瓶口向下浸入水中，然后翻转过来，除去玻璃塞，水即流入瓶中，盖上盖子后再从水中取出，速送实验室检测。如果不能在 2h 内检测的水样，需放入冰箱中保存。

（3）水样的处置。采集的水样，一般较清洁的水可在 12h 内测定，污水则必须在 6h 内测定完毕。若无法在规定时间内完成，应将水样放在 4℃冰箱存放，若无低温保藏条件，应在报告中注明水样采集与测定的间隔时间。经加氯处理过的水中含余氯，会影响测定结果，采样瓶在灭菌前加入硫代硫酸钠，可消除氯的作用。

2. 水样的测定

（1）自来水等生活饮用水。此类水的细菌菌落总数通常不会超过 100 个/mL，故可不用稀释直接用移液管吸取 1mL 水样至无菌的培养皿中（每个水样重复 3 个培养皿），倾注入约 10mL 已融化并冷却至 50℃左右的营养琼脂培养基，平放于桌上迅速旋摇培养皿，使水样与培养基充分混匀，冷凝后成平板。倒入培养基后 37℃培养箱倒置培养 24h，计菌落数。算出 3 个平板上长菌落总数的平均值，即为 1mL 水样中细菌总数。

（2）河水、湖水。细菌菌落在每个培养皿上的数量一般控制在 30~300 个之间，对于有机物含量较高的水样，一般均超出此范围，所以水样需稀释后再测定，稀释倍数视水样污染程度而定。

1）稀释水样。取 3 个灭菌空试管，分别加入 9mL 灭菌水。取 1mL 水样注入第一管 9mL 灭菌水内、摇匀，再从第一管取 1mL 至下一管灭菌水内，如此稀释到第三管，稀释度分别为 10^{-1}、10^{-2}、10^{-3}。稀释倍数视水样的污染程度而定，以培养后平板的菌落数在 30~300 个之间的稀释度最为合适，若三个稀释度的菌数均多到无法计数或少到无法计数，则需继续稀释或减小稀释倍数。一般中等污染水样，取 10^{-1}、10^{-2}、10^{-3} 三个连续稀释度、污染严重的取 10^{-2}、10^{-3}、10^{-4} 三个连续稀释度。

2）自最后三个稀释度的试管中各取 1mL。稀释水加入空的灭菌培养皿中，每一稀释度做 2 个培养皿。

3）各倾注 15mL 已溶化并冷却至 45℃ 左右的牛肉膏蛋白胨琼脂培养基，立即放在桌上摇匀。

4）凝固后倒置于 37℃ 培养箱中培养 24h。

（五）菌落计数及报告方法

做平板计数时，可用肉眼观察，也可用放大镜和菌落计数器计数，以防遗漏。在记下各平板的菌落数后，求出同稀释度的各平板平均菌落数，再乘以稀释倍数即为 1mL 水样中的细菌菌落总数。

（1）平板菌落数的选择。选取菌落数在 30～300 之间的平板作为菌落总数测定标准，一个稀释度使用两个或三个重复时，应选取两个（或三个）平板的平均数。若其中一个平板上有较大片状菌落生长时，则不宜采用，而应以无片状菌落生长的平板作为该稀释度的菌落数；若片状菌落大小不到平板的一半，而另一半平板上菌落数分布很均匀，则可按半个平板上的菌落计数，然后乘以 2 作为整个平板的菌落数。

（2）稀释度的选择。

1）选择平均菌落数在 30～300 个/皿之间的稀释度，并以该平均菌落数乘以稀释倍数报告（表 5-1 中例次 1）。

表 5-1 稀释度的选择及菌落总数报告方式

例次	不同稀释度的平均菌落数			两个稀释度菌落数之比	菌落总数 /CFU·mL^{-1}	报告方式/CFU·mL^{-1}
	10^{-1}	10^{-2}	10^{-3}			
1	多不可计	164	20	—	16400	16000 或 1.6×10^4
2	多不可计	295	46	1.6	37750	38000 或 3.8×10^4
3	多不可计	271	60	2.2	27100	27000 或 2.7×10^4
4	多不可计	多不可计	313	—	313000	310000 或 3.1×10^5
5	27	11	5	—	270	270 或 2.7×10^2
6	0	0	0	—	<10	<10
7	多不可计	305	12	—	30500	31000 或 3.1×10^4

2）当有 2 个稀释度的平均菌落数均在 30～300 之间时，则应视两者菌落数之比值来决定，若比值小于 2，则应报告两者之平均数；若大于 2 则报告其中较小的菌落数（表 5-1 中例次 2 及例次 3）。

3）当所有稀释度的平均菌落数均大于 300，则应按稀释倍数最高的平均菌落数乘以稀释倍数报告（表5-1中例次4）。

4）当所有稀释度的平均菌落数均小于30时，则应按稀释度最低的平均菌落数乘以稀释倍数报告（表5-1中例次5）。

5）当所有稀释度均无菌落生长，则以小于1乘以最低稀释倍数报告之（表5-1中例次6）。

6）当所有稀释度的平均菌落数均不在30~300之间时，则以最接近300或30的平均菌落数乘以稀释倍数报告（表5-1中例次7）。

（3）菌落数的报告。菌落数在100以内时按实有数据报告，大于100时，采用两位有效数字，在两位有效数字后面的位数，以四舍五入方法计算。为了缩短数字后面0的个数，可用10的指数来表示。在报告菌落数为"无法计数"时，则应注明水样的稀释倍数。

（六）实验报告

（1）未稀释饮用水的实验结果记入表5-2。

表5-2　未稀释饮用水的实验结果记录表

平板	菌落数	细菌总数/CFU·mL^{-1}
1		
2		
3		

空白对照平板的结果：＿＿＿＿＿＿＿

（2）水源水实验结果。

稀释后的池水、湖水或河水等水源水的实验结果记入表5-3。

表5-3　稀释水源水实验结果记录

稀释度	10^{-1}			10^{-2}			10^{-3}		
平板	1	2	3	1	2	3	1	2	3
菌落数									
平均菌落数									
稀释度菌落数之比									
细菌总数/CFU·mL^{-1}									

从自来水的细菌总数结果来看，是否合乎饮用水标准？

二、水中大肠菌群的测定

细菌种类对人体健康尤为重要，许多致病细菌常常存在于水中，人们饮用后引发疾病，例如痢疾、伤寒、霍乱等，因而测定饮用水中的病原菌十分重要。饮用水中病原菌的检测，国际上一般都采用总大肠菌群作为指示菌，每升水中的总大肠菌群称为总大肠菌群指数。我国《生活饮用水卫生标准》（GB 5749—2006）：总大肠菌群、耐热大肠菌群及大肠埃希氏菌（MPN/100mL 或 CFU/100mL）都不得检出，且当水样检出总大肠菌群时，应进一步检验大肠埃希氏菌或耐热大肠菌群，水样未检出总大肠菌群，不必检验大肠埃希氏菌或耐热大肠菌群。

水质微生物学的检验，特别是肠道细菌的检验，在保证饮水安全和控制传染病上有着重要意义，同时也是评价水质状况的重要指标。因此，测定水样是否符合饮用水的微生物方面的卫生标准，除了细菌总数的测定还有总大肠菌群的测定。

（一）实验目的

（1）了解水中大肠菌群数量指标在环境领域的重要性。

（2）学习和掌握水中大肠菌群的测定原理和检测方法。

（二）实验原理

大肠菌群是指一群在 37℃、24h 内能发酵乳糖产酸、产气的兼性厌氧的革兰氏阴性无芽孢杆菌，主要由肠杆菌科中 4 个属内的细菌组成，即埃希杆菌属、柠檬酸杆菌属、克雷伯菌属和肠杆菌属。它们普遍存在于肠道中，具有数量多、与多数肠道病原菌存活期相近、易于培养和观察等特点。

水的大肠菌群数是指每升水中含有的大肠菌群的近似值。在正常情况下，肠道中主要有大肠菌群、粪链球菌和厌氧芽孢杆菌等多种细菌。这些细菌都可随人畜排泄物进入水源，由于大肠菌群在肠道内数量最多，所以，水源中大肠菌群的数量是直接反映水源被人畜排泄物污染的一项重要指标。目前，国际上已公认大肠菌群的存在是粪便污染的指标，必须进行饮用水的大肠菌群的检查。

大肠菌群的检测方法主要有多管发酵法和滤膜法。前者被称为水的标准分析法，即将一定量的样品接种到乳糖发酵管，根据发酵反应的结果，确证大肠菌群的阳性管数后在检索表中查出大肠菌群的近似值。可适用于各种水样（包括底泥），但操作较繁，所需时间较长。后者是一种快速的替代方法，能测定大体积的水样，但只局限于饮用水或较纯净的水，目前一些大城市的水厂常采用此法。

（三）仪器和材料

（1）实验材料：自来水或再生水。

（2）培养基/试剂。

1）乳糖蛋白胨培养基：蛋白胨 10g，牛肉膏 3g，乳糖 5g，NaCl 5g，1.6%溴甲酚紫乙醇溶液 1mL，水 1000mL，pH 7.2~7.4。

按上述配方配制成溶液后（溴甲酚紫乙醇溶液调 pH 值后再加），分装于含有一倒置杜氏小管的试管中，每支 10mL。115℃（相对蒸汽压力 0.072MPa）灭菌 20min。

2）3 倍浓度的乳糖蛋白胨培养基：按乳糖蛋白胨培养基配方 3 倍的浓度配制成溶液后分装，大发酵管每管装 50mL，小发酵管每管装 5mL，管内均有一倒置杜氏小管。灭菌条件同上。

3）伊红美蓝培养基（EMB 培养基）：蛋白胨 10g，K_2HPO_4 2g，乳糖 10g，琼脂 20g，2%伊红水溶液 200mL，0.65%美蓝溶液 100mL，水 1000mL，pH 7.1。

配制过程中，先调 pH 值再加伊红美蓝溶液。将上述溶液分装于锥形瓶，每瓶 150～200mL，灭菌条件同上。

（3）实验器材：高压蒸汽灭菌器、培养皿、锥形瓶、烧杯、试管、量筒、药物天平、培养箱、水浴锅、移液管、铁架、表面皿、细菌过滤器、滤膜、抽滤设备、pH 试纸和棉花等。

（四）实验步骤

1. 多管发酵法（MPN 法）

（1）初发酵试验。在 2 个装有 50mL 3 倍浓缩的乳糖蛋白胨溶液的锥形瓶中，各加入 100mL 水样：在 10 支各装有 5mL 的 3 倍乳糖蛋白胨培养基的发酵试管中（内有倒置小管），无菌操作条件下各加入水样 10mL。摇匀后 37℃下培养 24h，观察其产酸产气情况。若 24h 未产酸产气，可继续培养至 48h，记下试验初步结果。

（2）确定性试验。用平板分离，将 24h 或 48h 培养后产酸产气或仅产酸的试管中的菌液分别划线接种于伊红美蓝琼脂平板上，于 37℃培养 24h，将出现以下 3 种特征的菌落进行涂片、革兰氏染色和镜检：

1）深紫黑色，具有金属光泽；

2）紫黑色，不带或略带金属光泽；

3）淡紫红色，中心颜色较深。

（3）复发酵试验。选择具有上述特征的菌落，经涂片、染色和镜检后，若为革兰氏阴性无芽孢杆菌，则用接种环挑取此菌落的一部分转接至乳糖蛋白胨培养液的试管中，于 37℃培养观察试验结果，若产酸产气即证实有大肠菌群存在。

根据证实有大肠菌群存在的阳性管数查表。如果被测水样（或其他样品）中大肠菌群的量比较多，则水样必须稀释以后才能测，其余步骤与测自来水基本相同。可查相应的检数表得出结果。

2. 滤膜法（以自来水为例）

滤膜法所使用的滤膜是一种微孔滤膜。将水样注入已灭菌的放有滤膜的滤器中，经过抽滤，细菌即被均匀地截留在膜上，然后将滤膜贴于大肠菌群选择性培养基上进行培养。再鉴定滤膜上生长的大肠菌群的菌落，计算出每升水样中含有的大肠菌群数（MPN）。

（1）培养基、滤膜。

1）乳糖蛋白胨培养基和伊红美蓝培养基（EMB 培养基）：同多管发酵法。

2）乳糖蛋白胨半固体培养基：蛋白胨 10g，牛肉膏 5g，乳糖 10g，酵母浸膏 5g，1.6%溴甲酚紫乙醇溶液 0.1mL，琼脂 5g，水 1000mL，pH 7.2~7.4。

3）滤膜孔径为 0.45um 的滤膜置于水浴中煮沸灭菌（间歇灭菌）3 次，每次 15min。

（2）实验步骤。

1）倒培养基：用伊红美蓝培养基倒，冷却后待用。

2）过滤水样：用无菌镊子将灭过菌的滤膜移至过滤器中，然后加 333mL 水样至滤器抽气过滤，待水样滤完后再抽气 5s 即可。

3）将滤膜转移至平板：滤膜截留细菌面向上，用无菌镊子将滤膜转移至上述已倒好的平板，使滤膜紧贴培养基表面。

4）培养：于 37℃培养箱培养 24h。

5）观察结果：将具有大肠菌群菌落特征、经革兰氏染色呈阴性、无芽孢的菌体（落）接种到乳糖蛋白胨培养基或乳糖蛋白胨半固体培养基（穿刺接种），经 37℃培养箱培养，前者于 24h 产酸产气者或后者经培养 6~8h 后产气者，则判定为阳性。

6）结果计算：将被判为阳性的总菌落数乘以 3，即得每升水中的大肠菌群数。

大肠菌群检验表（MPN 法）见表 5-4~表 5-7。

表5-4 大肠菌群的最大可能数（MPN 法） （个/100mL）

出现阳性份数			每 100mL 水样中最大可能数	95%可信限值		出现阳性份数			每 100mL 水样中最大可能数	95%可信限值	
10mL	1mL	0.1mL		下限	上限	10mL	1mL	0.1mL		下限	上限
0	0	0	<2			2	1	0	7	1	17
0	0	1	2	<0.5	7	2	1	1	9	2	21
0	1	0	2	<0.5	7	2	2	0	9	2	21
0	2	0	4	<0.5	11	2	3	0	12	3	28
1	0	0	2	<0.5	11	3	0	0	8	1	19
1	0	1	4	<0.5	11	3	0	1	11	2	25
1	1	0	4	<0.5	11	3	0	2	11	2	25
1	1	1	6	<0.5	15	3	1	0	14	4	34
1	2	0	6	<0.5	15	3	2	0	14	4	34
2	0	0	5	<0.5	13	3	2	1	17	5	46
2	0	1	7	1	17	3	3	0	17	5	46

续表5-4

出现阳性份数			每100mL水样中最大可能数	95%可信限值		出现阳性份数			每100mL水样中最大可能数	95%可信限值	
10mL	1mL	0.1mL		下限	上限	10mL	1mL	0.1mL		下限	上限
4	0	0	13	3	31	2	2	1	70	23	170
4	0	1	17	5	46	5	2	2	94	28	220
4	1	0	17	5	46	5	3	0	79	25	190
4	1	1	21	7	63	5	3	1	110	31	250
4	1	2	26	9	78	5	3	2	140	37	310
4	2	0	22	7	67	5	3	3	180	44	500
4	2	1	26	9	78	5	4	0	130	35	300
4	3	0	27	9	80	5	4	1	170	43	190
4	3	1	33	11	93	5	4	2	220	57	700
4	4	0	34	12	93	5	4	3	280	90	850
5	0	0	23	7	70	5	4	4	350	120	1000
5	0	1	34	11	89	5	5	0	240	68	750
5	0	2	43	15	110	5	5	1	350	120	1000
5	1	0	33	11	93	5	5	2	540	180	1400
5	1	1	46	16	120	5	5	3	920	300	3200
5	1	2	63	21	150	5	5	4	1600	640	5800
5	2	0	49	17	130	5	5	5	≥1600		

注：水样总量55.5mL（5管10mL，5管1mL，5管0.1mL）。

表5-5　大肠菌群检验表　　　　　　　　　　（个/L）

10mL水量的阳性管数	10mL水量的阳性管数			10mL水量的阳性管数	10mL水量的阳性管数		
	0	1	2		0	1	2
0	<3	4	11	6	22	36	92
1	3	8	18	7	27	43	120
2	7	13	27	8	31	51	161
3	11	18	38	9	36	60	230
4	14	24	52	10	40	69	>230
5	18	30	70				

注：水样总量300mL（2份100mL，10份10mL）。此表用于测定生活饮用水。

表 5-6　大肠菌群检验表　　　　　　　　　　　（个/L）

100	10	1	0.1	水中大肠菌群数/L	100	10	1	0.1	水中大肠菌群数/L
–	–	–	–	<9	–	+	+	+	28
–	–	–	+	9	+	–	–	+	92
–	–	+	–	9	+	–	+	–	94
–	+	–	–	9.5	+	–	+	+	180
–	–	+	+	18	+	+	–	–	230
–	+	–	+	19	+	+	–	+	960
–	+	+	–	22	+	+	+	–	2380
+	–	–	–	23	+	+	+	+	>2380

注：水样总量 111.1mL（100mL，10mL，1mL，0.1mL），+表示有大肠菌群，–表示无大肠菌群。

表 5-7　大肠菌群检验表　　　　　　　　　　　（个/L）

100	10	1	0.1	水中大肠菌群数/L	100	10	1	0.1	水中大肠菌群数/L
–	–	–	–	<90	–	+	+	+	280
–	–	–	+	90	+	–	–	+	920
–	–	+	–	90	+	–	+	–	940
–	+	–	–	95	+	–	+	+	1800
–	–	+	+	180	+	+	–	–	2300
–	+	–	+	190	+	+	–	+	9600
–	+	+	–	220	+	+	+	–	23800
+	–	–	–	230	+	+	+	+	>23800

注：水样总量 11.11mL（10mL，1mL，0.1mL，0.01mL），+表示有大肠菌群，–表示无大肠菌群。

（五）实验报告

（1）描述滤膜上的大肠杆菌菌落的外观。

（2）滤膜上的大肠菌群菌落数_____个，1L 水样中大肠杆菌群菌落数_____个。

（六）思考题

（1）测定水中大肠杆菌个数有什么实际意义？为什么选用大肠杆菌作为水的卫生指标？

（2）根据我国饮用水水质标准，讨论本次检验结果。

三、富营养化湖中藻类的测定（叶绿素 a 法）

水体营养化是指在人类活动的影响下，生物所需的氮、磷等营养物质大量进入湖泊、河口、海湾等缓流水体，引起藻类及其他浮游生物迅速繁殖，水体溶解氧量下降，水质恶化，鱼类及其他生物大量死亡的现象。在自然条件下，湖泊也会从贫营养状态过渡到富营养状态，不过这种自然过程非常缓慢。然而，人为排放含营养物质的工业污水和生活污水所引起的水体富营养化则可以在短时间内出现。水体出现富营养化现象时，浮游藻类大量繁殖，形成水华。因占优势的浮游藻类的颜色不同，水面往往呈现蓝色、红色、棕色、乳白色等。这种现象在海洋中则叫做赤潮或红潮。

根据叶绿素的光学特征，叶绿素可分为 a、b、c、d、e 这 5 类，其中叶绿素 a 存在于所有植物中，占有机物干重的 1%～2%，是水体初级生产力和估算水中浮游植物浓度的重要指标，通过叶绿素 a 的测定和生产力的测定可以了解水中藻类状况，以便采取有效的防治措施。

（一）实验目的

（1）了解富营养化水体评价方法。

（2）掌握叶绿素 a 的测定原理及方法。

（二）实验原理

富营养化指由于水体受到污染，尤以氮、磷为甚，致使其中的藻类旺盛生长。此类水体中代表藻类的叶绿素 a 浓度常大于 $10\mu g/L$。采用叶绿素 a 法，根据藻类叶绿素 a 具有其独特的吸收光谱（663nm），用分光光度法测其含量，以此来评价被测水样的富营养化程度。

（三）仪器与材料

（1）实验材料：两种不同污染程度的湖水水样各 2L。

（2）培养基/试剂：1% $MgCO_3$ 悬液、90%的丙酮水溶液。

（3）实验器材：分光光度计、比色杯（1cm、4cm）、台式离心机、离心管（15mL 具刻度和塞子）、蔡氏滤器、滤膜（0.45μm，直径 47mm）、真空泵、冰箱、匀浆器或小研钵。

（四）实验步骤

1. 清洗玻璃仪器

整个实验中所使用的玻璃仪器应全部用洗涤剂清洗干净，尤其应避免酸性条件下引起的叶绿素 a 分解。

2. 过滤水样

在蔡氏滤器上装好滤膜，每种测定水样取 50～500mL 减压过滤。待水样剩余若干毫升之前加入 0.2mL MgCO₃ 悬液、摇匀直至抽干水样。加入 MgCO₃ 可增进藻细胞滞留在滤膜上，同时还可防止提取过程中叶绿素 a 被分解。如过滤后的载藻滤膜不能马上进行提取处理，应将其置于干燥器内，放冷（4℃）暗处保存，放置时间最多不能超过 48h。

3. 提取

将滤膜放于匀浆器或小研钵内，加 2~3mL 90% 的丙酮溶液，匀浆，以破碎藻细胞。然后用移液管将匀浆液移入刻度离心管中，用 5mL 90% 丙酮冲洗 2 次，最后向离心管中补加 90% 丙酮，使管内总体积为 10mL。塞紧塞子并在管子外部罩上遮光物，充分振荡，放冰箱避光提取 18~24h。

4. 离心

提取完毕后，置离心管于台式离心机上 30r/min，离心 10min，取出离心管，用移液管将上清液移入刻度离心管中，塞上塞子，3500r/min 再离心 10min。正确记录提取液的体积。

5. 测定光密度

藻类叶绿素 a 具有其独特的吸收光谱（663nm），因此可以用分光光度法测其含量。用移液管将提取液移入 1cm 比色杯中，以 90% 的丙酮溶液作为空白，分别在 750nm、663nm、645nm、630nm 波长下测提取液的光密度值（OD）。注意：样品提取的 OD_{663} 值要求在 0.2~1.0，如不在此范围内，应调换比色杯，或改变过滤水样量。$OD_{663}<0.2$ 时，应该用较宽的比色杯或增加水样量；$OD_{663}>1.0$ 时，可稀释提取液或减少水样滤过量，使用 1cm 比色杯。

6. 叶绿素 a 浓度计算

将样品提取液在 663nm、645nm、630nm 波长下的光密度值（OD_{663}、OD_{645}、OD_{630}）分别减去在 750nm 下的光密度值（OD_{750}），此值为非选择性本底物光吸收校正值。叶绿素 a 浓度计算公式如下。

（1）样品提取液中的叶绿素 a 浓度 Ca(μg/L) 为：

$$c_a = 11.64 \times (OD_{663} - OD_{750}) - 2.16 \times (OD_{645} - OD_{750}) + 0.1 \times (OD_{630} - OD_{750})$$

(5-1)

（2）水样中叶绿素 a 浓度（μg/L）为：

$$水样中叶绿素 a 浓度 = c_a \times V_{丙酮} / V_{水样} \times L$$

(5-2)

式中　c_a——样品提取液中叶绿素 a 浓度，μg/L；

$V_{丙酮}$——90% 丙酮提取液体积，mL；

$V_{水样}$——过滤水样的体积，L；

L——比色杯宽度，cm。

被测水样的叶绿素 a 评价标准见表 5-8。

表 5-8 湖泊富营养化的叶绿素 a 评价标准

项 目	贫营养型	中营养型	高营养型
叶绿素 a/μg · L^{-1}	<4	4~10	10~150

（五）实验报告

将测定结果记录于表 5-9，根据测定结果，参照表 5-8 中指标评价被测水样的富营养化程度。

表 5-9 吸光度测定结果记录

水样	OD_{750}	OD_{663}	OD_{645}	OD_{630}	叶绿素 a/μg · L^{-1}
A 湖水					
B 湖水					

（六）思考题

（1）比较两种污染程度不同的水样中叶绿素 a 的浓度，判定它们的受污染程度。

（2）如何保证水样叶绿素 a 浓度测定结果的准确性？主要应注意哪几个方面的问题？

第二节 空气及土壤中微生物

一、空气中微生物的计数

空气中微生物的数量及种类常因污染源及污染程度不同而异。空气污染物多以气溶胶形式存在，空气细菌是生物气溶胶的一个重要组成部分，空气细菌在大气中扩散、传播会引发人类的急慢性疾病以及动植物疾病，同时，还存在不明原因重症肺炎（如 SARS、高致病性禽流感）。因此，目前空气中微生物污染情况的检验备受重视，一般以细菌和真菌作为检测目标。空气中细菌的检验方法较多，在此介绍几种常见简单的方法。

（一）实验目的

（1）通过实验了解不同环境条件下空气中微生物的分布状况。

（2）学习并掌握检测和计数空气中微生物的基本方法。

（二）实验原理

空气是人类赖以生存的必需环境，也是微生物借以扩散的媒介。空气中存在着细菌、真菌、病毒、放线菌等多种微生物粒子，这些微生物粒子是空气污染物的重要组成部分。空气微生物主要来自地面及设施、人和动物的呼吸道、皮肤和毛发等，它附着在空气气溶胶细小颗粒物表面，可较长时间停留在空气中。某些微生物还可以随着空气中细小颗粒穿过人体肺部存留在肺的深处，给身体健康带来严重危害，也可以随着空气中细小颗粒物被输送到较远地区，给人体带来许多传染性的疾病和上呼吸道疾病。因此，空气微生物含量多少可以反映所在区域的空气质量，是空气环境污染的一个重要参数。评价空气的清洁程度，需要测定空气中的微生物数量和空气污染微生物。

在本次实验中测量空气中微生物含量，主要运用了过滤法、自然沉降和撞击法，测定的细菌指标为细菌总数。过滤法通过抽滤装置将单位体积的空气抽入一定量的无菌水中，定量吸取该水样在固体培养基上培养24h，按照菌落数计算每升空气中细菌的数目。自然沉降法通过对单位时间自然飘落在培养基平板的细菌长出的菌落进行计数，计算空气中细菌的数目。根据《室内空气中细菌总数卫生标准》（GB/T 17093—1997）室内空气中细菌总数规定：撞击法不大于4000CFU/m³，自然沉降法不大于45CFU/皿。

（三）仪器与材料

（1）培养基/试剂：牛肉汤蛋白胨培养基、查氏培养基、高氏Ⅰ号培养基、无菌水。

（2）实验器材：采样器、恒温培养箱、培养皿、吸管、塑料瓶、塑料桶、真空泵。

（四）实验步骤

1. 过滤法

过滤法是抽取定量空气通过一种液体吸收剂，然后取此液体定量培养计数出菌落数。

（1）将无菌的液体培养基或无菌水与真空泵相连，以每分钟10L速度取空气样并剧烈振荡，使阻留在液体中的气溶胶或微生物均匀分散。

（2）吸取上述含菌液体吸收液1mL与熔化并冷却到45℃左右的营养琼脂做倾注培养，同时做3个平行试验，置37℃恒温箱中培养48h，计算平均菌落数。根据下列公式计算：

$$X = 1000V_bN/V_a \tag{5-3}$$

式中 X——每1m³空气中的细菌数；

V_a——吸收液体量，mL；

V_b——空气过滤量，L；

N——每1mL液体培养基中的细菌数。

2. 自然沉降法

自然沉降法是将营养琼脂平板在采样点暴露15min，经37℃、48h培养后计数生长的细菌菌落数的采样测定方法。

（1）倒培养基。将肉汤蛋白胨琼脂培养基、查氏琼脂培养基、高氏Ⅰ号琼脂培养基融化后，各倒 15 个平板，冷凝。

（2）采样。室内面积不大于 30m²，对角线内、中、外处设 3 点，内外点布位距墙壁 1m 处；室内面积大于 30m²，设 4 角及中央 5 点，4 角的布点部位距墙壁 1m 处。在室内各采样点处放好培养基，采样高度距地面 0.8~1.5m，采样时，将平板盖打开，暴露 30min 或 60min，盖好平板。

（3）培养。培养细菌（牛肉汤蛋白胨琼脂培养基）的培养皿，置于 37℃ 恒温培养箱培养 24~48h，培养霉菌（查氏琼脂培养基）和放线菌（高氏Ⅰ号琼脂培养基）的培养皿，置于 28℃ 恒温培养箱培养 24~48h。

（4）观察结果。培养结束，观察各种微生物的菌落形态、颜色，计菌落数。

3. 撞击法

撞击法是采用撞击式空气微生物采样器采样，通过抽气动力作用，使空气通过狭缝或小孔而产生高速气流，使悬浮在空气中的带菌粒子撞击到营养琼脂平板上，经 37℃、48h 培养后，计算出每立方米空气中所含的细菌菌落数的采样测定方法。

（1）选择具有代表性的位置设置采样点。将采样器消毒，按仪器使用说明进行采样。

（2）样品采完后，将带菌营养琼脂平板置 36℃±1℃ 恒温箱中，培养 48h，计数菌落数，并根据采样器的流量和采样时间，换算成每立方米空气中的菌落数。以 CFU/m³ 报告结果。

（3）选择撞击式空气微生物采样器的基本要求如下。

1）对空气中细菌捕获率达 95%。

2）操作简单，携带方便，性能稳定，便于消毒。

（五）实验报告

将空气中微生物种类的数量记录在表 5-10。

表 5-10　空气中不同微生物数量记录表

时间/min	细　菌	霉　菌	放线菌
30			
60			

根据结果，计算室内和室外每升空气中的细菌、霉菌、放线菌的数目。

（六）思考题

（1）在空气中微生物的测定，应从哪几个方面确定采样点？

（2）试分析自然沉降法的优缺点。

二、土壤中微生物的检测

（一）实验目的

（1）学会土壤微生物的检测方法。

（2）了解土壤中微生物的数量和组成。

（二）实验原理

土壤是微生物生活最适宜的环境，它具有微生物所需的一切营养物质和微生物进行生长繁殖及生存的各种条件。土壤中微生物的数量和种类都很多，有细菌、真菌、放线菌、霉菌、藻类和原生动物等。土壤微生物的数量也很大，1g土壤中就有几亿到几百亿个。1亩地耕层土壤中，微生物的质量有几百斤到上千斤，它们参与土壤中的氮、碳、硫、磷等的矿化作用，使地球上的这些元素能被循环使用。此外，土壤微生物的活动对土壤形成、土壤肥力和作物生产都有非常重要的作用。因此，查明土壤中微生物的数量及其组成情况，对发掘土壤微生物资源和对土壤微生物实行定向控制无疑是十分必要的。

（三）实验材料

（1）菌种来源：土壤样品。

（2）培养基：牛肉膏蛋白胨琼脂培养基（培养细菌）、高氏Ⅰ号培养基（培养放线菌）、马铃薯葡萄糖琼脂培养基（培养霉菌、蘑菇等真菌）。

（3）试剂：无菌水、链霉素溶液（5000U/mL）、0.5%重铬酸钾溶液。

（4）其他：无菌培养皿、无菌试管、无菌移液管（或移液枪）、涂布棒、接种环、酒精灯、水浴锅、恒温培养箱、记号笔等。

（四）实验步骤

1. 制备土壤稀释悬液

（1）采集土壤样品。在采样地点用铲子铲去表层土，取深层土壤（距离地表10cm左右）5g，放进无菌袋后封口，在无菌袋上记录采样地点、采样时间和周围环境情况。

（2）制备土壤悬液。称取1g土壤，将其放入盛有99mL无菌水的锥形瓶里，塞上瓶塞，振荡10min左右，使土壤中的菌体或孢子充分散开，此时制成稀释度为 10^{-2} 的土壤悬液。

（3）稀释土壤悬液。取6支无菌试管，依次编号 10^{-3}、10^{-4}、10^{-5}、10^{-6}、10^{-7} 和 10^{-8}。在无菌操作条件下，用无菌移液枪向每支试管加入9mL无菌水，然后用右手拔出装有 10^{-2} 土壤菌悬液的锥形瓶的瓶塞，用移液枪吸取1mL的土壤悬液至编号 10^{-3} 的试管中，充分摇匀菌液。更换枪头，在编号 10^{-3} 试管中反复吸吹样品数次，使之充分混匀，并精确移取1mL菌液至 10^{-4} 试管中。以此类推，直至

稀释到 10^{-8} 为止。

2. 分离微生物

（1）浇注平板法分离细菌。

1）培养皿编号：取 9 套无菌培养皿，依次编号 10^{-6}、10^{-7} 和 10^{-8}，每个稀释度设 3 个平行样。

2）培养基融化：在水浴锅中加热已灭菌的培养基，使其充分融化。

3）倒平板：待培养基冷却到 50℃ 左右，在无菌操作条件下倒 9 个平板，静置，待凝。

4）加菌液：在无菌操作条件下，分别从稀释度为 10^{-6}、10^{-7}、10^{-8} 的试管中吸取 1mL 菌液加到相应编号的培养皿内。

5）浇注平板：在酒精灯火焰周围的无菌操作区域内，向各个培养皿中倒入约 15mL 融化后且冷却至 50℃ 左右的牛肉膏蛋白胨琼脂培养基，立即将平板平稳快速地沿前后、左右、顺时针以及逆时针等方向轻轻摇晃，让菌悬液与培养基混合均匀，静置，冷凝。

6）培养：将平板倒置于 37℃ 恒温培养箱中培养 24h。观察实验结果，计算出每克土壤中细菌的数量（个/g），公式如下：

土壤中细菌的数量 = 平板上细菌的平均菌落数 × 稀释倍数/（1 - 土壤含水率）

7）挑取单菌落：在无菌操作条件下，用接种环挑取单菌落接种到新鲜的牛肉膏蛋白胨斜面培养基上培养，获得初步分离产物。重复上述步骤，直至获得纯培养物。

（2）涂布平板法分离放线菌。

1）培养皿编号。取 9 套无菌培养皿，依次编号 10^{-6}、10^{-7} 和 10^{-8}，每个稀释度设 3 个平行样。

2）培养基融化。在水浴锅中加热已灭菌的高氏 I 号培养基，使其充分融化。

3）倒平板。在每个无菌培养皿内加入两滴 0.5% 重铬酸钾溶液，然后待培养基冷却到 50℃ 左右，在无菌操作条件下将培养基倒入 9 个平板，立即将平板平稳快速地沿前后、左右、顺时针以及逆时针等方向轻轻摇晃，使 0.5% 重铬酸钾溶液和培养基混合均匀，静置，冷凝。

4）加菌液。在无菌操作条件下，分别从稀释度为 10^{-6}、10^{-7}、10^{-8} 的试管中吸取 0.1mL 菌液加到相应编号的平板上。

5）涂布平板。在酒精灯火焰周围的无菌操作区域内，左手持一套培养皿，并让皿盖掀起露出一条小缝，右手持灭菌后的涂布棒把平板上的少量菌液涂开，使其均匀分布在整个平板上。

6）培养。将涂布菌液的平板倒置于 28℃ 恒温培养箱中培养 3~4d，观察放线菌菌落形态，计算每克土壤中放线菌的数量（个/g），公式如下：

土壤中放线菌的数量 = 平板上放线菌的平均菌落数 × 10 ×
稀释倍数 /（1 - 土壤含水率）

7）挑取单菌落。在无菌操作条件下，用接种环挑取单菌落接种到新鲜的高氏Ⅰ号培养基上培养，获得初步分离产物。重复上述步骤，直至获得纯培养物。

（3）浇注平板法分离真菌。

1）培养皿编号。取 9 套无菌培养皿，依次编号 10^{-6}、10^{-7}、10^{-8}，每个稀释度设 3 个平行样。

2）培养基的融化。将装有无菌培养基的锥形瓶置于水浴锅中加热，直至充分融化。

3）加菌液和特定试剂：在无菌操作条件下，分别从稀释度为 10^{-6}、10^{-7}、10^{-8} 的试管中吸取 1mL 菌液加到相应编号的培养皿内，并在每个培养皿中加入两滴 5000U/mL 链霉素溶液，不要让菌液和链霉素溶液混合。

4）浇注平板。在酒精灯火焰周围的无菌操作区域内，向各个培养皿中倒入约 15mL 融化后且冷却至 50℃ 左右的马铃薯葡萄糖琼脂培养基，立即将平板平稳快速地沿前后、左右、顺时针以及逆时针等方向轻轻摇晃，让链霉素、菌悬液与培养基混合均匀，然后置于水平实验台上冷凝。

5）培养。将平板倒置于 28℃ 恒温培养箱中培养 5~7d。观察实验结果，计算出每克土壤中真菌的数量（个/g），公式如下：

土壤中真菌的数量 = 平板上真菌的平均菌落数 × 稀释倍数 /（1 - 土壤含水率）

6）挑取单菌落。在无菌操作条件下，用接种环挑取单菌落接种到新鲜的马铃薯葡萄糖琼脂培养基上培养，获得初步分离产物。重复上述步骤直至获得纯培养物。

（五）实验报告

将土壤中微生物的种类、菌落形态以及每克土壤含菌数量记录于表 5-11，绘制或拍照记录典型菌落形态。

表 5-11　土壤中微生物检测结果记录表

菌落种类	菌落形态	菌落数/个	每克土壤含菌数量/个
细菌			
放线菌			
真菌			

（六）注意事项

（1）浇注平板时，培养基的温度不能过高，应该冷却至 50℃ 左右，否则可能烫死菌体，影响实验结果。

（2）在真菌的分离纯化中，加菌液和链霉素溶液后，不要让菌液和链霉素溶液混合。

（七）思考题

（1）分离放线菌和真菌时，分别加入重铬酸钾和链霉素溶液的原因是什么？

（2）简述平板划线法、涂布平板法和浇注平板法的适用范围，并比较它们的优缺点。

（3）用稀释法进行微生物计数时，怎样保证准确并防止污染？

第六章 综合性实验

第一节 水污染资源化

一、光合细菌的分离纯化及对有机废水的处理

光合细菌（PSB）是地球上出现最早、自然界中普遍存在、具有原始光能合成体系的原核生物，是一大类具有光合色素，能在厌氧、光照条件下进行光合作用的原核生物的总称，是一类没有形成芽孢能力的革兰氏阴性菌，因具有细菌叶绿素和类胡萝卜素等光合色素，而呈现一定颜色。PSB 菌广泛存在于地球生物圈的各处，能够降解水体中的亚硝酸盐、硫化物等有毒物质，光合细菌适应性强，能忍耐高深度的有机废水和较强的分解转化能力，对酚、氰等毒物有一定忍受和分解能力。

光合细菌中的红螺菌科细菌能在厌氧光照、厌氧黑暗及好氧黑暗等多种条件下生存，且能耐受高浓度有机质并迅速将其分解利用；它们既不像好氧的活性污泥微生物那样受污水中溶解氧浓度的限制，又不像严格厌氧的甲烷细菌等对氧的存在非常敏感，即使生境中氧量增加，其降解有机物的活性也不受制，产生的菌体又可作为重要的资源加以利用。另外，红螺菌科细菌的菌体又富含蛋白质、色素与生理活性物质等，因此，这类光合细菌（俗称红色非硫细菌）已逐渐成为高浓度有机废水无害化与资源化中的重要菌群。这种适宜于处理高浓度有机废水的光合细菌处理法（简称 PSB 法）正引起人们的高度重视。目前 PSB 法已用于处理豆制品废水、浓质粪便水、羊毛洗涤废水、淀粉废水及抗生素发酵工业废水。本实验应用一株红色非硫细菌处理淀粉厂黄浆废水，检测 BOD（COD）与菌体增长速率。

（一）实验目的

（1）了解光合细菌的培养方法。

（2）学习并了解光合细菌处理高浓度有机废水的基本原理和方法。

（二）实验器材

（1）菌种：球形红假单胞菌（*Rhodo pseudomonas s phaeroides*）、沼泽红假单胞菌（*R. palustris*）。

（2）培养基：M 琼脂培养基（Molisch 琼脂培养基）、范尼尔液体培养基

（van Niel 培养基），配方见附录一。

（3）水样：淀粉厂黄浆废水上清液，分装 250mL 锥形瓶至液层高约瓶的 2/3，不需其他处理；豆制品厂黄泔水。

（4）器材：厌氧培养缸、真空泵、干燥箱、恒温箱、天平、100W 灯泡（或 10W 日光灯）、磁力搅拌器、离心机、BOD 和 COD 测定所需器材用品；灭菌的具塞 100mL 锥形瓶、灭菌的具塞 250mL 锥形瓶、200mL 烧杯、100mL 量筒。

（5）药品：焦性没食子酸、碳酸钠、石蜡。

（三）实验步骤

1. 光合细菌的菌种培养

（1）取球形红假单胞菌和沼泽红假单胞菌原种培养物，分别在 M 琼脂培养基琼脂柱中进行穿刺接种，每种接种两支。

（2）把经过穿刺接种的试管，每种取一支，加入混合石蜡液（由液体石蜡和固体石蜡按 1∶1 比例，加热后混合配制而成）于试管顶部，作为与氧隔离的封盖置于 28℃ 下，在 2000~5000lx 的光照下进行培养。

（3）另两支接种的试管，放入厌氧培养缸内，用焦性没食子酸和碳酸钠反应来吸氧，一般 1g 焦性没食子酸在 1atm（101325Pa）下，具有吸收 100mL 空气中的氧气的能力，据此可推算出不同大小厌氧培养缸中吸氧剂的加量。立即将厌氧培养缸缸盖紧闭，用真空泵抽气 5min 左右，使厌氧培养缸内空气减压至 1/3 左右，有条件的还可将过滤除菌的氮气或氩气充入厌氧培养缸内，使厌氧培养缸内造成一个理想的厌氧环境。

（4）与石蜡封盖试管相同，置于 28℃ 下，光照培养 4~5d，观察在沿穿刺线上长出鲜紫红色或橘红色的菌苔，即为已生长成功，对两种方法的结果加以比较。

（5）在厌氧培养缸中的培养管琼脂顶部，加入 1~2mL 灭菌的液体石蜡，保存菌株。

2. 光合细菌的增殖培养

（1）用范尼尔液体培养基加至已灭菌的磨口具塞 250mL 锥形瓶内，使之接近瓶颈部。

（2）取上述穿刺培养的光合细菌菌种管，用接种环挑取部分培养物，转接入瓶内。每种菌各接一瓶，然后再用液体培养基加满至瓶颈口，小心用瓶盖轻轻盖紧，使多余培养液溢出。注意加塞时不要使瓶内留有气泡。

（3）将上述锥形瓶，在 28℃、2000~5000lx 光照下培养，逐日观察瓶内光合细菌生长情况和出现的颜色变化。

（4）挑取菌种管中部分剩余的培养物，制成涂片，在简单染色后视察，比较两种菌株形态上的差别，并结合穿刺培养和液体培养上的特征，列表记录。

3. 光合细菌对高浓度有机废水的降解作用

（1）取豆制品厂黄泔水（或淀粉废水、抗生素发酵废水、羊毛洗涤废水等高浓度有机废水）80mL 放入 200mL 烧杯内。

（2）把上述增殖培养好的球形红假单胞菌菌液（或沼泽红假单胞菌菌液）吸取 80mL 加入烧杯内，与废水充分搅匀相混，调整 pH 值至 7.2~7.5。

（3）取出混合液 50mL 测定其 COD_{Cr}、BOD_5，作为实验起始时的水质。

（4）将剩下的混合液加到灭菌的 100mL 具塞锥形瓶内，加至瓶颈口，盖上瓶塞，使余液溢出，注意勿使瓶内留有气泡。

（5）在 28℃，光照培养 24h、48h、72h，分别在无菌操作条件下，取菌液 10mL，离心 30min(4000r/min)，测定瓶内混合液的 COD_{Cr} 和 BOD_5 值，对照 0h 的 COD_{Cr} 和 BOD_5 值，算得有机物的去除率。沉淀物经 105℃烘至恒重，测得菌体干重。

（四）结果记录

（1）将两株光合细菌菌株的形态、穿刺培养物和液体培养物特征以及对各种高浓度有机废水的净化效果列表比较，并将有机废水净化检测结果填于表 6-1。

表 6-1　有机废水净化检测结果记录表

测试指标	样品类别 培养时间/h	光照微通气		黑暗微通气		对　照	
		1 号	2 号	1 号	2 号	1 号	2 号
COD/mg·L⁻¹	0						
	24						
	48						
	72						
BOD/mg·L⁻¹	0						
	24						
	48						
	72						
菌体干重 /mg·100L⁻¹	0						
	24						
	48						
	72						

注：1 号为球形红假单细胞，2 号为沼泽红假单细胞。

（2）以培养时间（h）为横坐标，BOD（或 COD，mg/L）为左侧纵坐标，菌体干重为右侧纵坐标，绘制两者变化关系曲线。

（五）思考题

（1）为充分发挥光合细菌作用，应创造什么生存条件？

（2）利用光合细菌处理上述废水，是否能使出水 BOD（或 COD）达到排放标准？

（3）光合细菌对高浓度有机废水的净化作用和其他细菌相比有什么优势？

二、纤维素降解菌的分离纯化和活性测定

（一）实验目的

（1）了解纤维素降解菌分离和活性测定的基本原理。

（2）掌握纤维素降解菌分离纯化的方法。

（3）掌握纤维素降解菌活性测定的方法。

（二）实验原理

纤维素是地球上最丰富、最廉价的可再生资源，它是植物细胞壁的主要构成物之一，约占植物秸秆干重的 $1/3 \sim 1/2$，全球每年约 40 亿吨。如何更为有效地转化和利用这一资源，已成为世界各国关注的重要的领域。纤维素酶是一种高活性生物催化剂，是降解纤维素生成葡萄糖的一组酶的总称。

纤维素是由葡萄糖分子组成的高分子多糖，性状稳定，不溶于水和一般的有机溶剂。纤维素的生物降解是利用纤维素酶的作用将其分解为二糖或单糖。纤维素酶广泛存在于自然界的微生物内，如细菌、真菌等微生物都可以产生纤维素酶，其中产纤维素酶的典型微生物主要包括曲霉属（*Aspergillus*）、木霉属（*Trichoderma*）、青霉属（*Penicillium*）等。本实验中利用滤纸所含的纤维素为仅有的碳源，在不含碳源的培养基上分离纤维素降解菌，并用 DNS 法测定纤维素降解菌产生的纤维素酶的降解活性。

（三）实验器材

（1）培养基。

1）Dubos 纤维素培养基：亚硝酸钠 0.5g、磷酸氢二钾 1g、七水合硫酸镁 0.5g、氯化钾 0.5g、七水合硫酸铁微量、蒸馏水 1000mL，pH 值为 7.5。将以上组分配制溶液，混合均匀后分装入试管中，将无菌滤纸剪成小条，放进装有培养液的试管里，使滤纸条一端稍微露出培养液面。

2）Hutchiison 培养基：亚硝酸钠 2.5g、磷酸二氢钾 1g、七水合硫酸镁 0.3g、氯化钙 0.1g、氯化钠 0.1g、氯化亚铁 0.01g、蒸馏水 1000mL、pH 值为 7.2 ~ 7.4，因制作平板，需要加入琼脂 18~20g。121℃下高压蒸汽灭菌 20min。

（2）试剂。

1）1000mg/L 刚果红溶液：准确称取 1g 刚果红，加入 1000mL 无菌蒸馏水中，混合均匀。

2）柠檬酸缓冲液：精确称取分析纯 $C_6H_8O_7 \cdot 7H_2O$ 21.014g 于 500mL 烧杯中，加适量蒸馏水溶解，转移至容量瓶中定容至 1000mL，混匀。

3）3，5-二硝基水杨酸溶液（DNS 溶液）：准确称取酒石酸钾钠 185g 溶于 500mL 水中。向溶液中依次加入 DNS 6.3g，2mol/L NaOH 溶液 262mL，加热搅拌使之溶解。再加入重蒸酚 5g 和无水亚硫酸钠 5g，搅拌使之溶解。冷却后转移至容量瓶定容至 1L，充分混匀，贮于棕色试剂瓶，在室温下放置 1 周后使用。

4）1.000mg/mL 葡萄糖标准溶液：在恒温干燥箱 105℃ 下将分析纯葡萄糖干燥至恒重，准确称量 100mg 于烧杯中，加适量蒸馏水溶解，转移溶液至 100mL 容量瓶中定容至 100mL，充分混匀。

（3）仪器设备：恒温干燥箱、恒温培养箱、水浴锅、分光光度计、离心机等。

（4）其他：剪刀、滴管、不含淀粉的滤纸、比色皿、试管、烧杯、锥形瓶、移液管、容量瓶（规格：100mL、1000mL）、无菌培养皿、具塞离心管、接种环、玻璃棒等。

（四）实验步骤

1. 富集培养

（1）取含有产纤维素酶微生物的待分离的样品适量（如腐烂植物体周围的土壤）放入盛有无菌水的锥形瓶里，塞上瓶塞，振荡 10min 左右，在无菌操作条件下，将其依次稀释，配制成 10^{-4}、10^{-5}、10^{-6} 三个稀释度的样品悬液。

（2）用无菌操作的方法，从不同稀释度的悬液中分别吸取 1mL 稀释液置于装有 10mL Dubos 纤维素培养基的试管内，在 25～27℃ 恒温培养箱内培养。每隔 24h 观察试管内的滤纸变化，注意液面附近滤纸是否变薄或出现斑点。分解旺盛的情况下，滤纸条会断裂。

（3）融化含有琼脂的 Hutchiison 培养基，在无菌条件下倒入无菌培养皿中，制成平板。将上一步骤中出现断裂的滤纸条适当稀释制成菌悬液，吸取 0.5mL 菌悬液加到平板上，用涂布棒将菌悬液均匀涂布在平板上然后在平板表面盖一张与培养皿大小相近的无菌滤纸，用玻璃棒压平，使其与平板表面贴合。

（4）将上述平板放在底部盛水的干燥器中，在 28～30℃ 培养 7～10d。

2. 平板划线分离与纯化

（1）取出平板，在无菌操作条件下，用灭菌的接种环挑取滤纸上的菌落，在含有 0.1% 葡萄糖的 Hutchiison 培养基平板上进行四区划线法，重复数次。

（2）取无菌滤纸，将其剪成小纸片放在不含葡萄糖的 Hutchiison 培养基平板上。将在 0.1% 葡萄糖的 Hutchiison 培养基上生长的菌落接种至滤纸片上，并在皿底做相应标记，在 28～30℃ 培养 7～10d。

3. 刚果红染色

向在上述经培养生长出菌落的培养基中加入 1000mg/L 刚果红溶液，以覆盖培养基表面为宜。10～15min 后倾去刚果红溶液，并加入 1mol/L NaCl 溶液，产纤维素酶的菌落周围此时会出现透明圈。

4. 转接

在无菌操作环境下，将分离纯化得到的纤维素降解菌接种至 Dutchiison 培养基斜面上进行保存。

5. 纤维素酶活性测定

（1）制备粗酶液。在无菌条件下用接种环挑取分离纯化后的纤维素降解菌接种至 Hutchiison 培养液中，在 28～30℃恒温培养箱中培养 3d。将培养液放在离心机内，3000r/min 离心 15min，取上清液即为粗酶液。

（2）DNS 法测定纤维素酶活力的标准曲线。取 8 支具塞离心管，编号后依次按表 6-2 中的顺序加入相应的试剂，混匀后在沸水浴中加热 5min，取出冷却，用蒸馏水定容至 20mL，充分混匀。然后以 1 号管的空白试剂为参比，于 540nm 波长处比色，测定样品吸光度，每个样品测定 3 次，记录吸光值，绘制吸光值对葡萄糖含量的标准曲线。

表 6-2　DNS 法标准溶液配比

项目	1	2	3	4	5	6	7	8
蒸馏水/mL	2.0	1.8	1.6	1.4	1.2	1.0	0.8	0.6
葡萄糖/mg·mL^{-1}	0.0	0.2	0.4	0.6	0.8	1.0	1.2	1.4
DNS 试剂/mL	1.5	1.5	1.5	1.5	1.5	1.5	1.5	1.5

（3）酶活力测定。取 4 支具塞离心管，依次编号在各管中分别加入 1.5mL 柠檬酸缓冲液和 0.5mL 粗酶液，向编号为 1 的管中加入 1.5mL DNS 溶液使纤维素酶活性发生钝化，作为对照组。将 4 个具塞离心管同时在 50℃水浴锅中加热 5～10min，然后向各管中依次放入 50mg 滤纸片，继续在 50℃水浴中维持 1h。取出具塞离心管，随即在 2～4 号管中加入 1.5mL DNS 溶液结束酶反应，摇匀后用沸水加热 5min。经冷却，用蒸馏水定容至 20mL，充分摇匀。把 1 号管中的溶液作为参比，于 540nm 波长处测定其余 3 个管中溶液的吸光度，求出 3 个吸光度的平均值，并在上述绘制的标准曲线上查出相应的葡萄糖含量。

（4）计算酶活力。纤维素酶活力按下式计算：

纤维素酶活力(U/g)=葡萄糖含量(mg)×酶液总体积(mL)×5.56/
[反应时加入的酶液体积(mL)×样品质量(mg)×酶解时间(h)]

（五）结果记录

（1）观察并记录培养皿和试管中的滤纸状态。

（2）将制备 DNS 法测定纤维素酶活力的标准曲线以及酶活力测定过程中各个样品的吸光值记录下来，并用 Excel 绘制标准曲线，并在标准曲线上标注样品的吸光值。

（六）注意事项

滤纸在使用前要检查其是否含有淀粉，检查方法是在滤纸上滴加碘液，若呈现蓝色，则表明有淀粉存在。此时可以用1%稀醋酸浸泡滤纸24h，用碘液检查无淀粉后，用2%苏打水冲洗至滤纸呈中性，将其进行灭菌后备用。

（七）思考题

（1）在培养基中加入滤纸的作用是什么？

（2）简述分离纤维素降解菌并测定其活性的现实意义。

（3）根据实验体会，总结影响实验的因素。

三、用 MPN 法测定活性污泥中的硝化细菌数

（一）实验目的

（1）了解 MPN 法测定硝化细菌数量的原理。

（2）学会采用 MPN 法测定废水处理厂活性污泥中硝化细菌数量的方法。

（二）实验原理

硝化细菌是一群形态各异、生理特性相似的革兰氏阴性细菌，包括 2 个生理亚群，即能将氨氧化为亚硝酸的亚硝化细菌和将亚硝酸氧化为硝酸的硝化细菌。由于该群菌具有上述生理特点，因而在废水中氮的有效处理中起着重要作用（即废水在好氧下通过硝化作用使氨氮转化为硝态氮，再在缺氧条件下，通过某些微生物反硝化使硝态氮转化为氮气释放，使氮从污水中去除）。以往研究表明，废水处理系统活性污泥中的硝化细菌数量也是判断废水处理脱氮效果好坏的重要依据之一。本实验介绍采用 MPN 法测定活性污泥中的硝化细菌数量。

MPN（most probable number）法的中译名为最可能数法或最近似值法，它是将不同稀释度的待测样品接种至液体培养基中培养，然后根据受检菌的特性选择适宜的方法以判断其生长，并经统计学处理而进行计数。此法也称稀释液体培养计数法或稀释频度法。

（三）实验器材

（1）活性污泥样品：采自污水处理厂，共 2 份。

（2）培养基。修改的 Buhospagckud 培养基：$(NH_4)_2SO_4$ 2g，$FeSO_4$ 0.2g，K_2HPO_4 1g，$MgSO_4$ 0.5g，NaCl 2g，$CaCO_3$ 5g，蒸馏水 1000mL，pH 7.2，121℃，20min 灭菌。

（3）试剂。

1）pH 7.2 磷酸盐缓冲液：0.2mol/L $Na_2HPO_4 \cdot 2H_2O$ 180mL，0.2mol/L $NaH_2PO_4 \cdot 2H_2O$ 70mL，蒸馏水 250mL。

2）Griess 试剂。

Ⅰ液：对氨基苯磺酸 0.5g，稀乙酸（10%左右）150mL。

Ⅱ液：a-萘胺 0.1g，蒸馏水 20mL，稀乙酸（10%左右）150mL。

3）二苯胺试剂：二苯胺 0.5g，浓硫酸 100mL，蒸馏水 20mL。

先将二苯胺溶于浓硫酸中，再将此溶液倒入 20mL 蒸馏水中。

（4）器皿：CSP-2 型超声波发生器（频率为 200Hz），无菌试管，无菌移液管（10mL、1mL），无菌烧杯（100mL），比色用白瓷板，记号笔，试管架等。

（四）实验步骤

（1）活性污泥样品预处理。将采集的活性污泥样品 1mL 加入装有 99mL、pH 7.2 的磷酸盐缓冲液的 100mL 烧杯中，用 CSP-2 型超声波发生器（频率为 200Hz）超声振荡 1min，以分散包埋在菌胶团中的细菌。

（2）样品液稀释。将上述处理过的活性污泥，用 pH 7.2 的磷酸盐缓冲液做逐级稀释，从 10^{-3} 稀释至 10^{-7}。

（3）样品稀释液的接种和培养。将上述不同稀释度的样品液各 1mL，分别接种于含 10mL 经修改的 Buhospagckud 培养基的试管中，每一稀释度重复接种 5 管，28℃培养 20d（不接种的对照管同时培养）。

（4）结果观察。用无菌移液管分别吸取少许上述不同浓度的试管培养液并加入白瓷板凹窝中，然后在其中分别加入 Giess 试剂（Ⅰ液和Ⅱ液各 2 滴）和二苯胺试剂（2 滴）。出现红色者为亚硝化细菌阳性管［若培养液中有亚硝酸盐，则它与Ⅰ液（对氨基苯磺酸）发生重氮化作用，生成对重氮苯磺酸；后者可与Ⅱ液（α-萘胺）反应，生成 N-α-萘胺偶氮苯磺酸（红色化合物）］，出现蓝色者为硝化细菌阳性管（硝酸盐氧化二苯胺的特有反应）。此外，在结果观察时，须先测定空白对照管液体中是否含亚硝酸盐和硝酸盐。

（五）结果记录

本实验中，培养液不论出现红色或蓝色，都记作硝化细菌阳性管，并将各测定结果记录在表 6-3。

表 6-3　阳性检测结果记录表

阳性管数　样品　样品稀释度	10^{-3}	10^{-4}	10^{-5}	10^{-6}	10^{-7}	硝化细菌 /MPN·mL^{-1}

最后根据不同稀释度出现的阳性管数，查表 6-4，并根据样品的稀释度换算成 1mL 活性污泥样品中所含的硝化细菌数量。

表 6-4　MPN 法 5 次重复测数统计表

数量指标	细菌最可能数	数量指标	细菌最可能数	数量指标	细菌最可能数	数量指标	细菌最可能数
000	0.0	203	1.2	400	1.3	513	8.5
001	0.2	210	0.7	401	1.7	520	5.0
002	0.4	211	0.9	402	2.0	521	7.0
010	0.2	212	1.2	403	2.5	522	9.5
011	0.4	220	0.9	410	1.7	523	12.0
012	0.6	221	1.2	411	2.0	524	15.0
020	0.4	222	1.4	412	2.5	525	17.5
021	0.6	230	1.2	420	2.0	530	8.0
030	0.6	231	1.4	421	2.5	531	11.0
100	0.2	240	1.4	422	3.0	532	14.0
101	0.4	300	0.8	430	2.5	433	17.5
102	0.6	301	1.1	431	3.0	534	20.0
103	0.8	302	1.4	432	4.0	535	25.0
110	0.4	310	1.1	440	3.5	540	13.0
111	0.6	311	1.4	441	4.9	541	17.0
112	0.8	312	1.7	450	4.0	542	25.0
120	0.6	313	2.0	451	5.0	543	30.0
121	0.8	320	1.4	500	2.5	544	35.0
122	1.0	321	1.7	501	3.0	545	45.0
130	0.8	322	2.0	502	4.0	550	25.0
131	1.0	330	1.7	503	6.0	551	35.0
140	1.1	331	2.0	504	7.5	552	60.0
200	0.5	340	2.0	510	3.5	553	90.0
201	0.7	341	2.5	511	4.5	554	160.0
202	0.9	350	2.5	512	6.0	555	180.0

如实验取得表 6-5 的结果，则可根据不同稀释度培养液阳性管数确定数量指标。不论稀释度及重复次数如何，数量指标均为 3 位数字。其第一位数字必须是在不同稀释度中所有重复次数都为阳性的最高稀释度，如表 6-5 中 10^{-4}。在此样品中，其数量指标为 542。如果其后的稀释度还有阳性管数，10^{-7} 不是 0 而是 2，则应将此数加入数量指标的最末位数字上，即为 544。查 MPN 表后，结果为 3.5×10^{5} MPN/mL。

表 6-5　活性污泥样品中硝化细菌测定结果

稀释度	10^{-3}	10^{-4}	10^{-5}	10^{-6}	10^{-7}
阳性管数	5	5	4	2	0

（六）注意事项

（1）硝化细菌生长极其缓慢，故培养时间不宜太短，否则可能会取得假阴性结果。

（2）硝化细菌培养温度，一般因菌源而异。从中温环境中取得的样品，最适生长温度为 26~28℃，而从高温环境下取得的样品，则在 40℃ 下生长较好。

（七）思考题

（1）试述硝化细菌生长中的碳、氮、无机盐及能量来源。

（2）采用 Griess 试剂和二苯胺试剂检测 NO_2^- 及 NO_3^- 的机制是什么？

第二节　土壤生物修复

一、土壤中农药降解菌的分离及性能测定

（一）实验目的

（1）掌握农药降解菌的分离及培养方法。

（2）学习并掌握微生物农药降解能力的测定方法。

（二）实验原理

农药是用以防治植物病虫害、消灭杂草和调节植物生长的化学药剂，对农业生产起着重要作用。但由于长期和广泛地大量施用，造成土壤环境中农药残留与污染，危及动植物和人体健康。虽然人们普遍认为拟除虫菊酯类农药具有高效低毒的特性，但是它同时具有对光、热稳定的特点。所以，在环境中半衰期较长，很难在自然条件下快速降解。而氯氰菊酯由于疏水性比较大，是拟除虫菊酯类农药中较难降解的一种。由于传统的物理化学降解方法仍然会带来二次污染，近年来，成本低廉、对环境友好的污染土壤的生物修复技术已成为研究的热点，而采用微生物降解农药也成为无害化技术的发展趋势。

利用微生物降解农药关键是要获得高效稳定的降解菌。本实验通过筛选氯氰菊酯降解微生物来掌握特定高效菌种的常规分离方法，同时也为今后选择微生物进行针对性的处理提供参考方法。

（三）实验材料

（1）土样。土样取自喷撒过氯氰菊酯农药的果园土壤。先将表层土（0~20cm）铲去约 1~2cm，采集表层土样。自样地的上、下、左、右、中共取样约

30g，混合后将土样装入无菌袋备用。

（2）实验试剂配制。

1）菌株鉴定所用试剂。

① 结晶紫的混合液。甲液：结晶紫 2.0g，乙醇（95%）20mL；乙液：草酸铵 0.8g，蒸馏水 80mL。将甲、乙两液相混，静 48h 后过滤使用。此染色液较稳定，在密闭的棕色瓶中可储藏数月。

② 碘液。碘 1.0g，碘化钾 2.0g，蒸馏水 300mL，先用少量（3～5mL）蒸馏水溶解碘化钾，再投入碘片，待碘全溶解后，加水稀释至 300mL。

③ 0.5%的番红水溶液。番红 2.5%的乙醇溶液 20mL（2.5g 番红溶于 100mL 95%的乙醇），蒸馏水 80mL（可将 2.5%番红乙醇溶液作为母液，使用时再稀释）。

④ 5%的孔雀绿水溶液。孔雀绿 5.0g，蒸馏水 100mL。

2）培养基配制。

① 普通培养基：牛肉膏 5g，蛋白胨 10g，氯化钠 5g，蒸馏水 1000mL，pH 值 7.0～7.5。

② 分离培养基（营养琼脂培养基）：普通培养基中加 2%琼脂粉。

③ 驯化培养基：普通培养基内加入一定浓度的氯氰菊酯。

④ 休和利夫森二氏培养基：蛋白胨 2.0g，氯化钠 5.0g，磷酸氢二钾 0.2g，葡萄糖 10.0g，琼脂 6.0g，溴百里酚蓝 1%水溶液 3mL，蒸馏水 1000mL，pH 7.0～7.2。

⑤ M. R 及 V-P 实验培养基：蛋白胨 5.0g，氯化钠 5.0g，葡萄糖 5.0g，蒸馏水 1000mL，pH 7.0～7.2。

⑥ 淀粉水解实验培养基：肉汁胨中加 0.2%可溶性淀粉。

⑦ 半固体培养基：在牛肉膏蛋白胨培养基中加入 0.35%～0.4%的纯琼脂粉，配制半固体培养基，半固体培养基应以放倒试管不流动，而在手上轻轻敲打时琼脂即破裂为宜。

以上培养基均经 121℃高压灭菌 20min 后使用。

（3）仪器与设备：离心机、干燥箱、天平、显微镜、超净工作台、核酸蛋白测定仪、恒温振荡器、分光光度计、电泳仪、恒流泵与部分收集器、生化培养箱等。

（四）实验方法

1. 菌株分离纯化

（1）平板划线分离法。

平板制作：将 15～20mL 融化的营养琼脂培养基冷却至 50℃左右，按无菌操作倒入直径 9cm 的培养皿内。如有冷凝水，倒置于 30～37℃温箱内，使之干燥以便于单菌落的出现。

单菌落平板：取一点菌苔或一环细菌悬液，在上述无冷凝水的平板一侧边缘处，反复涂抹在直径约为 1cm 大小的面积上；烧灼接种环，冷却后，从上述涂菌处划出 7~8 条直线，前 3~4 条线从涂菌处划出，后 3~4 条直线可不通过涂菌处，划线时接种环与平板表面成 30°~40°，轻轻接触，不要使接种环划破表面；上述烧灼、划线操作再重复数次，以划满整个平板为宜；倒置平板，于恒温培养箱内培养。

（2）稀释平板分离法。

菌悬液稀释：将 6 管含 9mL 无菌水的试管按 10^{-1}、10^{-2}、10^{-3}、10^{-4}、10^{-5}、10^{-6} 依次编号。在无菌操作条件下，用 1000μL 的移液枪吸取 1mL 原始菌悬液，置于第一管无菌水中，手摇振荡混匀，即为 10^{-1} 浓度。再从 10^{-1} 浓度中吸取 1mL 菌悬液置于第二管无菌水中，手摇振荡混匀，即为 10^{-2} 浓度。同样方法依次稀释到 10^{-6}。

平板制作：取 10 套无菌培养皿编号，10^{-4}、10^{-5}、10^{-6} 各 3 个，另 1 个为空白对照。取 1 支 1000μL 的移液枪从浓度小的 10^{-6} 菌液开始，以 10^{-6}、10^{-5}、10^{-4} 为序分别吸取 500μL 菌液于相应编号的培养皿内。加热融化营养琼脂培养基，当培养基冷至 45℃ 左右时，倒入已加入菌液的培养皿内 15~20mL，将培养皿平放于桌上，顺时针和逆时针来回转动培养皿，使培养基和菌液充分混匀，冷凝后倒置于恒温培养箱内培养。

2. 菌株的生理生化特征鉴定

（1）革兰氏染色。

1）细菌的活化：将细菌接种于营养琼脂斜面，培养约 24h。

2）涂片：在无菌操作台上，用接种环挑取少许菌，涂布在干净玻片上的一滴无菌水或蒸馏水中，自然风干或在酒精灯上方用文火烘干，手执玻片一端，让菌膜朝上，通过火焰 2~3 次固定（以不烫手为宜）。

3）结晶紫染色：用适量结晶紫的染色液染 1min，倾去染液，用水小心冲洗。

4）媒染：用革兰氏碘液媒染 1min 后，水洗，吸干。

5）脱色：将玻片倾斜，用 95% 乙醇溶液脱色，至洗脱液无色（约 30s）。

6）复染：用番红液复染 3~5min，水洗、风干。

7）镜检：蓝紫色为革兰氏阳性细菌，红色为革兰氏阴性细菌。

（2）芽孢染色。

1）制片：取洁净的载玻片，加 1 滴无菌水，挑取少量菌体加入其中混匀、涂布，风干固定（同革兰氏染色）。

2）染色：用 5% 的孔雀绿水溶液滴于涂片处，然后用酒精灯火焰加热至染液冒蒸汽时开始计时，约持续 15~20min，加热过程中要随时添加染液，以防止涂片干涸（加热温度不能太高）。

3）水洗：待玻片冷却后，用自来水小心冲洗，直至流出的水无色为止。

4）复染：用番红染液染 5min，水洗、吸干。

5）镜检：芽孢呈绿色，菌体呈红色。

（3）穿刺法。用接种针随取少量的菌种，沿半固体培养基中心向试管底做直线穿刺，将菌株穿刺接种于半固体培养基内，接种针要穿刺到接近试管的底部，然后沿着接种线将针拔出。将接种过的试管直立于试管架上，放在恒温箱中适宜温度下培养，定期观察。若具有运动能力的细菌，它能沿着接种线向外运动而弥散，故形成的穿刺线较粗而散，反之则细而密。

（4）接触酶实验。取 24h 培养的斜面菌种，以灭菌牙签取少量涂抹于已滴有 3%过氧化氢的玻片上，如有气泡产生则为阳性，无气泡产生则为阴性。

（5）葡萄糖氧化发酵实验。将培养 18~24h 的幼龄菌株穿刺接种于休和利夫森二氏培养基中，每株 4 支；其中 2 支用灭菌的凡士林石蜡油（熔化的 2/3 凡士林中加入 1/3 液体石蜡，高压灭菌）封盖，厚度为 0.5~1cm，以隔绝空气为闭管，另 2 支不封油为开管；同时还要有不接种的闭管和开管作对照；适温培养 1d、2d、3d、7d、14d 观察结果。只有开管产酸变黄者为氧化型，开管和闭管均产酸变黄者为发酵型。

（6）甲基红（M. R.）实验。采用试管培养，将待测菌株接种于指定 M. R. 培养液中，每次 2 个重复，适温培养 2~6d（如为阴性可适当延长培养时间）后，取培养物沿试管壁在培养液中加入 2~3 滴甲基红试剂，若变为红色，则是甲基红试验阳性反应；若变黄色为阴性反应。

（7）乙酰甲基甲醇（V-P）实验。将待测菌株接种于指定 V-P 培养液中，每次 2 个重复，适温培养 2~6d。待生长良好后，取培养液和 40%氢氧化钠等量混合，加少许肌酸，10min 后如培养液出现红色，即为试验阳性反应，有时需要放置更长时间才出现红色反应。

（8）淀粉水解实验。在肉汁胨中加 0.2%可溶性淀粉，分装三角瓶，121℃蒸气灭菌 20min 倒平板备用。取新鲜斜面培养物点种于上述平板，适温培养 2~5d，形成明显菌落后，在平板上滴加碘液；平板呈蓝黑色，菌落周围如有不变色透明圈，表示淀粉水解阳性，仍是蓝黑色表示不能水解淀粉，为阴性。

3. 核酸蛋白含量测定

（1）核酸的释放。正常情况下，无论是 DNA 还是 RNA 均位于细胞内，因此核酸分离与纯化的第一步就是破碎细胞、释放核酸。细胞的破碎方法非常多，包括机械法与非机械法两大类。机械法又可分为液体剪切法与固体剪切法。机械剪切作用的主要危害对象是相对分子质量较高的线性 DNA 分子，因此该类方法不适合于染色体 DNA 的分离与纯化。非机械法可分为干燥法与溶胞法，目前，大多采用溶胞法。采用适宜的化学试剂与酶裂解细胞的溶胞法因裂解效率高、方法温和、能保证较高的得率与较好地保持核酸的完整性而得到了广泛的应用。

（2）核酸的分离与纯化。细胞裂解物是含核酸分子的复杂混合物，核酸分子本身可能仍与蛋白质结合在一起。在保证核酸分子完整性的前提下，要从中分离出一定量的、符合纯度要求的核酸分子，并不是一件很容易的事情，这需要在对核酸分子有关性质充分认识的基础上，利用核酸与其他物质在一个或多个性质上的差异而设计有效方案加以分离。这种差异是多方面的，包括细胞定位与组织分布上的差异、物理化学性质上的不同以及各自独特的生物学特性。应该去除的污染物主要包括3个部分：非核酸的大分子污染物、非需要的核酸分子和在核酸的分离纯化过程中加入的对后续实验与应用有影响的溶液与试剂。非核酸大分子污染物主要包括蛋白质、多糖和脂类物质等；非需要的核酸分子是指制备DNA时，RNA为污染物，制备RNA时DNA为污染物，制备某一特定核酸分子时，其他的核酸分子均为污染物；至于在核酸分离纯化过程中加入的有机溶剂和某些金属离子，由于对后续实验有影响，往往需要很好地去除。

（3）核酸质量与提取步骤的关系。一般地，分离纯化步骤越多，核酸的纯度也越高，但得率会逐渐下降，完整性也难以保证。相反，通过分离纯化步骤少的实验方案，可以得到比较多的、完整性较好的核酸分子，但纯度不一定很高。这需要结合核酸的用途而加以选择。

（4）核酸的浓缩、沉淀与洗涤。随着核酸提取试剂的逐步加入以及去除污染物过程中核酸分子不可避免的丢失，样品中核酸的浓度会逐渐下降，当影响到后面的实验操作或不能满足后续研究与应用的需要时，需要对核酸进行浓缩。沉淀是核酸浓缩最常用的方法，其优点在于核酸沉淀后，可以很容易地改变溶解缓冲液和调整核酸溶液至所需浓度；另外，核酸沉淀还能去除部分杂质与某些盐离子，有一定的纯化作用。可加入一定浓度的盐类，用有机溶剂沉淀核酸，其中常用的盐类有乙酸钠、乙酸钾、乙酸铵、氯化钠、氯化钾及氯化镁等，常用的有机溶剂则有乙醇、异丙醇和聚乙二醇。核酸沉淀往往含有少量共沉淀的盐，需用70%~75%的乙醇洗涤去除。对于浓度低并且体积较大的核酸样品，可在有机溶剂沉淀前，采用固体的聚乙二醇或丁醇对其进行浓缩处理。

（5）核酸的鉴定。核酸浓度的定量鉴定可通过紫外分光光度法与荧光光度法进行。

1）紫外分光光度法：核酸分子成分中的碱基均具有一定的紫外线吸收特性，其最大吸收波长在250~270nm。这些碱基与戊糖、磷酸形成核苷酸后，其最大吸收波长不变。由核苷酸组成核酸后，其最大吸收波长为260nm，该物理特性为测定溶液中核酸的浓度奠定了基础。在波长260nm的紫外线下，1个OD值的光密度大约相当于50μg/mL的双链DNA、38μg/mL的单链DNA或单链RNA、33μg/mL

的单链寡聚核苷酸。如果要精确定量已知序列的单链寡核苷酸分子的浓度，就必须结合其实际相对分子质量与摩尔吸光系数，根据朗伯-比尔定律进行计算。若 DNA 样品中含有盐，则会使 A_{260} 的读数偏高，还需测定 A_{310} 以扣除背景，并以 A_{260} 与 A_{310} 的差值作为定量计算的依据。紫外分光光度法只用于测定浓度大于 0.25μg/mL 的核酸溶液。

2）荧光光度法：核酸的荧光染料溴化乙啶（ethidium bromide，EB）嵌入碱基平面后，使本身无荧光的核酸在紫外线激发下发出橙红色的荧光，且荧光强度积分与核酸含量呈正比。该法灵敏度可达 1~5ng，适合低浓度核酸溶液的定量分析。另外，SYBR Gold 作为一种新的超灵敏荧光染料，可以从琼脂糖凝胶中检出低于 20pg 的双链 DNA。

4. 降解菌对氯氰菊酯降解性能的研究

向无机盐培养基中加一定浓度的氯氰菊酯，分别设定不同的温度、pH 值、底物浓度及外加碳源的浓度，其他条件一致，培养菌株达稳定期，取样测定培养基内氯氰菊酯的残留浓度。

取培养液 2mL，3000r/min 下离心 10min，取上清液，用 10mL 三氯甲烷萃取两次，收集上清液，在（53±2）℃下旋转蒸发至 10mL；通过层析柱脱水脱色，再用三氯甲烷洗涤层析柱 3 次，将收集的过渡液旋转蒸发至 10mL，用紫外分光光度计法检测氯氰菊酯。

5. 紫外分光光度计法检测氯氰菊酯

紫外-可见吸收光谱中有机物发色体系信息分析的一般规律表明，若在 250~300nm 波长范围内有中等强度的吸收峰则可能含苯环。因此，可以用紫外分光光度计法检测氯氰菊酯的含量。

氯氰菊酯特征吸收峰的确定：将氯氰菊酯标准品用三氯甲烷稀释至 20mg/L，在 250~300nm 的范围内测特征吸收峰。

标准曲线的测定：将氯氰菊酯标准品溶于三氯甲烷中分别配制成 5mg/L、10mg/L、20mg/L、30mg/L、40mg/L、50mg/L 的浓度，用紫外分光光度计，在 278nm 波长下检测吸光度，以三氯甲烷作为对照。

（五）实验报告

（1）将氯氰菊酯降解菌对实验含氯氰菊酯污水降解结果填入表 6-6。

表 6-6　氯氰菊酯降解菌对含氯氰菊酯污水降解实验结果记录表

试验项目	细胞形状	形成芽孢	革兰氏染色	穿刺实验	接触酶	葡萄糖氧化发酵	甲基红试验	乙酰甲基甲醇实验	淀粉水解	核糖蛋白含量
结果										

（2）描述分离的氯氰菊酯降解菌大致种类及降解氯氰菊酯的能力。

二、石油污染土壤的固定化微生物处理

（一）实验目的

（1）学习并掌握石油降解菌分离及培养的基本方法。

（2）学习并掌握石油降解菌活性测定的基本方法。

（3）掌握微生物细胞固定化的原理与方法。

（4）了解微生物细胞固定化在实践中的应用。

（二）实验原理

石油在开采、运输、贮藏、加工过程中因意外事故或管理不当，都会使石油排放到农田、地下水、海洋等，使环境遭受污染，直接危害人类生产与生活。物理方法和化学方法由于成本昂贵和可能对环境造成二次污染而限制了其应用。微生物是地球上分布最广泛、数量及种类最多、繁殖速度最快、比表面积最大的一类简单生物体，目前，净化环境中的石油污染物最有效可行的方法仍是"生物修复"，尤其是微生物净化，已有不少成功的实例。完成生物修复的首要步骤是获取高效的优势降解菌株。通过在含石油的培养基中对微生物进行富集培养和分离纯化，可以选出高效的优势降解菌株，通过紫外分光光度法测定培养前后培养基中石油浓度的变化，计算石油降解率，可知石油降解菌的降解活性。

固定化微生物技术（immobilized microorganisms，MO）是现代生物工程领域中的一项新兴技术，是通过化学或物理手段将游离细胞或酶定位于限定的空间区域内，使之保持活性并可反复利用的方法。污水处理中常用的固定化微生物制备方法主要有结合法、吸附法、包埋法、共价键法和交联法等。结合法是利用载体与微生物之间的范德华力将微生物吸附在载体表面而固定化的方法。吸附法包括物理吸附和离子吸附两类，物理吸附是使用具有高度吸附能力的硅胶、活性炭等吸附剂将微生物吸附到表面使之固定化；离子吸附是微生物在解离状态下，因静电引力的作用而固着于带有相异电荷的离子交换剂上。包埋法是将微生物包埋在凝胶的微小格子或微胶囊等有限的空间内，微生物被限制在该空间内不能离开，而底物和产物能自由地进出这个空间。共价键法是微生物细胞表面上的功能团与固相支持物表面的反应基团之间形成的化学共价键连接而形成固定化微生物。交联法是利用两个功能团以上的试剂直接与微生物细胞表面的反应基团如氨基等进行交联，形成共价键来固定微生物。

包埋法是目前使用最广泛的固定化方法，本实验所采用的微生物细胞固定化方法为包埋法。该法操作简单，能保持多酶系统，对细胞活性影响较小，制作的固定化载体机械强度相对较高，传质性能较好。包埋法使用的多孔载体有 K-角叉胶、胶原、琼脂糖、果胶、海藻酸盐、聚苯乙烯、二乙酸纤维素、环氧树脂、聚丙烯酰胺、聚亚胺酯、聚酯等，其中以海藻酸盐、角叉胶和聚丙烯酰胺最为

常用。

目前已有的研究报告表明，固定化细胞对于底物的耐受性和降解效率明显要高于游离细胞。微生物在复合固定化载体中的去除效果比固定在单一基质中时要高得多。聚乙烯醇（PVA）具有高交联度和切性，有助于珠状颗粒的稳定性和机械强度；而海藻酸盐减少了聚集的同时增强了表面特性，有助于减少聚集成团。

（三）实验材料

（1）土样：石油长期污染的土壤样品。

（2）石油：将取自油田的轻质原油90℃水浴加热3h以减小易挥发成分对实验带来的影响，以石油为溶剂溶解，用定量滤纸过滤后备用。

（3）培养基。

1）无机盐培养基：NaCl 10g，NH_4Cl 0.50g，KH_2PO_4 0.50g，K_2HPO_4 1.0g，$MgSO_4$ 0.50g，$CaCl_2$ 0.02g，KCl 10g，$FeCl_2 \cdot 4H_2O$ 0.02g，蒸馏水 1000mL，微量元素溶液 1mL（$MnSO_4$ 39.9mg，$ZnSO_4 \cdot H_2O$ 42.8mg，$(NH_4)_2MoO_4 \cdot 4H_2O$ 34.7mg，蒸馏水 1000mL），pH 7.5。

2）分离与保存培养基：无机盐培养基 1000mL，原油 3g，琼脂 18g。高压蒸汽灭菌后，倒平板或制成斜面备用。

3）富集培养基：牛肉膏 3g，蛋白胨 5g，NaCl 5g，无机盐培养基 1000mL，pH 值调至 7.2~7.4。121℃高压蒸汽灭菌 20min 备用。

4）基础培养液：NH_4NO_3 80mg，Na_2PO_4 21.68mg，无水 $CaCl$ 56mg，$MgSO_4 \cdot 7H_2O$ 130mg，蒸馏水 1000mL，pH 值调至 7.0~7.5。

5）微量元素溶液：100mg/L Fe^{3+} 溶液、100mg/L Cu^{2+} 溶液、100mg/L Mn^{2+} 溶液、100mg/L Zn^{2+} 溶液、100mg/L Mo^{6+} 溶液。

6）试剂：葡萄糖、海藻酸钠、聚乙烯醇（PVA）、磷酸缓冲液（50mmol/L，pH=7.0）、硼酸、无菌水。

（4）实验器材：超净工作台、高压蒸汽灭菌器、离心机、紫外分光光度计、离心管、具塞比色管、三角瓶、移液管、试管、带玻璃喷嘴的小塑料瓶等。

（四）实验步骤

1. 石油优势降解菌的分离和保存

称取 10g 采集的新鲜土样，在无菌条件下倒入盛有 90mL 无菌水的三角瓶中，用无菌水稀释至 10 倍，分别取 10^{-7}、10^{-8}、10^{-9} 三个稀释倍数各 0.2mL 于分离培养基平板的中央，用玻璃刮刀均匀涂布，于32℃恒温培养箱中培养 1 周，挑取长势较好的单一菌落划线分离，重复该操作多次直至获得纯菌株。

2. 菌悬液的制备

无菌条件下将筛选分离好的菌株接种于 100mL 富集培养基中，在温度为 30~32℃、转速为 160r/min 的摇床上好氧振荡培养 48h，7000r/min 离心洗涤 3 次后用0.9%的生理盐水制成菌悬液，保存于4℃冰箱中备用。

3. 石油降解性能实验

为了防止生物降解体系中石油烃因高温高压而造成的挥发损失，首先将各实验所需的液体培养基，高压锅灭菌20min，再在无菌条件下向降解体系加入200g/L的石油标准溶液0.14mL配成560mg/L的石油污染污水，接种2mL菌悬液。将上述三角瓶放入30℃水浴恒温摇床恒速140r/min降解5~6d，紫外分光光度法测定剩余石油含量。

4. 原油标准曲线的绘制

将备用的轻质原油用沸程为60~90℃的石油醚为溶剂配成一系列的石油标准溶液，选择$\lambda = 225nm$为工作波长，测定该波长下不同原油浓度标准溶液的吸光度值，绘出标准曲线。

5. 反应体系中降解后石油含量的测定

以沸程为60~90℃的石油醚为萃取剂，用125mL的分液漏斗将反应体系反复萃取3次，把萃取液定容至10mL，再稀释50倍后于$\lambda = 225nm$处用紫外分光光度计测定吸光光度值，对照标准曲线查出浓度，并计算剩余石油含量。

6. 离心收获细胞

取1L在牛肉膏蛋白胨液体培养基中培养48h，处于对数生长前期的石油降解菌培养液，在4℃下8000/min离心15min。细胞固定以前先用磷酸缓冲液清洗细胞2次（50mmoL，pH=7.0）。

7. 细胞固定化

（1）单一基质固定细胞。取10mL的细胞悬液加入无菌烧杯中，温和搅拌，缓慢添加藻酸盐溶液（30g/L）至藻酸盐终浓度到25g/L。通过带玻璃喷嘴的小塑料瓶将藻酸盐细胞混合液挤入无菌低温0.2mol/L氯化钙溶液中，使藻酸盐固定化细胞呈珠状颗粒。珠状颗粒（2~3mm）转入新的0.2mol/L的氯化钙溶液中，搅拌2h使其变坚硬。用无菌水清洗珠状颗粒3次，冰箱保存备用。

（2）聚乙烯醇（PVA)-藻酸盐混合基质固定细胞。用PVA-藻酸盐混合基质固定细胞时，将无菌的PVA(45g/L)和藻酸盐溶液（20g/L）加入10mL细胞悬液中，搅拌均匀。通过带玻璃喷嘴的小塑料瓶将细胞与基质混合液挤入含0.2mol/L氯化钙的低温无菌的饱和硼酸溶液中。温和搅拌2h，将小珠子彻底清洗后冰箱保存备用。

（3）固定化细胞降解苯酚试验。将两种基质的固定化细胞分别加入100mL石油降解测定培养基中30℃培养。无细胞的珠状颗粒接种到石油降解测定培养基中作为对照，研究其对石油的吸附性能。一旦石油彻底降解，就将培养基倒出，然后添加新的石油降解测定培养基，以此检测固定化细胞凝胶颗粒的可重复使用性。重复添加几次培养基，并通过量化每克珠状颗粒降解石油的数量来计算苯酚的降解效率。

（五）实验报告

（1）描述分离出的石油降解菌在光学显微镜下的形态特征。

（2）将菌株降解石油能力的实验结果填入表 6-7。

表 6-7 菌株降解石油能力的实验结果记录表

培养时间/d	0	1	2	3	4	5	6
吸光度 OD_{225}							
石油残余量/$mg \cdot L^{-1}$							

（3）以培养时间为横坐标，溶液中石油含量变化为纵坐标，绘制石油降解曲线。

（4）包埋颗粒可重复使用性如何？

（5）将包埋颗粒降解石油的实验结果填入表 6-8。

表 6-8 包埋颗粒降解石油的实验结果记录表

培养时间/d	0	3	6	9	12	15
单一基质固定细胞吸光度 OD_{225}						
单一基质固定细胞石油残余量/$mg \cdot L^{-1}$						
PVA-藻酸盐混合基质固定细胞吸光度 OD_{225}						
PVA-藻酸盐混合基质固定细胞石油残余量/$mg \cdot L^{-1}$						

（6）以时间为横坐标，溶液中石油残余量为纵坐标，用 Excel 软件绘制两种固定化细胞的石油降解曲线，并比较两者降解效果有何不同。

三、重金属污染土壤微生物淋滤修复

（一）实验目的

（1）掌握重金属污染土壤微生物淋滤的原理与方法。

（2）了解微生物淋滤技术在实践中的应用。

（二）实验原理

重金属在土壤环境中难以降解，易在动植物体内积累，通过食物链逐步富集，浓度有时能达到百万倍的增加，最后进入人体对人类健康造成危害，是危害人类最大的污染物之一。土壤重金属污染具有隐蔽性、长期性、不可逆性等特点，治理的难度极大。目前国内外土壤重金属污染治理广泛采用的方法包括土壤固化、玻璃化、淋滤法、洗土法、电化学法等。这些传统方法普遍存在价格昂贵、操作复杂等特点。

微生物修复污染土壤的机理包括吸附富集、氧化还原、成矿沉淀、淋滤、协同效应等。目前重点研究的微生物多集中在细菌和霉菌，如蜡状芽孢杆菌（*Bacillus cereus*）、柠檬酸杆菌（*Citrobacter sp.*）、芽孢杆菌（*Bacillus sp.*）、少根根霉（*Rhizopus arrhizus*）等。微生物淋滤是指利用自然界中某些微生物与土壤中重金属发生直接或间接作用，通过氧化、还原、配合等反应将土壤中重金属分离、提取出来的一种技术。微生物在淋滤过程中可通过代谢活动改变重金属形态，达到去除或转化的目的，主要包括酸解配合、氧化还原及甲基化和去甲基化作用。

该技术成本低、对环境扰动小、不会造成二次污染，相对于化学淋滤，成本可降低约80%，有较好的规模化应用前景，因此近年来得到研究者的广泛关注。

（三）实验材料

（1）菌体材料。有机酸利用 H^+ 替代矿体内重金属离子或者构成溶解性重金属复合体、螯合体达到溶解金属离子目的。具有无毒、容易降解，无二次污染等优点。真菌可以生产积累大量有机酸，如柠檬酸、草酸等，其中黑曲霉（*Aspergillus niger*，*A. niger*）是最具优势的一类真菌。黑曲霉菌为实验室储存菌种，分离于重金属污染土壤。

（2）土壤。样品采自重金属污染土壤，风干磨细后过20目筛待用。

（3）培养基/试剂。固体培养基：PDA斜面，马铃薯（去皮）200g，葡萄糖20g，琼脂18~20g，蒸馏水1000mL，pH 5.5~6。

查氏固体培养基（g/L）：蔗糖30，$NaNO_3$ 3，K_2HPO_4 1，$MgSO_4 \cdot 7H_2O$ 0.5，KCl 0.5，$FeSO_4$ 0.01，琼脂20。

蔗糖发酵培养基（g/L）：蔗糖100，$NaNO_3$ 1.5，KH_2PO_4 0.5，$MgSO_4 \cdot 7H_2O$ 0.025，KCl 0.025，酵母膏1.6，自然pH值。121℃高压灭菌30min。

（4）实验器材：烧杯、离心机、分光光度计、离心管、高压蒸汽灭菌器、原子吸收分光光度计等。

（四）实验步骤

1. 黑曲霉的分离、鉴定

采集5~10cm处的重金属污染土壤，称取1.5g倒入装有无菌水的三角瓶中，制成1%土壤菌悬液，30℃、120r/min摇瓶富集培养1d后，吸取三角瓶中的菌液做梯度稀释，再分别涂布查氏固体培养基，培养3~4d观察菌落形态，挑取黑曲霉疑似菌划线于含3%溴甲酚绿的查氏筛选平板上，根据溴甲酚绿的变色范围（pH < 3.8 显黄色，pH> 5.4 显蓝绿色），观测并选取周边黄色透明圈较大的菌落连续划线纯化。

将纯化所得数株菌的孢子液稀释至相同浓度，分别接入灭菌的蔗糖发酵培养基，30℃、120r/min摇瓶培养12d后采用NaOH滴定法测定发酵液总酸度，由此筛选得到一株产酸量最大的菌株进行进一步的鉴定。

取恒温培养箱中生长 7d 的黑曲霉 PDA 斜面 1 支，用 50mL 无菌水洗下孢子于无菌锥形瓶振荡摇匀，经适当稀释后，显微镜计数黑曲霉孢子数。

2. 土壤理化性质测试

供试土样采用 HNO_3+$HClO_4$+HF 法消解，利用 ICP-OES 测定土壤重金属含量。重金属元素的化学形态采用 Tessier 连续提取分级程序法测定。

3. 污染土壤淋滤实验

将供试土壤样品制备成含固率为 5% 的土壤泥浆。

黑曲霉浸出土壤重金属试验在 250mL 的三角瓶中完成。实验设置 2 个处理，3 个重复。

（1）同步培养处理：在初始阶段，接种 1% 黑曲霉孢子悬浮液（孢子数约为 $3.0×10^6$个/mL）至 5% 的无菌土壤泥浆中（含蔗糖培养基组分）；

（2）分步培养处理：在初始阶段，接种 1% 孢子悬浮液（孢子数约为 $3.0×10^6$个/mL）至蔗糖培养基，纯培养 2d 后，加入一定质量的土壤样品（形成的土壤泥浆的浓度亦为 5%）。

两组处理均在 30℃ 、120r/min 摇床中振荡培养，培养期间分别于第 2、4、6、9、12、15、20 天取样，于 8000r/min 离心 10min 过滤，取上清液测 pH 值和重金属浓度。

（五）实验报告

以培养时间为横坐标，分别以淋滤液的 pH 值、重金属残余量为纵坐标，用 Excel 软件绘制曲线，分析黑曲霉菌对重金属污染土壤的淋洗效果。

（六）思考题

（1）微生物淋滤的作用机理是什么？

（2）与自养型的微生物相比，产酸真菌去除污染介质中重金属的优势有哪些？

第三节　固体废物微生物资源化

一、有机固体废物的好氧堆肥实验

（一）实验目的

（1）掌握有机固体废物好氧堆肥的基本流程。

（2）掌握影响堆肥的因素及控制方法。

（二）实验原理

堆肥化（Composting）是在控制条件下，使来源于生物的有机废物发生生物稳定作用的过程。具体讲就是依靠自然界广泛分布的细菌、放线菌、真菌等微生物，在一定的人工条件下，有控制地促进可被生物降解的有机物向稳定的腐殖质转化的生物化学过程，其实质是一种发酵过程。

废物经过堆肥化处理，制得的成品叫做堆肥。它是一类棕色的、泥炭般的腐殖质含量很高的疏松物质，故也称为"腐殖土"。

图 6-1 所示为有机物的降解机理图，包括如下步骤：

（1）有机物的氧化。

不含氮的有机物（$C_xH_yO_z$）：

$$C_xH_yO_z + (x + 1/2y - 1/2z)O_2 \longrightarrow xCO_2 + 1/2yH_2O + 能量 \tag{6-1}$$

含氮的有机物（$C_sH_tN_uO_v \cdot aH_2O$）：

$$C_sH_tN_uO_v \cdot aH_2O + bO_2 \longrightarrow C_wH_xN_yO_z \cdot cH_2O(堆肥) +$$
$$dH_2O(气) + eH_2O(液) + fCO_2 + gNH_3 + 能量 \tag{6-2}$$

由于氧化分解减量化所以堆肥成品（$C_wH_xN_yO_z \cdot cH_2O$）与堆肥原料（$C_sH_tN_uO_v \cdot aH_2O$）之比为 0.3~0.5。通常可取如下数值范围：$w = 5~10$，$x = 7~17$，$y = 1$，$z = 2~8$。

（2）细胞质的合成（包括有机物的氧化，以 NH_3 为氮源）：

$$n(C_xH_yO_z) + NH_3 + (nx + ny/4 - nz/2 - 5x)O_2 \longrightarrow C_5H_7NO_2(细胞质) +$$
$$(nx - 5)CO_2 + 1/2(ny - 4)H_2O + 能量 \tag{6-3}$$

（3）细胞质的氧化：

$$C_5H_7NO_2(细胞质) + 5O_2 \longrightarrow 5CO_2 + 2H_2O + NH_3 + 能量 \tag{6-4}$$

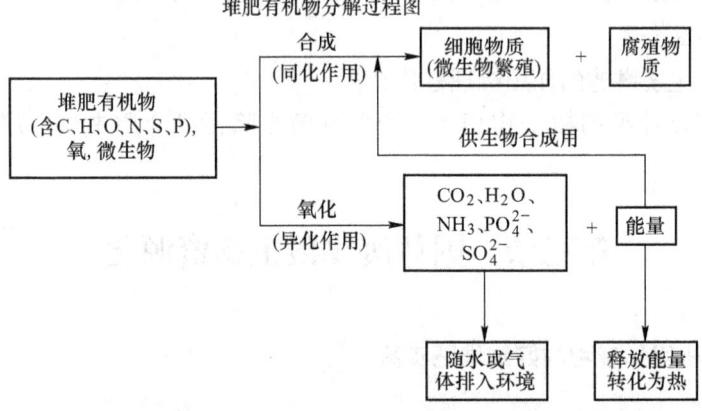

堆肥有机物分解过程图

图 6-1 堆肥过程的有机物分解图

（三）实验材料

1. 样品的采集与处理

（1）采集与制备。可采集校园食堂餐厨、畜食养殖场的畜禽粪便，当地农村的秸秆及街道落叶以及生活垃圾等不同类型的固体废物。根据需要利用五点取样法随机等量采集一定量的样品（五点取样法见附录五），混合均匀，标注样品、样品名称、采样地点、采样人、采样时间、质量等信息后密封于4℃冰箱保存备用，此为固体废物鲜样。

将上述采集的固体废物鲜样破碎至粒径小于15mm的细块（破碎后根据不同测试指标要求进行筛选）。将试样至于干燥的瓷盘内，放入干燥箱中，在105℃±5℃下烘4~8h，取出放到干燥器中冷却0.5h后称重，再重复烘1~2h，冷却0.5h后再称重，直至恒重（2次称重之差不超过试样质量的0.5%），标注样品编号、样品名称、采样地点、采样人、制样人、采样和制样时间、质量等信息后密封于干燥器中保存备用，此为固体废物干样。

测试前将上述样品按四分法分样，即将样品充分混合后堆为一堆，从正中划"十"字，再将"十"字对角的两份分出来，再次混合均匀从正中划"十"字对角取样，直至所取样品质量达到测试所需计量，标注样品信息，以备测试。

（2）含水率的测定。准确称取新鲜垃圾样品，于坩埚内称重后置入烘箱中在105℃条件下烘干24h，再次称重，计算垃圾的含水率。

（3）有机质含量（VS）的测定：

1）取坩埚，称重，记为G_1；

2）用天平称取5g左右已烘干的垃圾样品，记录准确的质量，记为G_2，放入坩埚；

3）将坩埚放入600℃的马弗炉中灼烧2h，取出冷却至室温后称重，记为G_3；

4）$VS = \dfrac{G_2 - G_3}{G_2 - G_1}$，计算得烘干垃圾的VS。

2. 实验设备

实验装置示意图如图6-2所示，实验装置包括反应器主体，供气系统和渗滤液收集系统等部分。

（四）实验方法

1. 准备材料

将准备好的原料测定含水率、TS、VS、C/N之后，根据测定结果进行材料的调节。主要调节材料的含水率和C/N，加入锯末将含水率调节至60%，C/N在20~30，影响堆肥化过程的因素有很多，主要包括：通风供氧量、含水率、温度、有机质含量、颗粒度、C/N、C/P、pH值等。本实验只对含水率和C/N进行调节。

（1）关于堆肥中的有机物问题。有机物含量最适为20%~80%，过低产热不足，过高则供氧不足。其相关的调整方法如下：

1）对堆肥原料进行预处理，将有机物含量提高至50%以上（含污泥的堆料

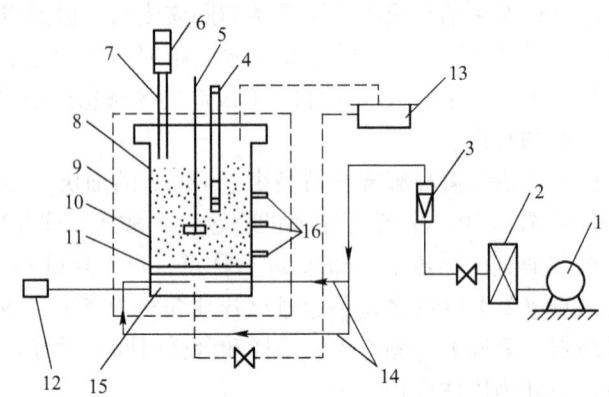

图 6-2 堆肥反应器装置图

1—空气压缩机；2—缓冲器；3—流量计；4—测温装置；5—搅拌装置；

6—取样器；7—气体收集管；8—反应器主体；9—保温材料；10—堆料；

11—渗滤层；12—温控仪；13—渗滤液收集槽；14—进气管；15—集水区；16—取样口

的挥发性固体含量应大于 50%）。

2）发酵前在堆肥原料中掺入一定比例的稀粪、城市污水、污泥、畜粪等。

3）城市生活垃圾和污泥混合堆肥。通常污泥作调理剂，一般原污泥中含有较高的挥发性物质（指单位干重固体在马弗炉中 550℃灼烧损失的部分），直接堆肥较好。

（2）堆肥过程的 C/N 比控制。适宜的 C/N 比范围：（25~35）∶1 时发酵过程最快。过低（<20∶1），微生物的繁殖会因能量不足受到抑制，导致分解缓慢且不彻底；另外，由于可供消耗的碳素少，氮素相对过剩，将变成氨气挥发，降低肥效。过高（>40∶1），则堆肥施入土壤后，将会发生夺取土壤中氮素的现象，产生"氮饥饿"状态，对作物生长产生不良影响。

（3）堆肥过程的水分（含水率）控制。

堆肥中水分的作用：溶解有机物，参与微生物的新陈代谢；调解堆肥温度。

水分的调整方法：最佳含水率（按质量计）为 50%~60%。水分过多，易造成厌氧状态，并会产生渗滤液的处理问题。水分低于 40% 时，微生物活性降低，堆肥温度随之下降。条垛式系统和反应器系统，含水率不高于 65%；强制通风静态垛系统，含水率不高于 60%。所有系统水分均应不低于 40%。水分较低时，可加水或含水率高的添加剂；过高时，则可摊开晾干或添加松散吸水物。

测定水分的方法：105℃±5℃下，2~6h，测定物料的失重。

（4）堆肥过程的 pH 值控制。一般 pH 值在 7.5~8.5 时，可获得最大堆肥速率。最终的堆肥产品 pH 值基本在 7.5 左右。可通过添加中和剂如石灰、磷酸盐、钾盐等来改变 pH 值。但通常堆肥可通过自身调节，如无特殊情况，一般不必调整 pH 值。若 pH 值降低，可通过逐步增强通风来补救。

2. 装料和通气

把调理准备好的堆肥材料装入反应器中，盖好上盖，开始启动气泵通气。通过气体测量计控制通风量在 0.2m³/(min·m³ 物料) 左右，或控制排气中的 O_2 浓度在 14%~17%。

3. 温度和 O_2 采集记录

由温度和氧传感器测量堆肥温度、进气和排气中的 O_2 浓度，由数据检测记录仪记录数据，设定 1h 测定 1 次。

4. 翻堆

观察堆肥温度的变化，当堆肥温度由环境温度上升到最高温度 (60~70℃)，之后下降到接近环境温度不再变化时。终止通气，把堆肥材料取出，进行第一次翻堆，把材料充分翻动、混合后再次放回反应器中，盖好上盖，重新启动气泵通气。

取样测试，按照不同堆制时间（第 3 天、5 天、10 天、15 天、20 天和 30 天）的有机堆肥制作为样品进行实验，测定堆肥的稳定性、腐熟度。

5. 稳定化判定测试

当堆肥稳定再一次上升到一定温度，之后又下降到接近环境温度，并且进气和排气中 O_2 浓度基本相同时，表明堆肥的好氧生物降解活动已基本结束。此时，用便携式 O_2/CO_2 测定仪测定堆肥物料的相对耗氧速率（相对耗氧速率指的是单位时间内氧在气体中体积浓度的减少值，单位：$\Delta O_2\%/min$），若相对耗氧速率基本稳定在 $0.02\Delta O_2\%/min$ 左右时说明堆肥已经达到稳定化。

6. 腐熟度的检测

测定堆肥的腐熟程度对于堆肥工艺的研究、设计、肥效评价、堆肥的质量管理各方面都是重要的。以下主要介绍淀粉测定法、氮素实验法、生物可降解度的测定和耗氧速率法。

（1）淀粉测定法。淀粉与碘可形成配合物，利用反应的颜色变化来判断堆肥的降解程度。当堆肥降解尚未结束时，堆肥物料中的淀粉未完全分解，遇碘形成的配合物呈蓝色；堆肥完全腐熟时，物料中的淀粉已完全降解，加碘呈黄色，堆肥进程中的颜色变化过程是深蓝→浅蓝→灰→绿→黄。

（2）氮素实验法。完全腐熟的堆肥含有硝酸盐、亚硝酸盐和少量氨，未腐熟时则含大量氨而不含硝酸盐。根据这一特点，利用碘化钾溶液遇痕量氨呈黄色、遇过量氨呈棕褐色，Griess 试剂（苯和醋酸的混合液）和亚硝酸盐反应呈红色等现象，分别定性测试堆肥样品中是否含有氨和亚硝酸盐，来判定堆肥是否腐熟。

此法的测定过程如下：

1）将少量堆肥样品置于器皿中，徐徐加入蒸馏水并用角匙充分搅拌，同时用角匙试压固态试样表面，当有少量的水渗出时就停止加水。

2）将直径为9cm的滤纸裁成两半，置于一块玻璃板或塑料板上，在此两张半圆的滤纸上再放上一张未被裁开的相同直径的滤纸。

3）在滤纸上面覆以一外径为8cm的塑料环，在环内装满潮湿的试样，用角匙压实试样使其能够湿透滤纸。

4）将环和试样及其下面的滤纸一起拿掉，试样浸液透过上层滤纸清晰地呈现在两张半圆的滤纸上。

5）取市售的纳氏试剂（主要为碘化钾溶液）数滴，滴于半张滤纸上，若出现棕褐色则表明堆肥尚未完全腐熟，即可停止实验。

6）若出现黄色或淡黄色，表明堆肥中有少量氨存在，则取另外半张滤纸，在其上滴数滴Griess试剂，如果滤纸呈红色，说明存在亚硝酸盐；若不显红色，接着在滤纸表面撒上少量还原剂（150℃烘干的$BaSO_4$ 95g、锌粉5g、$MnSO_4 \cdot H_2O$ 12g的混合物），如果不久滤纸出现红色，说明存在硝酸盐，表明堆肥已完全腐熟。

该实验所用试剂有：纳氏试剂、苯、醋酸、锌粉、硫酸钡、硫酸锰。

（3）耗氧速率法。在高温好氧堆肥中，通过好氧微生物在有氧的条件下分解有机物的过程，可使堆肥物质逐渐稳定腐熟，此生物化学过程中，O_2的消耗速率和CO_2的生成速率可以反映堆肥的腐熟程度。可通过测氧枪和微型吸气泵将堆层中的气体抽吸至O_2-CO_2测定仪，由仪器自动显示堆层中O_2或CO_2浓度在单位时间内的变化值，以了解堆肥物料的发酵程度和腐熟情况。为提高测定的准确性，可同时对堆层的不同深度、不同位置进行测定。

本法测试中使用的测氧枪由金属锥头和镀锌自来水管组成。测氧枪可制成多个（1~3个）气室，这样用一支枪可采集多个位点的试样。此外，在测试中也可将热敏电阻插头装入枪内，在采集气体的同时测得温度。气体测定时必须注意残留在测氧枪中的气体量的影响，残留气体量可根据测氧枪气室和金属细管容积，以及乳胶管的长度和内径求得。在采集下一次的测定试样时，应先将这部分残留气体抽出。

（4）发芽实验。将有机堆肥的干样样品与去离子水按1：10（质量：体积）的比例混合振荡2h，浸提液在5000r/min下离心分离20min，上清液经滤纸过滤后待用。将一张滤纸置于干净无菌的直径9cm的培养皿中，在滤纸上均匀摆放20粒阳春大白菜种子，吸取5mL浸提液的滤液于培养皿中，在25℃暗箱中培养48h，计算发芽率并测定根长，然后计算种子的发芽指数。每个样品做2个重复，并同时用去离子水作空白对照。发芽指数GI由下式计算：

$$GI = \frac{样品发芽数 \times 样品根长度}{对照发芽数 \times 对照根长度} \times 100\%$$

（五）实验结果与分析

实验测得各数据以及相关表征，可参照表6-9～表6-11。

表6-9　评价堆肥腐熟度的方法汇总

实验日期：_____年___月___日

堆肥时间/d	表观分析	化 学 检 测			
		淀粉测定法	氮素实验法	生物可降解度	耗氧速率法
3					
5					
10					
15					
20					
30					

表6-10　种子发芽实验结果记录

实验日期：_____年___月___日

堆肥时间/d	样品发芽数	样品根长度	对照根长度	发芽指数 GI
3				
5				
10				
15				
20				
30				

表6-11　好氧堆肥实验记录数据表

项目	含水率/%	温度/℃	CO_2 浓度/%	O_2 浓度/%	pH 值
原始垃圾					
第一天					
第三天					
第五天					
第七天					
第九天					
第十一天					
第十三天					
第十五天					
第十七天					
第二十天					

堆肥完成成品后，按照表 6-12 对产品与标准进行对照，结果填入表 6-12。

表 6-12　堆肥稳定化和卫生安全性评判指标表

项目	观察和测量结果		判定标准	
感官标准	颜色		颜色	茶褐色或黑色
	气味		气味	无恶臭气味
	手感		手感	手感松软易碎
相对耗氧速率 /$\Delta O_2\% \cdot min^{-1}$			0.02	
总固体 TS	初始值			
	最终值			
	减少率/%		30~50	
挥发性固体 VS	初始值			
	最终值			
	减少率/%		30~50	
碳氮比 C/N	初始值			
	最终值			
	减少率/%		10~20	
卫生安全性	大于 55℃堆温持续时间/d		>5	

（六）思考题

（1）对比评价堆肥腐熟度的方法汇总记录表，哪种方法在试验中最有效？为什么？

（2）根据堆肥稳定化和卫生安全性评判指标表，说明为什么堆肥操作对发酵温度和发酵时间有相应的要求。

（3）根据实验结果，讨论加快堆肥速率的方法。

二、厨余垃圾厌氧发酵实验

（一）目的要求

（1）掌握厨余垃圾厌氧消化产甲烷的基本原理。

（2）掌握厌氧消化的操作特点和主要控制条件。

（3）掌握产甲烷潜能（MP_0）的测定方法。

（二）实验原理

厌氧消化产甲烷的过程是一个复杂的生物转化过程，在缺少氧和氮电子受体的情况下，多种厌氧微生物将有机底物中的大分子转化为甲烷（CH_4）、二氧化碳（CO_2）等，同时合成自身细胞物质。

厌氧消化可以分为三个阶段，即水解发酵阶段、产氢产乙酸阶段和甲烷阶段，如图6-3所示。

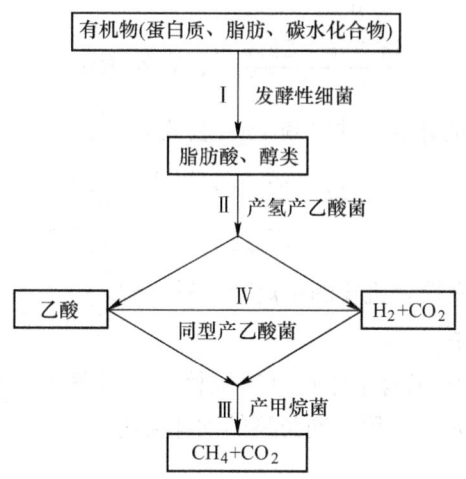

图6-3　厌氧消化的三阶段四类群理论

水解阶段：在这一阶段复杂的高分子有机物（如蛋白质、脂肪、碳水化合物等）通过水解细菌产生的胞外酶的作用分解为简单的可溶性有机物（氨基酸、脂肪酸、甘油、糖等）。

产氢产乙酸阶段：水解阶段产生的简单的可溶性有机物在产氢产酸菌的作用下，把第一阶段产物进一步分解成挥发性脂肪酸（主要是乙酸、丙酸、丁酸）、醇、酮、醛、二氧化碳和氢气等。

产甲烷阶段：产甲烷菌将产酸阶段产物进一步转化成甲烷和二氧化碳，同时利用产氢阶段产生的氢气将二氧化碳再转变为甲烷。产甲烷阶段的生化反应相当复杂，主要有两类甲烷菌参与反应：一类是分解乙酸的甲烷菌，另一类是氧化氢气的甲烷菌。

厌氧消化产甲烷的三个阶段不是简单的连续关系，而是一个复杂平衡的生态系统，多种微生物存在着互生、共生的关系。例如产氢产乙酸阶段产生的氢如不加以去除，则会使发酵途径变化，产生丙酸，丙酸积累会对厌氧消化产生抑制。

四类群理论：在厌氧消化的过程中有四类微生物参与反应，分别是发酵性细菌、产氢产乙酸菌、产甲烷菌和同型产乙酸菌。一般认为，在厌氧生物处理过程中约有70%的甲烷产自乙酸的分解，其余的则产自 H_2 和 CO_2。同型产乙酸菌产生乙酸的量较少，只占全部乙酸的5%。

厌氧消化产物：厌氧消化过程中，在微生物的作用下有机质被分解，其中一部分物质转化为甲烷、二氧化碳等，以气体的形式释放出来，即沼气未完全消化

的残余物的固体部分称为沼渣，液体部分称为沼液，一般作为有机肥料使用。

厌氧消化产甲烷的反应过程：

$$C_nH_aO_bN_c + \frac{4n-a-2b+3c}{4}H_2O \longrightarrow \frac{4n+a-2b-3c}{8}CH_4 + \frac{4n-a+2b+3c}{8}CO_2 + cNH_3$$

理论沼气产生量的计算方法（Buswell 公式）为：

$$Y_{M,\ th} = \frac{1000 \times 22.4 \times \frac{4n+a-2b-3c}{8}}{12n+a+16b+14c} \tag{6-5}$$

式中，$Y_{M,th}$为每克挥发性有机物的甲烷产生量，mL/g。

（三）仪器和材料

（1）实验样品：厌氧消化原料可选取校园食堂餐厨、畜禽养殖场的畜禽粪便、当地农村的秸秆及落叶等不同类型的固体废物。

（2）实验器材。

1）采样工具：卷尺、样品袋、样品箱、手套、铁锹。

2）实验装置：500mL 具塞锥形瓶、恒温水浴装置、1000mL 量筒、水箱、橡胶管、玻璃管。在水箱和恒温水浴中间设 1%的 NaOH 溶液，用于去除混合在甲烷中的 CO_2 等酸性气体。气相色谱仪，装配 TCD 检测器，2m×3m 不锈钢填充柱装填 60~80 目 TDS-01 担体，载气为氮气。

采用六通阀定量进样器，每次进样定量体积为 10μL，不同气体在色谱柱中的保留时间不同（采用标准气体绘制保留时间加以比对），从而定性分析气体的成分；购买不同梯度含量的标准气体，采用线性回归对不同气体进行定量。标准气体的梯度含量如表 6-13 所示。

表 6-13 标准气体的梯度含量 （%）

梯度	H_2 含量	N_2 含量	CH_4 含量	CO_2 含量
1	15.0	15.0	60.3	9.7
2	30.7	20.0	29.0	20.3
3	10.7	39.7	10.3	39.3
4	25.6	5.0	39.4	30.0
5	50.0	10.0	80.2	4.8

（四）实验步骤

1. 原料的采集

校园食堂餐厨与畜禽养殖场的畜禽粪便类固体废物需要去除塑料、毛发等杂

质；当地农村的秸秆和落叶等固废按照五点采样法采集物料，方法见附录五。

将上述采集的样品破碎至粒径小于15mm的细块（破碎后根据不同测试指标需求进行筛分），进行相关的处理制成干样。测试时候采用四分法进行样品的准备和测试。

2. 厌氧产气量的测定

按图6-4连接实验装置。厨余垃圾上料负荷为10gVS/L，F/M设定为1∶2，1∶1，2∶1。以VS计，进行接种，添加自来水定容至800mL。用氮气吹脱瓶中空气，然后将反应器密封，隔系统置于恒温水箱（35℃）中进行培养（注意：检查装置气密性，保证厌氧发酵条件）。

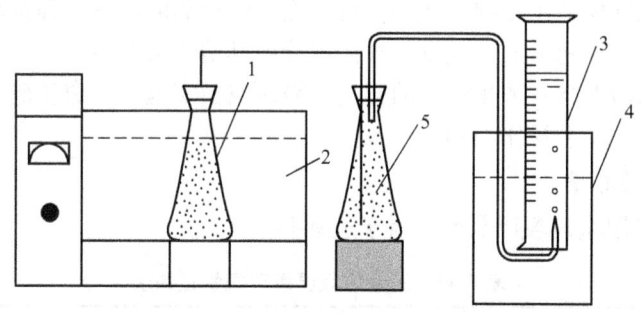

图6-4 反应装置示意图

1—锥形瓶；2—恒温水域；3—量筒；4—水箱；5—NaOH溶液

3. 产气潜力测试和气体组成分析

采用排水法测定固体废物的产气潜力。按图6-5所示连接实验装置，可采用2.5L的锥形瓶作为反应器和集气瓶，将反应器放置在恒温水浴锅中，以保证厌氧消化所需的温度，集气瓶密封。实验步骤如下：

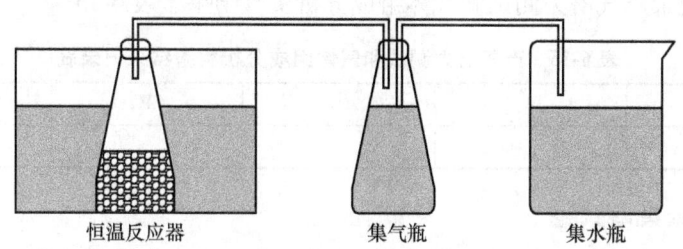

图6-5 固体废物厌氧发酵产气潜力实验装置

（1）固体废物干样品和接种物按照体积比例为4∶2混合，配置成TS浓度约为8%的1000mL料液，置于2500mL锥形瓶中。

（2）将以上锥形瓶中通入氮气持续10min后用锡箔纸密封，置于35℃恒温水浴锅中，恒温条件下发酵，产生的气体则通过排气管进入集气瓶，集气瓶中为浓度为 5mol/L 的 NaOH 吸收液，用于吸收发酵所产生的 CO_2 气体，随着产生气体量的增加，会将吸收液挤压到集水瓶中，根据集水瓶中收集的液体体积记录产气量（mL）。

（3）每日固定时间记录产气量（mL），并以时间（d）为横坐标，以日产气量（mL）为纵坐标绘制折线图。产气稳定后（大幅降低且趋于稳定）结束记录，计算单位干物质产气量，即累计产气量除以固体废物干样品的质量（mL/g）。

（4）用集气袋收集厌氧消化过程中所产生的顶空气体，用微量进样器抽取 10μL 收集的气体注入气相色谱仪的进样口，标准气体和待测样品在同样的测试参数中完成。根据不同气体在该色谱程序下的出峰位置判断气体类型；以峰面积或峰高与标准气体的浓度梯度做图，将待测气体样品的出峰峰高或峰面积在该图上对应定量。记录每天的产气量、气体组分和其他相关参数。

为了消除污泥自身消化产生的影响，需做空白实验，空白实验是以去离子水代替有机垃圾，其余操作相同。

（五）实验报告

（1）记录厨余垃圾厌氧产气量于表 6-14。

表 6-14　厨余垃圾厌氧产气量记录表

序号	有机负荷率/g·(L·d)$^{-1}$	F/M	日产气量/mL	甲烷含量/mL	pH 值

（2）记录产气潜力测试和气体组成分析实验结果于表 6-15。

表 6-15　产气潜力测试和气体组成分析实验结果记录表　　　　（%）

组成	H_2	N_2	CH_4	CO_2
含量				

（六）结果与讨论

（1）记录厌氧发酵过程中体系的 pH 值变化，并结合发酵原理进行分析。

（2）记录厌氧发酵过程中体系的产气量变化，计算每吨垃圾、每吨有机质的最大甲烷潜能 MP_0。

（3）讨论操作参数对厌氧发酵的影响。

（4）试分析沼气的能源再利用潜力。

（5）试分析为什么沼气需要净化后方能再利用。

附　录

附录一　实验常用培养基的配方及配制方法

一、细菌、放线菌、酵母菌、霉菌常用培养基

1. 牛肉膏蛋白胨琼脂培养基

牛肉膏	0.5g
蛋白胨	1.0g
NaCl	0.5g
水	100mL
pH 值	7.2

0.1MPa 灭菌 20min。

如配制固体培养基，需加琼脂 1.5%~2%；如配制半固体培养基，则加琼脂 0.7%~0.8%。

配制方法：

（1）称量及溶化。分别称取蛋白胨和 NaCl 的所需量，置于烧杯中，加入所需水量的 2/3 左右的蒸馏水；并用玻棒挑取牛肉膏置于另一小烧杯中，进行称量。然后加入少量蒸馏水于小烧杯中，加热融化，倒入上述烧杯中。将烧杯置于石棉网上加热，用玻棒搅拌，使药品全部溶化。

（2）调 pH 值。用 1mol/L NaOH 溶液调 pH 值至 7.2。

（3）定容。将溶液倒入量筒中，补足水量至所需体积。

（4）加琼脂。加入所需量的琼脂，加热融化，补足失水。

（5）分装、加塞、包扎。

（6）高压蒸汽灭菌。0.1MPa 灭菌 20min。

2. LB 培养基

胰化蛋白胨（bacto-tryptone）	1g
酵母提取物（bacto-yeast extract）	0.5g
NaCl	1g
琼脂	1.5~2g
水	100mL

pH 值	7.0

0.1MPa 灭菌 20min。

需要时，也可在 LB 培养基中加入 0.1%葡萄糖。

配制方法：

（1）称量。分别称取所需量的胰化蛋白胨、酵母提取物和 NaCl，置于烧杯中。

（2）溶化。加入所需水量 2/3 的蒸馏水于烧杯中，用玻棒搅拌，使药品完全溶化。

（3）调 pH 值。用 1mol/L NaOH 溶液调 pH 值至 7.0。

（4）定容。将溶液倒入量筒中，加水至所需体积。

（5）加琼脂。加入所需量琼脂，加热融化，补足失水。

（6）分装、加塞、包扎。

（7）高压蒸汽灭菌。0.1MPa 灭菌 20min。

3. 高氏合成 I 号培养基

可溶性淀粉	2.0g
KNO_3	0.1g
$K_2HPO_4 \cdot 3H_2O$	0.05g
NaCl	0.05g
$MgSO_4 \cdot 7H_2O$	0.05g
$FeSO_4 \cdot 7H_2O$	0.001g
琼脂	1.5~2g
水	100mL
pH 值	7.2~7.4

0.1MPa 灭菌 10min。

配制方法：

（1）称量及溶化。量取所需水量的 2/3 左右加入烧杯中，置于石棉网上加热至沸腾。称量可溶性淀粉，置于另一小烧杯中，加入少量冷水，将淀粉调成糊状，然后倒入上述装沸水的烧杯中，继续加热，使淀粉完全融化。分别称量 KNO_3、NaCl、K_2HPO_4 和 $MgSO_4$，依次逐一加入水中溶解。按每 100mL 培养基加入 1mL 0.1%$FeSO_4$ 溶液。

（2）调 pH 值。用 1mol/L NaOH 溶液调 pH 值至 7.4。

（3）定容。将溶液倒入量筒中，加水至所需体积。

（4）加琼脂。加入所需量琼脂，加热融化，补足失水。

（5）分装、加塞、包扎。

（6）高压蒸汽灭菌。0.1MPa 灭菌 20min。

4. 麦芽汁培养基

新鲜麦芽汁（10~15 波美度）	100mL
琼脂	1.5~2g
pH 值	6.4

0.1MPa 灭菌 20min。

配制方法：

（1）用水将大麦或小麦洗净，用水浸泡 6~12h，置于 15℃阴凉处发芽，上盖纱布，每日早、中、晚淋水一次，待麦芽伸长至麦粒的两倍时，让其停止发芽，晒干或烘干，研磨成麦芽粉，储存备用。

（2）取 1 份麦芽粉加 4 份水，在 65℃水浴锅中保温 3~4h，使其自行糖化，直至糖化完全（检查方法是取 0.5mL 的糖化液，加 2 滴碘液，如无蓝色出现，即表示糖化完全）。

（3）糖化液用 4~6 层纱布过滤，滤液如仍混浊，可用鸡蛋清澄清（用 1 个鸡蛋清，加水 20mL，调匀至生泡沫，倒入糖化液中，搅拌煮沸，再过滤）。

（4）用波美比重计检测糖化液中糖浓度，将滤液用水稀释到 10~15 波美度，调 pH 值至 6.4。如当地有啤酒厂，可用未经发酵，未加酒花的新鲜麦芽汁，加水稀释到 10~15 波美度后使用。

（5）如配固体麦芽汁培养基时，加入 2%琼脂，加热融化，补足失水。

（6）分装、加塞、包扎。

（7）高压蒸汽灭菌，0.1MPa 灭菌 20min。

5. 马铃薯葡萄糖琼脂培养基

马铃薯浸汁（20%）	100mL
葡萄糖	2g
琼脂	1.5~2g
自然 pH 值	

0.1MPa 灭菌 20min。

配制方法：

（1）配制 20%马铃薯浸汁。取去皮马铃薯 200g，切成小块，加水 1000mL。80℃浸泡 1h，用纱布过滤，然后补足失水至所需体积。0.1MPa 灭菌 20min。即成 20%马铃薯浸汁，储存备用。

（2）配制时，按每 100mL 马铃薯浸汁加 2g 葡萄糖，加热煮沸后加入 2g 琼脂，继续加热融化并补足失水。

（3）分装、加塞、包扎。

（4）高压蒸汽灭菌 0.1MPa 灭菌 20min。

6. 豆芽汁葡萄糖培养基

豆芽浸汁（10%）	100mL
葡萄糖	5g
琼脂	1.5~2g

自然 pH 值

0.1MPa 灭菌 20min。

配制方法：

（1）称新鲜黄豆芽 100g，加水 1000mL 煮沸约半小时，用纱布过滤，补足失水，即制成 10%豆芽汁。

（2）配制时，按每 100mL 10%豆芽汁加入 5g 葡萄糖，煮沸后加入 2g 琼脂，继续加热融化，补足失水。

（3）分装、加塞、包扎。

（4）高压蒸汽灭菌，0.1MPa 灭菌 20min。

7. 察氏（Czapack）培养基

蔗糖	3g
$NaNO_3$	0.3g
K_2HPO_4	0.1g
KCl	0.05g
$MgSO_4 \cdot 7H_2O$	0.05g
$FeSO_4$	0.001g
琼脂	1.5~2g
水	100mL

自然 pH 值

0.1MPa 灭菌 20min。

配制方法：

（1）称量及溶化。量取所需水量的 2/3 左右加入烧杯中，分别称取蔗糖、$NaNO_3$、K_2HPO_4、KCl、$MgSO_4$。依次逐一加入水中溶解。按每 100mL 培养基加入 1mL 0.1%的 $FeSO_4$ 溶液。

（2）定容。待全部药品溶解后，将溶液倒入量筒中，加水至所需体积。

（3）加琼脂。加入所需量琼脂，加热融化，补足失水。

（4）分装、加塞、包扎。

（5）高压蒸汽灭菌。0.1MPa 灭菌 20min。

8. 麦氏培养基

葡萄糖	0.1g
KCl	0.18g
酵母汁	0.25g
醋酸钠	0.82g
琼脂	2.0g
蒸馏水	100mL

自然 pH 值

0.056MPa 灭菌 15min。

9. 酵母蛋白胨葡萄糖培养基（YPD）

葡萄糖	2g
胰蛋白胨	2g
酵母提取物	1g
蒸馏水	100mL
pH 值	5.0~5.5

0.1MPa 灭菌 20min。

10. 马丁（Martin）培养基

葡萄糖	1g
蛋白胨	0.5g
$KH_2PO_4 \cdot 3H_2O$	0.1g
$MgSO_4 \cdot 7H_2O$	0.05g
孟加拉红（1mg/mL）	0.33mL
琼脂	1.5~2g
水	100mL

自然 pH 值

0.056MPa 灭菌 30min。再加入下列试剂：

2%去氧胆酸钠溶液 2mL（预先灭菌，临用前加入）；

链霉素溶液（10000U/mL）0.33mL（临用前加入）。

配制方法：

（1）称量。称取培养基各成分的所需量。

（2）溶化。在烧杯中加入约 2/3 所需水量，然后依次逐一溶化培养基各成分。按每 100mL 培养基加入 0.33mL 的 0.1%孟加拉红溶液。

（3）定容。待各成分完全溶化后，补足水量至所需体积。

（4）加琼脂。加入所需琼脂量，加热融化，补足失水。

（5）分装、加塞、包扎。

（6）高压蒸汽灭菌 0.1MPa 灭菌 20min。

（7）临用前，加热融化培养基，待冷至 60℃左右，按每 100mL 培养基无菌操作加入 2mL 2%去氧胆酸钠溶液及 0.33mL 链霉素溶液（10000U/mL），迅速混匀。

11. 乳糖蛋白胨培养基

蛋白胨	1g
牛肉膏	0.3g
乳糖	0.5g
NaCl	0.5g
1.6%溴甲酚紫乙醇溶液	0.2mL
水	100mL
pH 值	7.4

0.056MPa 灭菌 30min。

12. 伊红美蓝培养基（EMB）

蛋白胨	1g
K_2HPO_4	0.2g
NaCl	0.5g
乳糖	1g
2%伊红 Y 溶液	2mL
0.65%美蓝溶液	1mL
琼脂	2g
蒸馏水	100mL
pH 值（先调 pH 值，再加伊红、美蓝溶液）	7.1

乳糖在高温灭菌时易受破坏，故一般在 0.07MPa 灭菌 20min。

配制方法：

（1）称量。称取培养基各成分所需量。

（2）溶化。在烧杯中加入约 2/3 所需水量，依次逐一溶化培养基各成分。

（3）定容。

（4）调 pH 值。

（5）按每 100mL 培养基加 2mL 2%伊红溶液和 1mL 0.5%美蓝溶液。

（6）加琼脂，加热融化并补足失水。

（7）分装、加塞、包扎。

（8）高压蒸汽灭菌。0.07MPa 灭菌 20min。

二、微生物生化反应常用培养基

13. 淀粉培养基（淀粉水解试验）

蛋白胨	1g
NaCl	0.5g
牛肉膏	0.5g
可溶性淀粉	1g
琼脂	1.5~2g
水	100mL
pH 值	7.2

0.1MPa 灭菌 20min。

配制时，应先把淀粉用少量蒸馏水调成糊状，再加入融化好的培养基中。

14. 油脂培养基

蛋白胨	1g
牛肉膏	0.5g
NaCl	0.5g
香油或花生油	1g
中性红（1.6%水溶液）	约 0.1mL
琼脂	1.5~2g
水	100mL
pH 值	7.2

0.1MPa 灭菌 20min。

配制时注意事项：（1）不能使用变质油；（2）油和琼脂及水先加热；（3）调pH 值后，再加入中性红使培养基呈红色为止；（4）分装培养基时，需不断搅拌，使油脂均匀分布于培养基中。

15. 明胶液化培养基（明胶液化试验）

培养基成分与牛肉膏蛋白胨培养基的相同，但凝固剂改用明胶（12% ~ 18%）。

牛肉膏蛋白胨液	100mL
明胶	12g

0.056MPa 灭菌 30min。

配制方法：

（1）将上述成分加热融化，调 pH 值至 7.0，分装试管。培养基高度为 4~5cm。

（2）0.056MPa 灭菌 30min。

16. 石蕊牛乳培养基

（1）牛乳脱脂：用新鲜牛奶（注意在牛奶中不要掺水，否则会影响实验结果），反复加热，除去脂肪。每次加热 20~30min，冷却后除去脂肪，在最后一次冷却后，用吸管从底层吸出牛奶，弃去上层脂肪。

（2）将脱脂牛乳的 pH 值调至中性。

（3）用 1%~2%石蕊液❶，将牛奶调至呈淡紫色偏蓝为止。

将配好的石蕊牛乳在 0.056MPa 灭菌 30min。

17. 糖或醇发酵培养基

蛋白胨	1g
NaCl	0.5g
葡萄糖（或其他种类的糖或醇）	1g
1.6%溴甲酚紫溶液	0.1mL
蒸馏水	100mL
pH 值	7.4

0.056MPa 灭菌 30min。

配制时，将蛋白胨先加热溶解，调到 pH 值之后，加入溴甲酚紫溶液（1.6%水溶液），待呈紫色，再加入葡萄糖（或其他糖），使之溶解，分装试管，最后将杜氏小管倒置放入试管中。

配制方法：

（1）取蛋白胨水培养基（pH7.4~7.6)100mL，加入糖或醇类 1g，加热溶解

---

❶　石蕊液的配制：石蕊颗粒 80g，40%乙醇 300mL。配制时，先把石蕊颗粒研碎，然后倒入有一半体积的 40%乙醇溶液中，加热 1min，倒出上层清液，再加入另一半体积的 40%乙醇溶液中，再加热 1min，再倒出上层清液，将两部分溶液合并，并过滤。如果总体积不足 300mL，可添加 40%乙醇，最后加入 0.1mol/L HCl 溶液，搅拌，使溶液呈紫红色。

后再加入 1.6%溴甲酚紫溶液 0.1mL 混匀。

（2）分装于试管内，每管分装约 5mL，管内倒置杜氏小管，使其充满培养液。

（3）0.056MPa 灭菌 30min。

18. 葡萄糖蛋白胨培养基（M. R. 和 V. P. 试验用）

葡萄糖	0.5g
蛋白胨	0.5g
K_2HPO_4	0.5g
蒸馏水	100mL
pH 值	7.2~7.4

0.056MPa 灭菌 30min。

配制时，依次将药品溶解，再调 pH 值，然后过滤分装于小试管中。每管约 2mL，灭菌后，作 V. P. 实验用的培养基，应注意蛋白胨的规格。

19. 柠檬酸盐培养基（柠檬酸盐利用试验）

柠檬酸钠	0.2g
K_2HPO_4	0.05g
NH_4NO_3	0.2g
琼脂	1.5~2g
蒸馏水	100mL
1%溴麝香草酚蓝（酒精液）或 0.04%苯酚红	1mL

0.07MPa 灭菌 20min。

配制时，除指示剂外，所有药品混合后加热溶解，调 pH6.8~7.0。过滤，加指示剂，分装，每管约 5mL。灭菌后，制成斜面。

20. 蛋白胨水培养基（吲哚试验）

胰蛋白胨（或蛋白胨 2g）	1g
NaCl	0.5g
蒸馏水	100mL
pH 值	7.6

0.056MPa 灭菌 30min。

配制方法：

（1）将上述成分混合于蒸馏水中加热溶解，调 pH 值至 7.4~7.6。

（2）分装于试管中，每管 1~1.5mL，0.056MPa 灭菌 30min。

21. 柠檬酸铁铵半固体培养基（H₂S 试验用）

蛋白胨	2g
NaCl	0.5g
柠檬酸铁铵	0.05g
$Na_2S_2O_3 \cdot 5H_2O$（硫代硫酸钠）	0.05g
琼脂	0.5~0.8g
蒸馏水	100mL
pH 值	7.2

0.1MPa 灭菌 20min。

配制方法：

（1）用水先将琼脂和蛋白胨溶化，冷却至 60℃加入其他成分，溶化后加水至所需量。

（2）调 pH 值至 7.2，后分装试管，灭菌后备用。

22. 牛肉膏蛋白胨液体培养基（产氨试验用）

其培养基成分与牛肉膏蛋白胨培养基相同，区别为不加琼脂。但配制时，一定要预先检查蛋白胨的质量，即在试管中加入少量的蛋白胨和水，然后加入几滴奈氏试剂，如果无黄色沉淀，则可使用；如出现黄色沉淀，表示游离氨太多，则不能使用。

23. 硝酸盐还原试验培养基

蛋白胨	1g
NaCl	0.5g
KNO_3	0.1~0.2g
蒸馏水	100mL
pH 值	7.4

0.1MPa 灭菌 20min。

配制时，硝酸钾需用分析纯试剂，装培养基的器皿也需要特别洁净。

24. 苯丙氨酸斜面

酵母膏	0.3g
Na_2HPO_4	0.1g
DL-苯丙氨酸（或 L-苯丙氨酸 0.1g）	0.2g
NaCl	0.5g

琼脂	1. 5~2g
蒸馏水	100mL
pH 值	7. 0

0. 056MPa 灭菌 30min。

配制时，调 pH 值后，分装于试管中，灭菌后摆成斜面。

三、分离、纯化含酚污水降解菌试验用培养基

25. 耐酚真菌培养基

葡萄糖	2g
酵母膏	0. 5g
马铃薯汁	20mL
微量元素溶液❶	10mL
苯酚	25~75mg
蒸馏水	70mL
pH	5~6

0. 1MPa 灭菌 20min。

固体培养基需加 2% 琼脂。

26. 耐酚细菌培养基

斜面固体培养基：牛肉膏蛋白胨固体培养基，每支斜面中加 0.4mL 苯酚溶液（6g/L）。

液体培养基：在一个 500mL 锥形瓶中装 166.6mL 的牛肉膏蛋白胨培养液，灭菌后加入 5mL 苯酚溶液（6g/L）。

27. 苯酚无机培养液

苯酚	25mg（或 100mg 或 250mg）
$MgSO_4 \cdot 7H_2O$	0. 3g
KH_2PO_4	0. 3g
蒸馏水	100mL
pH 值	7. 0~7. 2

0. 1MPa 灭菌 20min。

---

❶　微量元素溶液：$MgSO_4 \cdot 7H_2O$ 0.3g、KH_2PO_4 0.3g、$MgSO_4 \cdot 7H_2O$ 0.005g、$CaCl_2$ 0.005g，以上药品溶于 100mL 水中。

28. 碳源对照培养液 A

葡萄糖	25~75mg（不同浓度）
尿素	0.1g
微量元素溶液	10mL（同耐苯酚真菌培养基）
pH 值	7.0~7.2

0.1MPa 灭菌 20min。

29. 苯酚培养液 B

苯酚	25~75mg
尿素	0.1g
微量元素溶液	10mL（同耐苯酚真菌培养基）
pH 值	7.0~7.2

0.1MPa 灭菌 20min。

30. 品红亚硫酸钠培养基甲

蛋白胨	10g
乳糖	10g
磷酸氢二钾	3.5g
琼脂	15~30g
蒸馏水	1000mL
无水亚硫酸钠	5g 左右
5%碱性品红乙醇溶液	20mL

制备方法：

（1）先将琼脂加至 900mL 蒸馏水中，加热溶解，然后加入磷酸氢二钾及蛋白质，混匀使溶解，再以蒸馏水补足至 1000mL，调至 pH 值为 7.2~7.4。

（2）趁热用脱脂棉或纱布过滤（最好用保温漏斗），再加入乳糖，混匀后定量分装于锥形瓶内，置高压蒸汽灭菌器中以 115℃、0.07MPa 灭菌 20min，储存于冷暗处备用。

（3）平板的制备。

1）将上面固体培养基在废水中加热融化。

2）根据锥形瓶内培养基的量，用无菌吸管按比例吸取一定量的5%碱性品红乙醇溶液置于无菌空试管中。

3）根据锥形瓶内培养基的量，按比例称取所需的无水亚硫酸钠置于无菌空试管内，加无菌水少许使其溶解，再置于沸水浴中煮沸 10min 以灭菌。

4）用无菌吸管吸取5%碱性品红乙醇溶液，滴加于灭菌的亚硫酸钠溶液中直到粉红色，多余的品红溶液废弃或留以后用。

5）将此亚硫酸钠与碱性品红的混合液全部加于已融化的储备培养基内，并充分混匀（防止产生气泡）。

6）立即将此种培养基适量（15mL 左右）倾入无菌的培养皿内（一般直径为 90mm），待其冷凝后置冰箱内备用，但不得超过两周。如培养基已变成深红色，则不能再用。

31. 品红亚硫酸钠培养基乙

蛋白胨	10g
酵母浸膏	5g
牛肉膏	5g
乳糖	10g
琼脂	15~20g
磷酸氢二钾	3.5g
无水亚硫酸钠	5.0g 左右
5%碱性品红乙醇溶液	20mL
蒸馏水	1000mL

培养基及平板制备方法与"30. 品红亚硫酸钠培养基甲"的配制方法相同，但需加酵母浸膏及牛肉膏。调 pH 值至 7.2~7.4，115℃、0.07MPa 灭菌 20min。

四、分离、纯化光合细菌试验用培养基

32. M 琼脂培养基（Molisch 琼脂培养基，用于实验中光合细菌的培养）

蛋白胨	10g	KH_2PO_4	0.5g
甘油（或糊精）	0.5g	$FeSO_4$	痕量
$MgSO_4$	0.5g	琼脂	18g
pH 值	7.2		

0.11kPa 灭菌 15min。

33. 范尼尔液体培养基（van Niel 培养基，用于实验中光合细菌的培养）

酵母膏	1~2g	NaCl	1g
NH_4Cl	1g	$NaHCO_3$	5g
$MgCl_2$	0.2g	蒸馏水	1000mL
K_2HPO_4	0.5g	pH 值	中性

如要高压灭菌，$NaHCO_3$ 应另做抽滤除菌后添加。

附录二 实验室常用染色液配制

一、普通染色法常用染液

1. 齐氏石炭酸复红染色液

A 液：碱性复红   0.3g

   95%乙醇   10mL

B 液：石炭酸（苯酚）   5.0g

   蒸馏水   95mL

将 A、B 两液混合摇匀过滤。

2. 吕氏美蓝染色液

A 液：美蓝（甲烯蓝、次甲基蓝、亚甲蓝）含染料90% 0.3g

   95%酒精   30mL

B 液：KOH(质量分数 0.01%)   100mL

将 A、B 两液混合摇匀使用。

3. 草酸胺结晶紫染色液

A 液：结晶紫（含染料95%以上） 2.0g

   95%酒精   20mL

B 液：草酸铵   0.8g

   蒸馏水   80mL

将 A、B 两液充分溶解后混合静置 24h 过滤使用。

二、革兰氏染液

1. 草酸胺结晶紫染色液（配方同上）

2. 革氏碘液

碘   1g

碘化钾   2g

蒸馏水   300mL

配制时，先将碘化钾溶于 5～10mL 水中，再加入碘 1g，使其溶解后，加水至 300mL。

3. 95%乙醇

4. 番红溶液

2.5%番红的乙醇溶液	10mL
蒸馏水	100mL

混合过滤。

三、芽孢染色液

1. 孔雀绿染色液

孔雀绿	7.6g
蒸馏水	100mL

此为孔雀绿饱和水溶液。配制时尽量溶解，过滤使用。

2. 齐氏石炭酸复红染液（同前）

四、荚膜染色液（黑墨水染色法）

6%葡萄糖水溶液

绘图墨汁或黑色素，或苯胺黑

无水乙醇

结晶紫染液

五、鞭毛染色液

1. 利夫森氏（Leifson）染色液

A 液：	NaCl	1.5g
	蒸馏水	100mL
B 液：	单宁酸（鞣酸）	3g
	蒸馏水	100mL
C 液：	碱性复红	1.2g
	95%乙醇	200mL

临用前将 A、B、C 三种染液等量混合。

分别保存的染液可在冰箱保存几个月，室温保存几个星期仍可有效，但混合染液应立即使用。

2. 银染法

A 液：丹宁酸　　　　　　　　5g
　　　$FeCl_3$　　　　　　　　　1.5g
　　　15%福尔马林　　　　　　2.0mL
　　　1% NaOH　　　　　　　 1.0mL
　　　蒸馏水　　　　　　　　 100mL
B 液：$AgNO_3$　　　　　　　　 2g
　　　蒸馏水　　　　　　　　 100mL

配制方法：硝酸银溶解后取出 10mL 备用，向 90mL 硝酸银溶液中滴加浓 NH_4OH 溶液，形成浓厚的沉淀，再继续滴加 NH_4OH 溶液到刚溶解沉淀成为澄清溶液为止。再将备用的硝酸银溶液慢慢滴入，出现薄雾，轻轻摇动后，薄雾状沉淀消失；再滴加硝酸银溶液，直到摇动后，仍呈现轻而稳定的薄雾状沉淀为止。雾重银盐沉淀，不宜使用。

六、液泡染液

0.1%中性红水溶液（用自来水配制）。

七、脂肪粒染液

0.5%苏丹黑液
二甲苯
0.5%蕃红水溶液

八、肝糖粒染液

碘液：碘化钾 3g 溶于 100mL 蒸馏水中，加入 1g 碘，完全溶解后备用（瓶盖请盖紧）。

九、乳酸石炭酸溶液（观察霉菌形态用）

石炭酸　　　　　　　　　　20g
乳酸（相对密度 1.2）　　　 20g
甘油（相对密度 1.25）　　 40g
蒸馏水　　　　　　　　　　20mL

配制时先将石炭酸放入水中加热溶解，然后，慢慢加入乳酸及甘油。

十、氨基黑染色剂（琼脂凝胶对流免疫电泳用）

氨基黑 10B　　　　　　　　6g

甲酸　　　　　　　　　　　　450mL
冰醋酸　　　　　　　　　　　100mL
蒸馏水　　　　　　　　　　　444mL
混匀放冰箱备用。

十一、脱色液（琼脂凝胶对流免疫电泳用）

冰醋酸　　　　　　　　　　　7mL
蒸馏水　　　　　　　　　　　93mL
混匀放冰箱备用。

附录三 实验常用试剂及溶液配制

一、指示剂

1. 麝香草酚蓝或百里酚蓝

变色范围：pH 1.2~2.8，颜色由红变黄。常用浓度为 0.04%。
配制时称 0.1g 指示剂溶于 100mL 20%乙醇中。

2. 溴酚蓝

变色范围：pH 3.0~4.6，颜色由黄变蓝。常用浓度为 0.04%。
配制时称 0.1g 指示剂，加 14.9mL 0.01mol/L NaOH，加蒸馏水至 250mL。
或称 0.1g 指示剂溶于 100mL 20%乙醇中。

3. 溴甲酚绿

变色范围：pH 3.8~5.4，颜色由黄变蓝。常用浓度为 0.04%。
配制时称 0.1g 指示剂，加 14.3mL 0.01mol/L NaOH，加蒸馏水至 250mL。

4. 甲基红

变色范围：pH 4.2~6.3，颜色由红变黄。常用浓度为 0.04%。
配制时称 0.1g 指示剂，加 150mL 95%乙醇溶解，再加蒸馏水至 250mL。

5. 石蕊

变色范围：pH 5.0~8.0，颜色由红变蓝。常用浓度为 0.5%~1.0%。
配制时称 0.5~1.0g 指示剂溶于水 100mL 蒸馏水中。

6. 溴甲酚紫

变色范围：pH 5.2~6.8，颜色由黄变紫。常用浓度为 0.04%。
配制时称 0.1g 指示剂，加 18.5mL 0.01mol/L NaOH，加蒸馏水至 250mL。

7. 溴麝香草酚蓝或溴百里酚蓝

变色范围：pH 6.0~7.6，颜色由黄变蓝。常用浓度为 0.04%。
配制时称 0.1g 指示剂，加 16mL 0.01mol/L NaOH，加蒸馏水至 250mL。或
称 0.1g 指示剂溶于 100mL 20%乙醇中。

8. 0.05%溴麝香草酚蓝溶液（氨基酸测定用）

称 0.05g 溴麝香草酚蓝，溶于 100mL 20%乙醇中。

9. 酚红

变色范围：pH 6.8~8.4，颜色由黄变红。常用浓度为 0.02%。

配制时称 0.1g 指示剂，加 28.2mL 0.01mol/L NaOH，加蒸馏水至 250mL。

10. 中性红

变色范围：pH 6.8~8.0，颜色由黄变红。常用浓度为 0.04%。

配制时称 0.1g 指示剂，加 70mL 乙醇，加蒸馏水至 250mL。

11. 酚酞

变色范围：pH 8.2~10.0，颜色由无色变红色。常用浓度为 0.1%。

配制时称 0.1g 指示剂，加 100mL 60%乙醇中。

12. 0.5%酚酞溶液（氨基氮测定用）

称 0.5g 酚酞，溶于 100mL 60%乙醇中。

13. 甲基橙

变色范围：pH 3.1~4.4，颜色由红色变橙黄色。常用浓度为 0.04%。

配制时称 0.1g 甲基橙，加 3mL 0.1mol/L NaOH，加蒸馏水至 250mL。

二、实验用试剂

1. 甲基红试验试剂（M. R. 试剂）

甲基红	0.1g
95%酒精	300mL
蒸馏水	200mL

2. 乙酰甲基甲醇试验试剂（V. P. 试剂）

Ⅰ液：5% α-萘酚酒精溶液。

　　　称取 5g α-萘酚，用无水酒精溶液定容至 100mL。

Ⅱ液：40% KOH 溶液。

　　　称取 4g KOH，蒸馏水溶解定容至 100mL。

3. 2，3-丁二醇试剂（测多粘菌素 E 发酵种子液用）

（1）5%碳酸胍水溶液；
（2）5% α-萘酚无水乙醇溶液；
（3）40%氢氧化钾。
乙酰甲基甲醇还原时生成 2，3-丁二醇。

4. 碘液（淀粉水解试验和测定多粘菌素 E 发酵液糊精时使用，与革兰氏碘液相同）

5. 吲哚试剂

对二甲基氨基苯甲醛	2g
95%乙醇	190mL
浓盐酸	40mL

6. 氨试剂（奈氏试剂）

Ⅰ液：碘化钾		10.0g
蒸馏水		100mL
碘化汞		20.0g
Ⅱ液：氢氧化钾		20.0g
蒸馏水		100mL

将 10g 碘化钾溶于 50mL 蒸馏水中，在此液中加碘化汞颗粒，待溶解后，再加 KOH 和不足蒸馏水，然后再将澄清的液体倒入棕色瓶储存。

7. 格里斯氏试剂（亚硝酸盐试剂）

Ⅰ液：对氨基苯磺酸	0.5g
稀醋酸（10%左右）	150mL
Ⅱ液：α-萘胺	0.1g
蒸馏水	20mL
稀醋酸（10%左右）	150mL

8. 二苯胺-硫酸试剂（硝酸盐试剂）

二苯胺	0.5g
浓硫酸	100mL
蒸馏水	20mL

先将二苯胺溶于浓硫酸中，再将此溶液倒入 20mL 蒸馏水中。

三、实验用溶液、缓冲液

1. 2%伊红溶液

称取 2g 伊红 Y，加蒸馏水至 100mL，0.1MPa 灭菌 20min，然后将 2mL 2%伊红溶液在无菌条件下加入 100mL 无菌牛肉膏蛋白胨培养基中，摇匀放凉即可；或将配制好的 2%伊红溶液直接加入牛肉膏蛋白胨培养基中，然后再行灭菌亦可。

2. 0.5%美蓝溶液

称取 0.5g 美蓝，加蒸馏水至 100mL，0.1MPa 灭菌 20min，然后将 1mL 美蓝溶液在无菌条件下加入无菌牛肉膏蛋白胨培养基中，摇匀放冷即可；或将配制好的 5%伊红溶液直接加入牛肉膏蛋白胨培养基中，然后再行灭菌亦可。

3. 1%淀粉溶液

称取可溶性淀粉 1g，先用少量蒸馏水调成糊状，倾入煮沸的蒸馏水中，定容至 100mL。

4. 0.1%孟加拉红溶液

称 100mg 孟加拉红，加蒸馏水至 100mL，然后取 0.33mL 0.1%孟加拉红溶液直接加入 100mL 马丁培养基中，摇匀灭菌。

5. 2%去氧胆酸钠溶液

称取 2g 去氧胆酸钠，加蒸馏水至 100mL，过滤除菌或 0.1MPa 灭菌 20min，临用前将 2mL 2%去氧胆酸钠溶液在无菌条件下加入 100mL 无菌马丁培养基中，摇匀放凉即可。

6. 亚硝基胍溶液（50μg/mL、250μg/mL 和 500μg/mL）

称量 50μg、250μg 和 500μg 亚硝基胍，分别放在无菌离心管中，各加入 0.05mL 甲酰胺助溶，然后加入 0.2mol/L pH 6.0 磷酸缓冲液 1mL，使亚硝基胍完全溶解，用黑纸包好，30℃水浴保温杯用（临用时配制）。

采用亚硝基胍诱变处理时终浓度为 100μg/mL，诱变处理时，向此亚硝基胍母液中加入 4mL 对数期培养物即可。亚硝基胍为超诱变剂和"三致物质"，称量药品时需带手套、口罩、称量纸用后灼烧，用安装橡皮头的移液管取样，接触沾染亚硝基胍的移液管、离心管、锥形瓶等玻璃器皿需浸泡于 0.5mol/L 硫代硫酸钠溶液中，置通风处过夜，然后用水充分冲洗。

7. 黄曲霉毒素 B₁ 溶液 （5μg/mL 和 50μg/mL）

分别称取黄曲霉毒素 B₁ 50μg 和 500μg，用少量 0.2mol/L NaOH 溶液溶解，最后分别用蒸馏水定容至 10mL。黄曲霉毒素 B₁ 可诱发肝癌，操作时需严格按配制亚硝基胍溶液的条件。

8. 5%碳酸氢钠溶液

俗称苏打水，称取碳酸氢钠 5g，溶于 100mL 蒸馏水中。

9. 酒精稀释法

由 95%酒精配制 75%酒精。

如果将两种浓度的酒精配制成某种浓度酒精溶液时，可用十字交叉法。

式中　　A——被稀释的乙醇浓度,%；

　　　　B——用来稀释 A 的乙醇浓度,%，如用水时，$B=0$；

　　　　W——要求稀释成的乙醇浓度,%；

　　　　X——（$A-W$）取 B 液所用体积；

　　　　Y——（$W-B$）取 A 液所用体积。

或采用直接稀释法，如用工业或医用 95%酒精配制成 75%酒精，则可取 75mL 95%酒精加入 20mL 蒸馏水即可。

10. 标准苯酚溶液 （含酚无水降解菌降解苯酚能力测定用）

（1）酚标准储备液。

精确称取精制酚 1.00g 溶于无酚蒸馏水中，稀释定容至 1000mL，浓度相当于 1mg/mL 贮于棕色瓶中，放置冷暗处保存。此液 1mL 相当于 1mg 酚，因为在保存中酚的浓度易改变，故需用下述方法标定其浓度。

吸取 20.0mL 酚标准储备液于 250mL 碘量瓶中，加无酚蒸馏水稀释至 100mL。加 20.0mL 0.1mol/L 溴酸钾-溴化钾溶液及 7mL 浓盐酸，混合均匀，10min 后加入 1g 碘化钾晶体，放置 5min 后，用 0.1000mol/L 硫代硫酸钠溶液滴定至浅黄色，加入 1%淀粉指示剂 1mL，滴定至溶液蓝色消失为止。同时做空白试验（即用无酚蒸馏水代替酚标准储备液，其他相同），分别记录用量。储备液含酚量（mg/mL）计算公式如下：

$$储备液含酚量 = \frac{(V_1 - V_2)c}{V} \times 15.68$$

式中 V_1、V_2——分别为滴定空白和酚储备液时所用的硫代硫酸钠标准液量，mL；

15.68——苯酚的物质的量浓度，mol/L；

c——$Na_2S_2O_3$ 标准液的物质的量浓度，mol/L；

V——标准苯酚储备液量，mL。

（2）酚标准使用液。

吸取酚储备液 10.00mL，用无酚蒸馏水稀释定容至 1000mL，则 1mL 中含 0.01mg 酚。再吸取此液 10.00mL，用无酚蒸馏水稀释至 100mL，则 1mL 中含 0.001mg 酚。此溶液临用时配制。

（3）无酚蒸馏水的制备方法。

测酚所用的蒸馏水，必须不含酚和氯。在普通蒸馏水中，以 10~20mg/L 的比例加入粉末状活性炭，充分振摇后，用定性滤纸过滤即得。

11. 0.1%标准葡萄糖液

精确称取预先在 105℃干燥至恒重的无水葡萄糖（AR）（1.000±0.002）g，用蒸馏水溶解后，于 1000mL 容量瓶中加蒸馏水定容。

12. 2% 4-氨基安替比林溶液

称取 2g 4-氨基安替比林，溶于蒸馏水中，用蒸馏水定容至 100mL，贮存于棕色瓶中，此液只能保存 1 周，最好临用时配制。

13. 0.1000mol/L 硫代硫酸钠溶液

（1）配制。

精确称取 26g 硫代硫酸钠（$Na_2S_2O_3 \cdot 5H_2O$，AR），溶解于煮沸后冷却的蒸馏水中，并定容至 1000mL。贮于棕色瓶中，用重铬酸钾标定。

（2）标定。

1）准确称取已在 105℃干燥的重铬酸钾（$K_2Cr_2O_7$，基准试剂）0.15g 3 份，分别放入 250mL 碘量瓶中，加入 25mL 蒸馏水使其溶解。加 2g 碘化钾和 20mL 20%硫酸溶液。加塞，充分混合后，放置暗处 5min，然后加入 150mL 蒸馏水。

2）用 0.1000mol/L 硫代硫酸钠溶液滴定，当溶液由棕色变为浅黄绿色后，加入 3mL 1%淀粉指示液，继续滴定至溶液刚刚转变为亮绿色为止。同时做空白试验。

3）记录硫代硫酸钠溶液用量，用同样的方法进行第 2、3 份溶液的滴定。

滴定的反应：

$$K_2Cr_2O_7 + 6I^- + 14H^+ \longrightarrow 2K^+ + 2Cr^{3+} + 3I_2 + 7H_2O$$

$$I_2 + 2S_2O_3^{2-} \longrightarrow 2I^- + S_4O_6^{2-}$$

$Na_2S_2O_3$ 溶液的物质的量浓度按下式计算：

$$c = \frac{W}{(V_1 - V_2) \times 0.04903}$$

式中　c——硫代硫酸钠标准溶液的物质的量浓度，mol/L；

W——$K_2Cr_2O_7$ 的质量，g；

V_1——滴定时所用 $Na_2S_2O_3$ 溶液体积，mL；

V_2——空白试验所用 $Na_2S_2O_3$ 溶液体积，mL；

0.04903——与 1.00mL 硫代硫酸钠标准溶液 $[c = 1.000mol/L]$ 相当的以 g 表示的重铬酸钾的质量。

14. 20%氨性氯化铵缓冲液（pH9.8）

称取 20g 氯化铵（NH_4Cl，AR），溶解于浓氨水（NH_4OH）中，用浓氨水定容至 100mL，此液 pH 值为 9.8，贮存于具橡皮塞的瓶中，在冰箱内保存备用。

15. 0.1000mol/L 溴酸钾-溴化钾溶液

称取 2.784g 干燥的溴酸钾（$KBrO_4$，AR）及 10g 溴化钾（KBr，AR）溶于蒸馏水中，并定容至 1000mL。

附录四　污水处理工程中常见微生物

一、肉足纲中的原生动物（附图1）

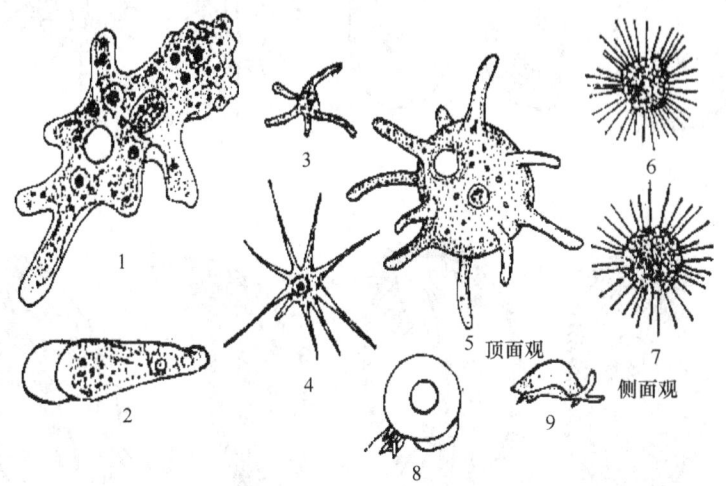

顶面观
侧面观

附图1　肉足纲中的原生动物
1—变形虫；2—蜗足变形虫；3，4—辐射变形虫；5—珊瑚变形虫；
6—单核太阳虫；7—多核太阳虫；8，9—表壳虫

二、纤毛纲中的游动型纤毛虫（附图2）

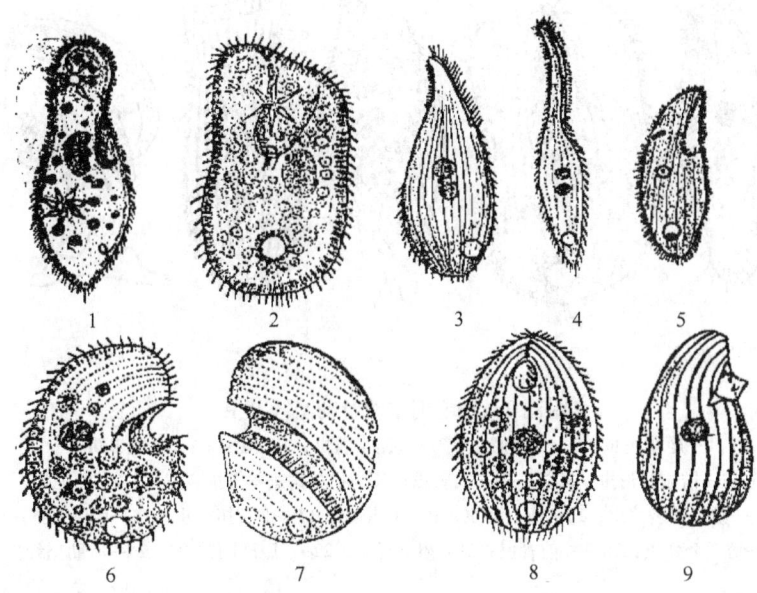

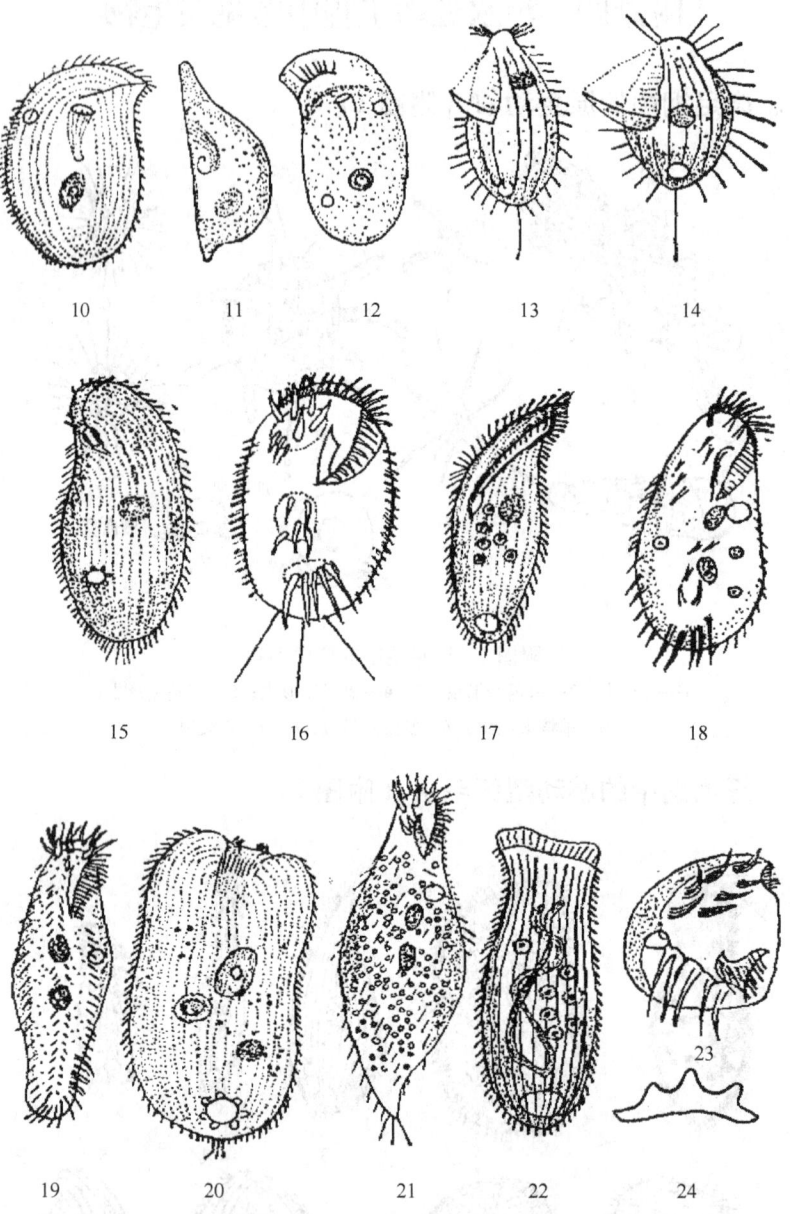

附图 2 纤毛纲中的游动型纤毛虫

1—尾草履虫；2—绿草履虫；3—敏捷半眉虫；4—漫游虫；5—裂口虫；
6，7—憎帽肾形虫；8，9—梨形四膜虫；10，12—钩刺斜管虫；13—长圆膜袋虫；
14—银灰膜袋冲虫；15—弯豆形虫；16—棘尾虫；17—细长扭头虫；18—伪尖毛虫；
19—纺锤全列虫；20—柱前管虫；21—粗圆纤虫；22—刀刀口虫；23，24—有肋循纤虫

三、纤毛纲中的固着型钟虫（附图3）

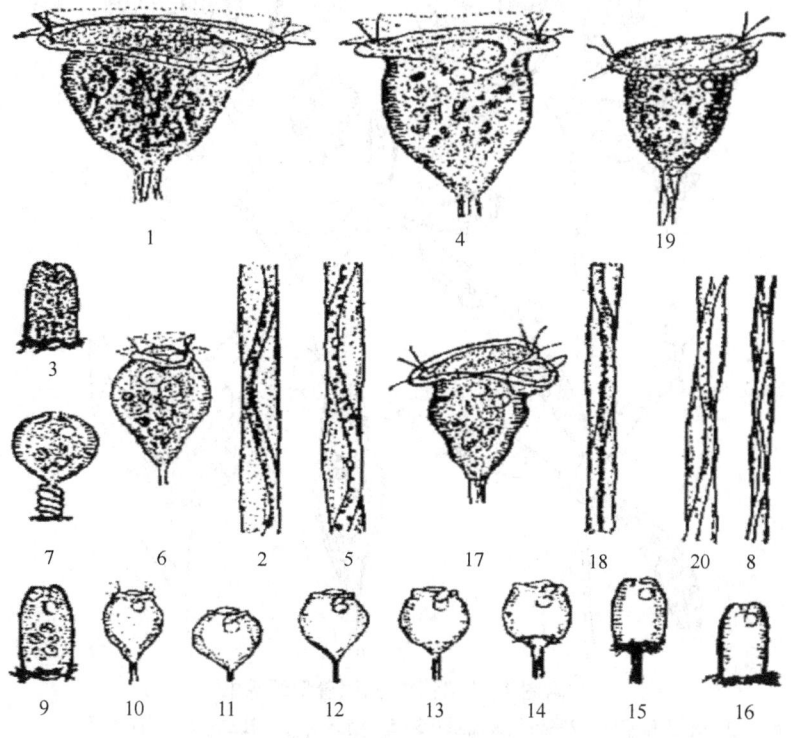

附图3 纤毛纲中的固着型钟虫

1，3—大口钟虫；2，5，8，18，20—尾柄；4—沟钟虫；6—小口钟虫；

7，17—绘饰钟虫；9~16—钟虫的变态过程；19—念珠钟虫

四、纤毛纲中的固着型纤毛虫（附图4）

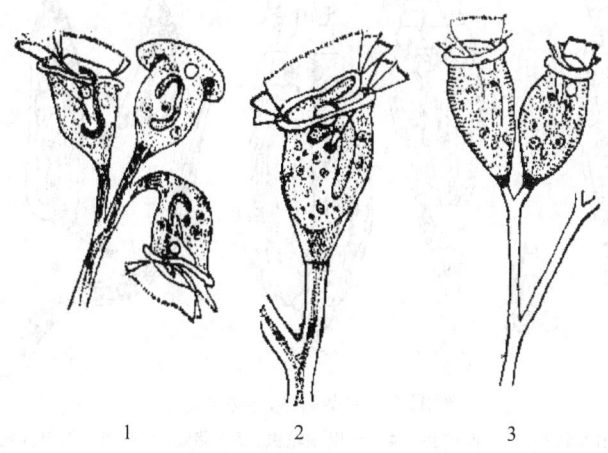

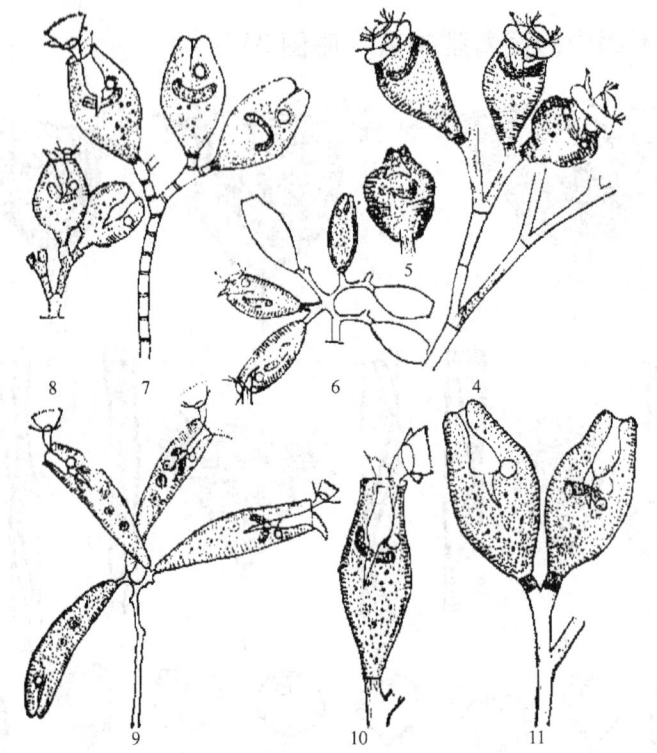

附图 4　纤毛纲中的固着型纤毛虫

1—蟋状独缩虫；2—树状聚缩虫；3~5—湖累（等）枝虫；6—圆筒盖纤虫；
7—节盖纤虫；8—小盖纤虫；9—长盖纤虫；10，11—采盖纤虫

五、微型后生动物（附图 5）

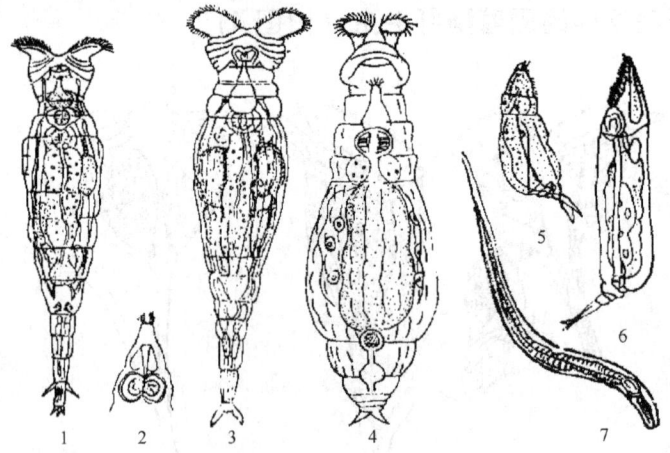

附图 5　微型后生动物

1—转轮虫；2—吻伸出的状态；3—旋轮虫；4—小粗颈轮虫；5—猪吻轮虫；6—无甲腔轮虫；7—线虫

六、活性污泥法和生物膜法常见原生动物和多细胞动物（附图6）

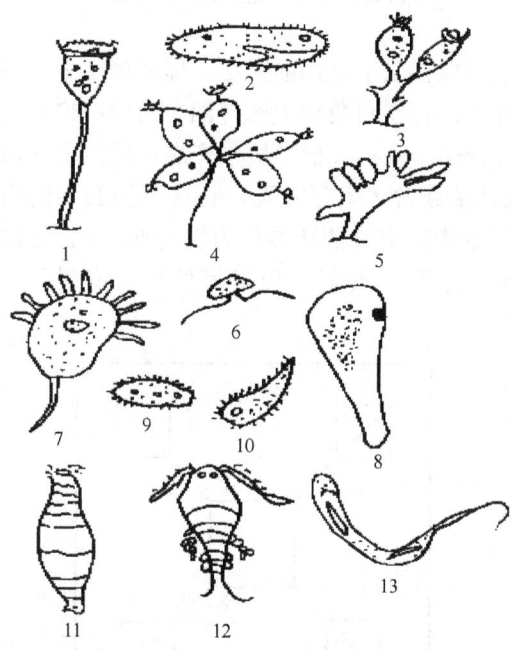

附图6　活性污泥法和生物膜法常见原生动物和多细胞动物

1—钟虫；2—草履虫；3，5—等枝虫；4—盖纤虫；6—波多虫；7—吸管虫；
8—变形虫；9—豆形虫；10—漫游虫；11—轮虫；12—甲壳虫；13—线虫

附录五　五点取样法

　　五点采样法为点状取样法中常用的方法，即先确定采样区域，然后以对角线的中点作为中心抽样点，再在对角线上选择四个与中心样点距离相等的点作为取样点（见附图7）进行样品收集。根据所采样品、用量需求以及不同的发酵工艺（考虑碳、氮、磷的比值或含水率等因素）将这三种类型的固体废物样品混合均匀备用（有些实验只选粪便类或秸秆类作为发酵原料），标注样品编号、样品名称、采样地点、采样人、采样时间、质量等信息后密封于4℃冰箱保存，此为鲜样。

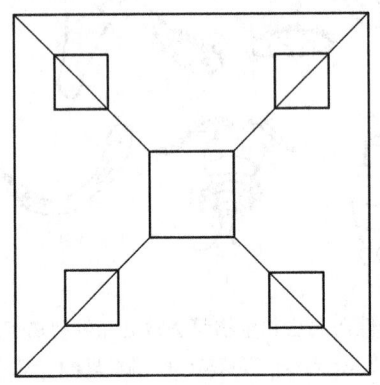

附图7　五点采样法示意图

参 考 文 献

[1] 林海. 环境工程微生物学 [M]. 北京：冶金工业出版社，2008.

[2] 郑平. 环境微生物学实验指导 [M]. 杭州：浙江大学出版社，2005.

[3] 钱存柔，黄仪秀. 微生物学实验教程 [M].1 版. 北京：北京大学出版社，1999.

[4] 戴群威，李琼芳，杨丽君，等. 环境工程微生物学实验 [M]. 北京：化学工业出版社，2010.

[5] 徐爱玲，宋志文. 环境工程微生物实验技术 [M]. 北京：中国电力出版社，2017.

[6] 梁新乐. 现代微生物学实验指导 [M]. 杭州：浙江工商大学出版社，2014.

[7] 魏春红，李毅. 现代分子生物学实验技术 [M]. 北京：高等教育出版社，2006.

[8] 蔡信之，黄君红. 微生物学实验 [M].4 版. 北京：科学出版社，2019.

[9] 王兰，王忠. 环境微生物学实验方法与技术 [M]. 北京：化学工业出版社，2009.

[10] 王国惠. 环境工程微生物实验 [M]. 北京：化学工业出版社，2011.

[11] 王家玲. 环境微生物学实验 [M]. 北京：高等教育出版社，1988.

[12] 钱存柔，黄仪秀. 微生物学实验教程 [M].2 版. 北京大学出版社，2008.

[13] 温洪宇，李萌，王秀颖. 环境微生物学实验教程 [M]. 徐州：中国矿业大学出版社，2017.

[14] 周德庆. 微生物学实验教程 [M].3 版. 北京：高等教育出版社，2013.

[15] 周世宁. 现代微生物生物技术 [M]. 北京：高等教育出版社，2007.

[16] 周群英，王士芬. 环境工程微生物学 [M].2 版. 北京：高等教育出版社，2000.

[17] 李太元，许广波. 微生物学实验指导 [M]. 北京：中国农业出版社，2016.

[18] 张兰河，贾艳萍，王旭明，等. 微生物学实验 [M]. 北京：化学工业出版社，2013.

[19] 陈兴都，刘永军. 环境微生物学实验技术 [M]. 北京：中国建筑工业出版社，2018.

[20] 马放，任南琪，杨基先，等. 污染控制微生物学实验 [M]. 哈尔滨：哈尔滨工业大学出版社，2002.

[21] 国家环境保护总局. HJ/T 408—2007 中华人民共和国环境保护行业标准 [S]. 北京：中国环境科学出版社，2007.

[22] 常学秀，张汉波，袁嘉丽，等. 环境污染微生物 [M]. 北京：高等教育出版社，2006.

[23] 沈萍，陈向东. 微生物学实验 [M]. 北京：高等教育出版社，2007.

[24] 姜彬慧，李亮，方萍. 环境工程微生物学实验指导 [M]. 北京：冶金工业出版社，2011.

[25] 梁继东. 固体废物处理、处置与资源化实验教程 [M]. 西安：西安交通大学出版社，2018.

[26] 赵由才，赵天涛，宋立杰，等. 固体废物处理与资源化实验 [M].2 版. 北京：化学工业出版社，2018.

[27] 马俊伟. 固体废物处理处置与资源化实验与实习教程 [M]. 北京：北京师范大学出版社，2018.

[28] 冯瑞华，樊蕙，李力，等. Biolog 细菌自动鉴定系统应用初探 [J]. 微生物学杂志，2000，2：36-38.

[29] 姚粟，程池，李金霞，等.Biolog 微生物自动分析系统——丝状真菌鉴定操作规程的研究［J］.食品与发酵工业，2006（8）：50-54.

[30] 李运，盛慧，赵荣华.Biolog 微生物鉴定系统在菌种鉴定中的应用［J］.酿酒科技，2005（7）：84-85.

[31] 杜昕波，赵耘，李伟杰，等.利用 BIOLOG 系统对不同种类细菌鉴定的研究［J］.中国兽药杂志，2008（9）：31-33.

[32] 王强，戴九兰，吴大千，等.微生物生态研究中基于 BIOLOG 方法的数据分析［J］.生态学报，2008，30（3）：817-823.

[33] 金浩，李柏林，欧杰，等.污水处理活性污泥微生物群落多样性研究［J］.微生物学杂志，2012，32（4）：1-5.

[34] 王绍祥，杨洲祥，刘燕，等.高通量测序技术在水环境微生物群落多样性中的应用[J].化学通报，2014，77（3）：196-203.

[35] 李慧，何晶晶，张颖，等.宏基因组技术在开发未培养环境微生物基因资源中的应用［J］.生态学报，2008，28（4）：1762-1773.

[36] 贺纪正，袁超磊，沈菊培，等.土壤宏基因组学研究方法与进展［J］.土壤学报，2012，49（1）：155-164.

[37] 陈金声，史家梁.硝化速率测定和硝化细菌计数考察脱氮效果的应用［J］.上海环境科学，1996，15（3）：18-20.

[38] 孙远军，聂麦茜，黄廷林，等.石油降解优势菌的筛选和降解性能［J］.水处理技术，2007（8）：47-49.

[39] 任婉侠，李培军，李晓军.黑曲霉产酸淋滤去除污染土壤中的重金属［J］.中国环境科学，2008（8）：736-741.

[40] 崔雨琪，方迪，毕文龙，等.一株黑曲霉的分离鉴定及其对土壤重金属的生物浸出效果［J］.应用与环境生物学报，2014，20（3）：420-425.

[41] 徐恒，吴正阳，刘彦君，等.小型好氧堆肥实验系统构建及其在环境工程教学中的应用［J］.广州化工，2020，48（5）：156-158.